"十三五"国家重点图书

湖北省学术著作
Hubei Special Funds for 出版专项资金
Academic Publications

U0383816

海洋测绘丛书

海岸带测绘技术

张志华 主编

WUHAN UNIVERSITY PRESS
武汉大学出版社

图书在版编目(CIP)数据

海岸带测绘技术/张志华主编. —武汉:武汉大学出版社,2019.1(2022.12重印)

海洋测绘丛书

"十三五"国家重点图书　湖北省学术著作出版专项资金资助项目

ISBN 978-7-307-20602-1

Ⅰ.海…　Ⅱ.张…　Ⅲ.海岸带—海洋测量　Ⅳ.P229

中国版本图书馆 CIP 数据核字(2018)第 248741 号

责任编辑:胡　艳　　责任校对:汪欣怡　　版式设计:汪冰滢

出版发行:**武汉大学出版社**　(430072　武昌　珞珈山)

(电子邮箱:cbs22@whu.edu.cn 网址:www.wdp.com.cn)

印刷:武汉图物印刷有限公司

开本:787×1092　1/16　印张:16.25　字数:378 千字　插页:1

版次:2019 年 1 月第 1 版　　2022 年 12 月第 2 次印刷

ISBN 978-7-307-20602-1　　定价:48.00 元

序

现代科技发展水平，已经具备了大规模开发利用海洋的基本条件；21 世纪，是人类开发和利用海洋的世纪。在《全国海洋经济发展规划》中，全国海洋经济增长目标是：到 2020 年，海洋产业增加值占国内生产总值的 20% 以上，并逐步形成 6~8 个海洋主体功能区域板块；未来 10 年，我国将大力培育海洋新兴和高端产业。

我国实施海洋战略的进程持续深入。为进一步深化中国与东盟以及亚非各国的合作关系，优化外部环境，2013 年 10 月，习近平总书记提出建设"21 世纪海上丝绸之路"。李克强总理在 2014 年政府工作报告中指出，抓紧规划建设"丝绸之路经济带"和"21 世纪海上丝绸之路"；在 2015 年 3 月国务院常务会议上强调，要顺应"互联网+"的发展趋势，促进新一代信息技术与现代制造业、生产性服务业等的融合创新。海洋测绘地理信息技术，将培育海洋地理信息产业新的增长点，作为"互联网+"体系的重要组成部分，正在加速对接"一带一路"，为"一带一路"工程助力。

海洋测绘是提供海岸带、海底地形、海底底质、海面地形、海洋导航、海底地壳等海洋地理环境动态数据的主要手段；是研究、开发和利用海洋的基础性、过程性和保障性工作；是国家海洋经济发展的需要、海洋权益维护的需要、海洋环境保护的需要、海洋防灾减灾的需要、海洋科学研究的需要。

我国是海洋大国，海洋国土面积约 300 万平方千米，大陆海岸线约 1.8 万千米，岛屿 1 万多个；海洋测绘历史"欠账"很多，未来海洋基础测绘工作任务繁重，对海洋测绘技术有巨大的需求。我国大陆水域辽阔，1 平方千米以上的湖泊有 2700 多个，面积 9 万多平方千米；截至 2008 年年底，全国有 8.6 万个水库；流域面积大于 100 平方千米的河流有 5 万余条，内河航道通航里程达 12 万千米以上；随着我国地理国情监测工作的全面展开，对于海洋测绘科技的需求日趋显著。

与发达国家相比，我国海洋测绘技术存在一定的不足：（1）海洋测绘人才培养没有建制，科研机构稀少，各类研究人才匮乏；（2）海洋测绘基础设施比较薄弱，新型测绘技术广泛应用缓慢；（3）水下定位与导航精度不能满足深海资源开发的需要；（4）海洋专题制图技术落后；（5）海洋测绘软硬件装备依赖进口；（6）海洋测绘标准与检测体系不健全。

特别是海洋测绘科技著作严重缺乏，阻碍了我国海洋测绘科技水平的整体提升，加重了从事海洋测绘科学研究等的工程技术人员在掌握专门系统知识方面的困难，从而延缓了海洋开发进程。海洋测绘科技著作的严重缺乏，对海洋测绘科技水平发展和高层次人才培养进程的影响已形成了恶性循环，改变这种不利现状已到了刻不容缓的地步。

与发达国家相比，我国海洋测绘方面的工作起步较晚；相对于陆地测绘来说，我国海洋测绘技术比较落后，缺少专业、系统的教育丛书，相关书籍要么缺乏，要么已出版20年以上，远不能满足海洋测绘专门技术发展的需要。海洋测绘技术综合性强，它与陆地测绘学密切相关，还与水声学、物理海洋学、导航学、海洋制图学、水文学、地质学、地球物理学、计算机技术、通信技术、电子科技等多学科交叉，学科内涵深厚、外延广阔，必须系统研究、阐述和总结，才能一窥全貌。

　　基于海洋测绘科技著作的现状和社会需求，山东科技大学联合从事海洋测绘教育、科研和工程技术领域的专家学者，共同编著这套《海洋测绘丛书》。丛书定位为海洋测绘基础性和技术性专业著作，以期作为工程技术参考书、本科生和研究生教学参考书。丛书既有海洋测量基础理论与基础技术，又有海洋工程测量专门技术与方法；从实用性角度出发，丛书还涉及了海岸带测量、海岛礁测量等综合性技术。丛书的研究、编纂和出版，是国内外海洋测绘学科首创，深具学术价值和实用价值。丛书的出版，将提升我国海洋测绘发展水平，提高海洋测绘人才培养能力；为海洋资源利用、规划和监测提供强有力的基础性支撑，将有力促进国家海权掌控技术的发展；具有重大的社会效益和经济效益。

《海洋测绘丛书》学术委员会

2016 年 10 月 1 日

本书编委会

主　编　张志华

副主编　丁鹏辉　刘焱雄　张九宴　欧阳永忠

编　委（以姓氏笔画为序）

闫鲁雁　孙晓明　张　健　邵成立　邵春丽　周圣川

赵亚波　栾学科　鞠文征

前　言

海岸带是连接海洋和陆地的区域，指海陆之间相互接触、相互作用的地带，资源丰富且生态环境脆弱，是人类与海洋进行物质交换的重要区域，也是生态环境保护的重点区域。作为地球表面最为活跃的自然地带，绝大多数国家和地区的海岸带，资源、风光、产业、城市复合程度高，是经济社会发展最具活力和潜力的区域，也是生态环境压力大的区域。这里资源与环境条件优越，生物多样性丰富，具有海陆过渡特点的独立环境体系，与人类的生存发展关系最为密切。

"海岸带测绘"逐渐成为一门对海岸带范围内陆地、滩涂及海底的形状和性质进行准确测定和描述的学科分支，其测绘的要素主要包括浅海水深、海岸线、干出滩、沿岸陆地和岛礁地形，并以海岸带地形图和海岸带地理信息系统的形式进行表现和展示，以反映海岸带范围内自然和人工地形要素为主，是海岸带综合利用的基础。十多年来，随着测绘装备技术的进步，海岸带测绘技术水平得到迅速提高，以数字化和信息化为代表的海岸带测绘技术体系已基本形成。在海岸带测绘体系中，融合和吸收了大量其他学科的理论和技术，如海洋学、气象学、水文学、天文学、物理学、航空航天技术、通信技术、计算机技术、数据库技术等。不同学科间的相互渗透和相互作用，促进了海岸带测绘理论和技术的发展。

本书介绍海岸带测绘基本理论、技术以及工程实践经验，系统阐述了海岸带地理信息数据获取与表达的流程和方法。全书共10章，第1章简要介绍了海岸带测绘的任务、内容、现状与进展，概括了全书的内容，第2章至第10章主要内容包括海岸带测绘涉及的测绘基准、控制测量、导航定位、陆地地形测量、水下地形测量、海岸线测量、海域使用测量、海陆一体化地理信息表达、海岸带地理信息系统以及海岸带测绘项目组织实施方面的内容和要求。

本书内容体系由编者集体确定，按章节分工编写，通过对书稿数次整合、补充与修改，既保持了全书内容的专业性、系统性、统一性，又增强了内在联系，减少了不必要的重复。全书由青岛市勘察测绘研究院、国家海洋局第一海洋研究所、海军海洋测绘研究所三个单位共同编写，参与编写的主要人员有丁鹏辉、刘焱雄、闫鲁雁、孙晓明、张九宴、张志华、张健、邵成立、邵春丽、欧阳永忠、周圣川、赵亚波、栾学科、鞠文征（以姓氏笔画为序），最后由张志华负责统一修改并定稿。

此外，周兴华、张汉德、卢秀山等海洋或测绘方面的专家为本书的编写提供了宝贵数据资料及建议，他们同样付出了艰辛的劳动，因此，本书是众多测绘科技工作者合作的结晶。本书在编撰过程中，还参考了大量国内外文献，在此对各位专家的支持以及这些文献的作者，致以衷心的感谢。

由于海岸带测量涉及内容广泛，相关技术发展迅速，加之编者水平和时间有限，本书虽经多次修改，但错误和不足之处在所难免，恳切期望各位专家、学者和读者不吝赐教与批评指正。

作　者

2016 年 8 月

目　　录

第1章 绪 论

地球表面 71% 为海洋，29% 为陆地。全球海洋面积约 $3.6×10^8 km^2$，海岸线长约 $44×10^4 km$。我国地处亚洲大陆东南部，位于太平洋西岸，东、南濒临渤海、黄海、东海、南海及台湾以东海域。按照联合国《海洋法公约》，属我国管辖的内水、领海、大陆架、专属经济区的面积达 300 多万平方千米。我国大陆海岸线北起辽宁鸭绿江口，南至广西北仑河口，大致呈弧状轮廓，长达 1.8 万多千米；我国面积 $500 m^2$ 以上的岛屿 6500 余个，岛屿岸线长达 1.4 万多千米。海岸类型多样，大于 $10 km^2$ 的海湾 160 多个，大中河口 10 多个，自然深水岸线 400 多千米。我国海洋滩涂总面积 2 万余平方千米，主要分布在辽宁、山东、江苏、浙江、福建、台湾、广东、广西和海南等地。

我国大陆岸线大体以杭州湾为界，其海岸类型，根据形态和成因，南部多为基岩海岸，北部多为泥砂质海岸，但南北各个岸段之间，往往是基岩海岸、砂质海岸、淤泥质海岸相间。北部的辽东半岛、山东半岛以基岩海岸为主；辽河三角洲、海河三角洲、黄河三角洲以及长江三角洲等，则以淤泥质海岸为主；辽西、冀东沿海以砂岸为主，砂质海岸与基岩海岸相间；南部的浙闽沿海，山地直逼海岸，海湾岬角相间；广东、广西沿海则以珠江三角洲的泥砂质海岸居中，并伴有生物海岸包括珊瑚礁海岸和红树林海岸，两侧以砂质海岸为主，砂岸、岩岸相间，多优良的港湾。

1.1 概述

海岸带是海水运动(海洋潮汐、波浪、洋流等)所能影响到的陆地和浅海相接的海陆过渡地带，包括向陆部分、大陆架被淹没的土地及其上覆水域。海洋学家按照潮汐的运动规律及影响范围将海岸带划分为海岸(潮上带)、干出滩(潮间带)和水下岸坡(潮下带)三个单元，如图 1.1 所示。

海岸指平均高潮线以上的沿海陆地部分，是海水运动作用于陆域的最上限及其邻近陆地，即潮上带。其范围至大潮或风暴潮形成的海浪水滴和水雾可以到达或影响的陆地区域。

干出滩是指介于平均高潮线与平均低潮线之间的区域，其特点是：涨潮时被海水淹没，退潮时露出海面，是典型的两相地带，习惯上又被称为潮间带，是海浪活动最积极、作用最强烈的地带。

水下岸坡是指位于平均低潮线以下、浪蚀基面以上的浅水区域(即海水对海底地形的冲淤变化等作用所至区域)，一般从低潮时海水到达的地方算起，向海到波浪、潮汐没有显著作用的地带，又称为潮下带。

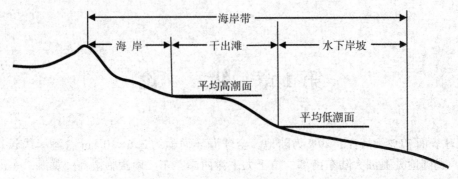

图 1.1　海岸带示意

海岸带的范围，向陆、海两侧都不具体，为了满足对海岸带、海涂资源等的调查、利用、保护、国防和科研等的实际需要，在我国，海岸带测绘（调查）的陆域界线一般为垂直海岸线向陆方延伸 2～10km，海域界线则垂直海岸线向海洋延伸 5～15n mile（海里，1n mile≈1.852km）或理论最低潮面下 10～15m 的海底深处。测绘学上的海岸带是以海岸线为基准线，向陆一侧延伸 2～10km，向海洋一侧延伸 5～15n mile 的狭长带状区域。

海岸带蕴藏着丰富的自然资源，有海陆相接的区位优势，附近遍布着城市和海港，居住着世界 2/3 的人口，工业、商业、居住、旅游、军事、渔业等人类活动频繁。海岸带也是海洋灾害频发和生态极其脆弱的区域。特别 20 世纪中期以来，随着对海岸带的开发利用加剧，海岸形状（态）急剧变化，资源遭到破坏，海洋环境受到污染，人类生存空间和可持续发展面临严重挑战，对海岸带的综合管理和科学利用提出了迫切要求。21 世纪是海洋的世纪，随着中国发展海洋经济，提高海洋综合实力，建设海洋强国，充分发挥陆海统筹战略引领作用，海岸带测绘和科研工作迎来了空前发展和机遇。

1.2　海岸带测绘的特点、任务、内容及现状

"海岸带测绘"是一门对海岸带范围内陆地、滩涂表面及海底的形状和性质参数进行准确的测定和描述的学科，主要包括浅海水深、海岸线、干出滩、沿岸陆地和岛礁地形，通过海岸带地形图和海岸带地理信息系统的形式表现和展示。

一般说来，海岸带测绘主要指海岸带地形图测绘，以反映海岸带范围内自然和人工地形要素为主。海岸带地形图具有地形图和海图的属性，它的主要作用表现在：在国民经济建设中，可用于地质勘探、港湾建筑、水产养殖、围海造田、敷设电缆管道，以及沿岸资源开发等；在军事上，可供登陆、抗登陆作战训练中研究地形，计划和实施海岸军事工程及其他军事活动。此外，还可作为编辑海岸带各种专题图的地理基础，为地形图和海图提供基础数据。

1.2.1　海岸带测绘的特点

受陆海相互作用影响，海岸地貌处于不断变化之中，并且形态错综复杂，具有陆地、

滩涂、海域等各种地貌。海岸带测绘兼具陆地测绘和海洋测绘的特点，同时又是二者的有机统一，具有自己独特的特点。主要表现在：

(1)测绘范围为沿海岸线两侧的曲折狭长条带，包含陆地和海洋。

(2)测绘基准的选择要兼顾陆、海测绘的要求和衔接。

(3)测绘外业数据采集装备多样，既包含陆地测绘常用的全站仪、水准仪、GNSS 接收机等，还包括海洋测绘中的测深仪、验潮仪、声速仪等，以及三维激光扫描仪、机载 Lidar 设备等。

(4)测绘方法更加综合，不仅有常规陆地地形测绘手段，还需要采用水深测量、航测遥感、激光雷达、卫星测高等所有可能用到的测绘手段和技术方法。

(5)测绘成果融合了陆地、海洋地理信息，既要合理取舍突出重点，又要兼顾地形图和海图的特征，相互协调，实现海陆数据的一体化综合表达。

1.2.2 海岸带测绘的任务和内容

由于海岸带测绘的工作领域相当广阔，而服务的对象随着海岸带开发事业的发展也日益增多，因此根据海岸带测绘工作的不同目的，海岸带测绘任务主要分成两大类：

(1)科研任务，为研究地球形状、海岸带构造、海底地质构造运动和海洋环境保护等提供必要资料的测量工作。包括三方面：一是为研究地球形状提供更多的数据资料；二是为研究海岸带构造和变化以及海底地质构造运动提供必要的资料；三是为海岸带环境研究工作提供测绘保障。

(2)工程任务，为各种不同的海岸带开发提供海岸带测绘服务的工作。它们的服务对象主要有：海岸带自然资源的勘探和近海工程、航运救援与航道、近岸工程、渔业捕捞、渔业资源、海岸带开发保护以及规划建设等。

根据海岸带测绘的不同应用需求和作业阶段，海岸带测绘内容可分为：海岸带测绘基准建立、海岸带控制测量、海岸线测量、海岸地形测量、水下地形测量、海域使用测量、海岸带制图、海岸带地理信息系统建设、海岸带测绘组织实施等。

1.2.3 我国海岸带测绘的现状

1.2.3.1 我国海岸带测绘工作的开展情况

我国较有影响的海岸带测绘工作始于 20 世纪 80 年代。1980—1986 年，国务院批准设立了全国海岸带和海涂资源综合调查小组，在沿海省份开展了大规模的海岸带和海涂资源综合调查，编制了《测绘海岸带地形图的若干技术规定(试用)》，编制了 1:20 万海岸带地形图。

1983 年，海军海洋测绘研究所对编制大比例尺海岸带地形图进行了研究，并编制出 1:25000、1:50000 实验样图；详细表示了海岸线及海岸性质。滩涂以符号、注记、设色和等值线方法结合表示；提供了高程、水深两个基准面的换算方案。海底地貌用等深线分层设色方法表示，基本等深距为 1m；表示内容也包括潮汐等水文要素。

2000 年，国家测绘局发布国家测绘行业标准《1:5000、1:10000、1:25000 海岸带地形图测绘规范》(CH/T 7001)。该标准在《测绘海岸带地形图的若干技术规定》的基础

3

上，吸取了测绘地理信息部门的经验制定而成，规定了大比例尺海岸带地形图的测绘方法和技术要求。海岸带测绘工作得到了军事测绘主管部门、国家海洋局、国家测绘局以及沿海各地方政府的重视。

2009—2013 年，国家测绘地理信息局会同总参测绘导航局、国家海洋局和海司航保部等四部门组织实施了"927"工程，即国家海岛(礁)测绘一期工程，目的是为了全面准确掌握全国海岛礁位置和海洋地理空间信息，维护国家主权，保障国家安全，为合理利用、开发和保护海岛礁资源提供基础保障，不仅促进了海洋基础测绘工作的开展，并逐步实现陆地海洋基础测绘资料的完整统一。

此外，江苏、上海、浙江、山东、海南等沿海省市陆续开展了各种不同比例尺、不同用途的区域性海岸带测绘工作，建立了各地区的陆海测绘基准，编制或出版了相关图册，为区域海洋经济发展提供了基础测绘成果，积累了大量的海岸带测绘经验。

1.2.3.2 我国海岸带测绘工作面临的问题

各涉海部门的海岸带测绘工作，大多围绕自身业务开展，获取的海岸带地理信息覆盖不完整、尺度不统一，致使我国海岸带基础地理信息不够系统全面，难以满足海洋经济发展的需要。

此外，海岸带测绘涉及的军地统筹、协调不畅，技术标准规范不完善、人才队伍建设滞后、测绘装备过于依赖国外进口、数据共享不充分等急需解决的问题，也制约了其发展。

1.3 海岸带测绘技术进展

近年来，随着测绘科学与测绘新技术的发展，海岸带测绘的技术水平也得到迅速提高，以数字化和信息化为代表的新的海岸带测绘技术体系已基本形成。在新的海岸带测绘体系中，融合和吸收了大量其他边缘学科的理论和技术，如航空航天技术、通信技术、计算机技术、航海技术、数据库技术、天文学、海洋学、气象学和水文学等。不同学科间的相互渗透和相互作用，促进了现代海岸带测绘理论和技术的发展，其中最为显著和具有代表性的海岸带测绘新技术主要有以下几个方面：

(1)卫星导航定位技术。以 GPS、GLONASS、BDS 为代表的全球卫星导航定位系统(GNSS)，其全球覆盖、全天候、实时、高精度提供定位服务的特性，极大地提高了海岸带测绘中各种测量载体和遥测设备的定位精度和工作效率，特别是适用于不同范围的单基准站常规差分 GNSS 站、多基准站的无线电差分 GNSS 网以及广域差分 GNSS 网的建立，使我国在江河湖海中航行或进行水域测量的任何船只都能实时获得米级甚至亚米级的定位精度。

(2)水深测量技术。长期以来，水深测量主要应用声学探测技术，即单波束回声测深技术。但近 20 年来，多波束测深、机载激光测深以及卫星遥感测深技术的出现和应用，使得测深技术有了新的发展，水深测量效率大为提高。特别是多波束测深技术，其水深测量覆盖面、精度、分辨率、声学图像质量等有了大幅度提高，不仅满足了大面积高精度进行海底地形测量工作的要求，而且由于获取的信息量丰富，还能进行海底沉积物分析、海底地质研究等。机载激光测深能提供沿海浅水区大面积快速水深测量资料，卫星遥感测深对探测岛礁地形和附近水深是十分经济而有效的。

（3）海洋遥感和卫星测高技术。海洋遥感是利用 SAR、多光谱及高度计等技术对遥感影像片资料进行加工处理，目前已在岛礁定位、岸滩监测、岸线确定、浅海测深、碍航物探测等方面发挥着重要的作用。卫星测高技术是近 20 年来随着卫星遥感技术的发展而发展起来的一个边缘学科，利用卫星上装载的微波雷达测高仪、辐射计和合成孔径雷达等仪器，实时测量卫星到海面的距离、有效波高和后向散射系数等，处理和分析这些数据能研究全球海洋大地水准面和重力异常以及海面地形、海底构造等多方面的问题。由于它可以从空间大范围、高精度、快速地、周期性地探测海洋上的各种现象及其变化，因而使人类研究和认识海洋的深度和广度有了极大的提高，这是传统的船载海测技术所难以做到的。卫星测高技术同卫星定位技术一样，已成为空间大地测量学和海洋大地测量学的重要组成部分。

（4）似大地水准面精化技术。我国的高程系统采用正常高系统，正常高的起算面是似大地水准面（可由物理大地测量方法确定），似大地水准面在海洋上和大地水准面一致，在陆海交界处不可能突然变成和大地水准面一致，而是经过近岸海域一定区域的平滑而解析过渡，逐渐趋近于大地水准面。高程框架是高程系统的实现。我国水准高程框架由全国高精度水准控制网实现，起算面为 1985 国家高程基准，以正常高高差为水准高程传递方式。

随着空间大地测量技术的发展，可通过似大地水准面来建立高程框架，从而实现正常高的获取。

（5）InSAR（Interferometric Synthetic Aperture Radar）技术。InSAR 图像与其他遥感图像相比较，对于海岸地形要素的区分比较有利。不同性质的干出滩，组成物质的颗粒大小不同，在雷达图像上的色调和纹理不同，影像特征差异明显。利用 InSAR 图像对海岸带要素识别明显的特点，可对海岸带地区陆部进行快速、高效的探测，并根据 InSAR 图像的色调和纹理部分与海底地形、地貌的直接相关性来探测浅海水深和水下地形。

海岸带地形变化很快，InSAR 技术可以快速将各种细微的变化反映出来，监视海岸和近海的各种变化，为海岸带利用和开发提供技术保障，是一种很有潜力的新技术。

（6）机载激光探测技术（Light Detection And Ranging, LiDAR），俗称激光雷达，是激光探测及测距系统的简称。LiDAR 出现于 20 世纪 60 年代中期，是一种主动式对地观测系统，它将激光测距技术、惯性测量单元（IMU）/DGPS 差分定位技术、计算机技术有效地集成，能直接快速获取高精度的三维地表地形信息（激光点云）并生成高精度的 DEM、DSM 等。

机载 LiDAR 系统是以飞机作为激光探测仪器的载体。近年来，近红外机载 LiDAR 应用于陆地地形探测，双波段机载 LiDAR 快速探测浅海水下地形，能满足陆海一体化综合测绘的需要，因此自它一出现，就被积极应用到海洋测量中，在我国迅猛发展。

（7）数字海图和数据库技术。这是指存储在计算机可识别的介质上（光盘、磁带等）的不可视的数字和图形数据，它也可根据需要处理成可视化的图像。数字海图生产离不开数字化的制图技术，当前主要指一些比较成熟的制图软件，诸如 Arc/Info, MapInfo、EPS

等，在工作站或微机上生产数字海图。海岸带测绘数据库主要包括海岸带地形图数据库、水深数据库、海洋重力数据库、潮汐数据库、海岸带数字地面模型（DEM）数据库，以及其他与海岸带测绘有关的内容。

（8）海岸带地理信息系统技术。海岸带测绘科技发展的另一个重要领域就是 GIS 技术的应用。海岸带地理信息系统以海岸带空间数据及其属性为基础，存储海岸带信息，记录物体之间的关系和演变过程，具有强大的显示和分析功能；为海洋环境规划、海洋资源的开发与使用、海战场环境建设提供决策支持、动态模拟、统计分析和预测等。在国家和地方政府、科学研究机构和经济实体等进行海洋工程建设、资源开发、抗灾防灾以及军事活动等决策或管理时，需要迅速、准确、及时地获取海洋地理信息。目前快速数据采集技术（如卫星定位、多波束声呐等）和数字海图生产技术已为各种海洋测绘 GIS 的建立奠定了基础。不少发达国家的航海部门、海道测量管理部门和海岸管理部门投入大量人力和财力，正在研究和生产各种 GIS 产品，为有关部门进行决策和管理提供十分有效的工具。

（9）无人机测绘技术。这项技术正逐步成为各国关注的热点之一。2004 年美国开始无人机海岸带监测项目，用于海岸线监测、海岛监测。2009 年新西兰开展无人机海洋监控、资源保护、溢油监测项目的论证工作；澳大利亚、英国、西班牙、日本等国家也都开始了无人机海洋环境监测工作。近 20 年来，我国无人机在测绘领域的应用有了跨越式的发展，2010 年，国家测绘地理信息局明确要求并积极鼓励全国各省（市、区）推广应用无人机测绘系统，并推荐了 ZC 系列、LT 系列和中遥系列等实用性较强的系统。

目前，国内无人机测绘系统以小型机和微型机为主，作为一种新型遥感监测手段，弥补了现有卫星遥感、航空遥感和现场监测技术手段的不足，具有机动性强、成本低、效率高等特点，其所获取的遥感影像分辨率高达 0.1m，远高于卫星遥感影像，而且其续航能力最大可达 16h 以上，将成为海岛海岸带监测应用，海岛海岸带地区大比例尺的地形测绘重要的信息源。

（10）无人船测深技术。无人船测深系统以无人船为载体，集成 GNSS、电子罗盘、惯性导航、测深仪、水下摄像机等多种高精度传感设备，利用导航、通信和自动控制等软件和设备，在岸基实时接收、处理和分析无人船系统所采集的数据，并以自控和遥控的方式对无人船和其他传感器进行操作控制，可以最大程度上填补水域测量在载人船无法到达或不易到达的危险浅滩、近岸等区域，真正做到安全、高效、便捷、智能。

1.4　展望

随着信息化时代的到来，卫星定位技术、多波束测深技术、机载激光雷达、卫星遥感、地理信息系统等得到广泛应用，高分辨率卫星遥感、物联网、大数据、云计算等一些具有更加准确、快速、直观、经济特点的新技术、新方法正在推动海岸带测绘技术不断创新发展。

可以预见：

（1）海岸带测量基础设施将实现新的飞跃。我国将逐步建立健全陆海统一的现代测绘基准体系和制定更加完备的海岸带测绘作业、质量控制等有关的规范。

（2）海岸带测绘基础理论与应用研究迅速发展。统一陆海基准面、精化海洋大地水准面以及重力、磁力等专题测量领域将出现一些新的理论和技术成果。以卫星测高、GNSS、航空摄影测量与卫星遥感为代表的空基海测理论、技术和方法将得到长足进展。

（3）不断研制新型海测设备。海岸带测量仪器向小型化、自动化、数字化和智能化、国产化发展，以陆地、船只、飞机和卫星为平台的立体测量模式将成为海岸带测量的发展方向。

（4）信息获取趋向实时化、规范化、集成化。测量要素越来越多样化，多源、多分辨率多形式的海岸带地理信息感知与获取，数据处理、存储，陆海一体化整合、表达更加完善和标准化。

（5）信息产品趋于多样化。海岸带测量数字产品越来越丰富，数字海岸带地形图的生产体系、质量控制体系和发布体系将更加健全，陆海一体化数据库的建设更具有现势性和完善性，海岸带地理信息系统由三维静态向四维动态智慧化转化，实现多角度、多尺度、动态实时可视化展现海岸带地理环境的全貌。

（6）服务对象将由传统定向服务向全方位、多层次服务转化。对海岸带的综合管理和科学利用，建设海洋经济区、维护国家海洋权益、发展海洋经济、加强海域使用和海岛管理、保护海洋生态环境、防灾减灾，促进海洋科学与教育事业发展、面向社会与公众提高海洋公益服务水平等方面，将更加广泛、紧密的服务国家海洋战略。

总之，海岸带测绘正在向陆海一体化，高精度、全覆盖、全过程、自动化的方向发展，随着我国海洋测绘管理体制机制不断健全，海岸带测绘的精度、产品覆盖面和更新能力不断增强，海岸带地理信息资源更加丰富，海岸带测绘保障服务能力进一步提升，必将为经济建设和社会发展提供更有力的技术支持。

第2章 测 绘 基 准

测绘基准是进行各种测量工作的起算数据和起算面，包括所选用的各种大地测量参数、统一的起算面、起算基准点、起算方位以及有关的地点、设施和名称等。目前我国采用的测绘基准主要包括大地基准、高程基准、重力基准和深度基准。

大地基准方面，随着 CGCS2000 国家大地坐标系统的推广应用，海岸带测绘应采用 CGCS2000 国家大地坐标系。高程起算面，我国陆地采用 1985 国家高程基准，远离陆地的岛屿，原则上采用 1985 国家高程基准，困难时可采用当地多年平均海平面；干出滩和浅海的高程基准面一般采用 1985 国家高程基准，但为了完整显示干出滩和便于测图，在测绘干出滩和浅海时，可采用当地理论最低潮面作为深度基准，最后出图时再统一换算成 1985 国家高程基准。如有特殊需要，也可采用其他基准面。但无论采用何种基准面，都应给出所采用的基准面与理论最低潮面和 1985 国家高程基准的转换关系。

海岸带测绘包含陆地和水下地形测绘，测绘基准选择既要考虑陆域的测绘要求，也要考虑海域的测绘要求，因此海岸带测绘通常应综合选择大地基准、高程基准和深度基准，实施海岸带重力测量时，还应考虑已知重力基准的选择。

2.1 大地基准

2.1.1 大地基准的基本概念

大地基准是用于大地坐标计算的起算数据，包括参考椭球的大小、形状及其定位、定向参数，具体指一组大地测量参数和一组起算数据，其中大地测量参数主要包括作为建立大地坐标系依据的地球椭球的 4 个常数，即地球椭球赤道半径 a，地心引力常数 GM，带球谐系数 J_2（由此导出椭球扁率 f）和地球自转角速度 ω；起算数据是指国家大地控制网起算点（大地原点）的大地经度、大地纬度、大地高程和至相邻点方向的大地方位角。

建立大地基准，还需要定义大地坐标系统的原点、坐标轴向和点位坐标表达方式。根据原点的不同，可分为参心坐标系和地心坐标系，坐标表达方式可分为大地坐标（B，L，H）、空间直角坐标（X，Y，Z）和极坐标（R，A，E）。如图 2.1 所示，O 为空间大地直角坐标系的原点，z 轴与椭球的旋转轴一致，x 轴与大地起始子午面和赤道的交线一致，y 轴垂直于 xOz 平面，构成右手坐标系；地面点 PW 的法线 PK 交椭球面于 P 点，PK 与赤道面的夹角为 B，称为 PW 的大地纬度，由赤道面起算，向北为正，向南为负。P 点的子午面与起始子午面 NGS 所构成的二面角 L 称为 PW 点的大地经度，向东为正，向西为负。PW 点

至椭球面 P 点间的距离为大地高，也称椭球高，以 H 表示，从椭球面量起，向外为正，向内为负。

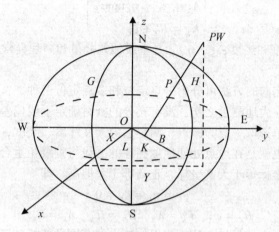

图 2.1　大地坐标系和空间直角坐标系

2.1.2　参心坐标系

2.1.2.1　参心坐标系的建立

以参考椭球几何中心为原点的坐标系，称为参心坐标系。参心坐标系定义时，坐标系的原点位于参考椭球体的中心，Z 轴与地球的自转轴平行，X 轴指向平行于天文起始子午面的大地子午面与赤道面的交点，Y 轴与 X 轴、Z 轴构成右手坐标系。参心坐标系通常分为参心大地坐标系和参心空间直角坐标系。

建立地球参心坐标系，需进行如下几个方面的工作：

（1）选择或求定参考椭球体的几何参数；

（2）确定参考椭球体中心的位置，称为参考椭球定位；

（3）确定参考椭球体短轴的指向，称为参考椭球定向；

（4）建立大地原点，即确定大地原点 (K) 的大地纬度 B_K、大地经度 L_K 及它至一相邻点的大地方位角 A_K，B_K、L_K、A_K 即为大地起算数据。

关于椭球的参数，一般可选择 IUGG 推荐的国际椭球参数，大地起算数据可以通过天文观测和高程测量计算而得，下面主要讨论椭球定位、定向。

所谓参考椭球定位（含定向），就是依据一定的条件，将已经确定了形状和大小的参考椭球与大地体的相互位置关系确定下来。参考椭球体的定位是通过确定大地原点的大地起算数据来实现的。

为使参考椭球体的定位简便，一般都要求满足"双平行"的定向条件，即要求椭球的短轴与地球某一历元的自转轴平行，起始大地子午面与起始天文子午面平行。此时，参心大地坐标系与天文坐标系的关系是：

$$\left.\begin{array}{l} B_K = \varphi_K - \xi_K \\ L_K = \lambda_K - \eta_K \sec\varphi_K \\ A_K = \alpha_K + \eta_K \tan\varphi_K \\ H_K = H'_K + \zeta_K \end{array}\right\} \tag{2-1}$$

式中，φ、λ 是天文纬度和经度；ξ、η、ζ 是垂线偏差分量和高程异常；A 和 α 为大地方位角和天文方位角。

参考椭球定位与定向的方法可分为一点定位和多点定位两种。

一点定位通常是在大地测量之初，没有充分的资料确定垂线偏差和大地水准面差距数据的条件下进行。简单选取一点为原点，测定它的天文纬度、经度，并令垂线偏差和大地水准面差距值为零，也就是在原点处使地球椭球的法线与垂线相重合，椭球面与大地水准面相切，该点的大地坐标等于天文坐标，正高等于大地高。即：

$$\xi_K = \eta_K = \zeta_K = 0 \tag{2-2}$$

此时有 $\qquad B_K = \varphi_K,\ L_K = \lambda_K,\ H_K = H'_K,\ A_K = \alpha_K \tag{2-3}$

一点定位的结果具有偶然性，往往难以在较大的范围内使椭球面与大地水准面有较好的密合，因此，在国家或地区在天文大地测量工作进行到一定的时候或基本完成后，利用许多拉普拉斯点(测定了天文经度、天文纬度和天文方位角的点)的测量成果和已有的椭球参数，按照广义弧度测量方程式，采用最小二乘法求解大地原点的垂线偏差分量 ξ、η 和高程异常 ζ。这样，利用新的大地原点数据和新的椭球参数进行新的定位和定向，建立新的参心坐标系。按这种方法进行椭球的定位和定向，由于包含了许多拉普拉斯点，因此通常称为多点定位。

多点定位的结果使椭球面在大地原点不再同大地水准面相切，但在所使用的天文大地网资料的范围内，椭球面与大地水准面具有最佳密合。

可以看出，不同的地球椭球参数可以构成不同的参心坐标系；相同的椭球参数，但定位或定向不同，也会构成不同的参心坐标系；大地原点上不同的大地起算数据也构成不同的参心坐标系。各个国家或地区通常都希望参考椭球与本国或本地区的大地水准面密合得最好，因此，大多数国家都有各自的参考椭球和参心坐标系。

2.1.2.2 常用的参心坐标系

1. 1954 年北京坐标系

中华人民共和国成立后，我国大地测量进入了全面发展时期，在全国范围内开展了正规的、全面的大地测量和测图工作，迫切需要建立一个新的参心大地坐标系。鉴于当时的历史条件，暂时采用了克拉索夫斯基椭球参数($a = 6378245\text{m}$，$f = 1/298.3$)，并与苏联 1942 年普尔科沃坐标系进行联测，通过计算建立了我国大地坐标系，定名为 1954 年北京坐标系。

1954 年北京坐标系和苏联 1942 年普尔科沃坐标系有一定的关联，椭球参数和大地原点一致，但又不完全是苏联 1942 年普尔科沃坐标系，如大地点高程是以 1956 年青岛验潮站求出的黄海平均海水面为基准，高程异常是以苏联 1955 年大地水准面差距重新平差结果为依据，按我国的天文水准路线推算出来的。因此，1954 年北京坐标系可以认为是苏联 1942 年坐标系的延伸，原点不在北京，而是在前苏联的普尔科沃，相应的椭球为克拉索夫斯基椭球。1954 年北京坐标系建立以来，我国依据这个坐标系建立了全国天文大地网，完成了大量的测绘任务。但是随着测绘新理论、新技术的不断发展，人们发现该坐标系存在如下缺点：

(1)椭球参数有较大误差。克拉索夫斯基椭球参数与现代精确的椭球参数相比，长半轴约长 108m。

(2)参考椭球面与我国大地水准面存在着自西向东明显的系统性的倾斜，在东部地区，大地水准面差距最大达 65m，这使得大比例尺地图反映地面的精度受到影响，同时也对观测元素的归算提出了严格的要求。

(3)几何大地测量和物理大地测量应用的参考椭球面不统一。我国在处理重力数据时采用赫尔默特 1900—1909 年正常重力公式，与这个公式相应的赫尔默特扁球不是旋转椭球，它与克拉索夫斯基椭球是不一致的，这给实际工作带来了麻烦。

(4)定向不明确。椭球短轴的指向既不是国际上比较普遍采用的国际协议原点 CIO，也不是我国地极原点 JYD1968.0；起始大地子午面也不是国际时间局 BIH 所定义的格林尼治平均天文台子午面，从而给坐标换算带来了一些不便和误差。

1954 年北京坐标系采用的是克拉索夫斯基椭球体，在椭球计算和定位的过程中，没有使用中国的数据，该系统在中国范围内符合不好，不能满足高精度定位以及地球科学、空间科学和战略武器发展的需要。20 世纪 70 年代，中国大地测量工作者经过 20 多年的艰巨努力，终于完成了全国一、二等天文大地网的布测，已经具备条件，利用我国测量资料和其他有关资料建立起适合我国国情的新坐标系。

2. 1980 西安坐标系

为了适应大地测量发展的需要，1978 年 4 月在西安召开全国天文大地网平差会议，确定重新定位，建立我国新的坐标系，坐标系的大地原点设在我国中部的陕西省泾阳县永乐镇，位于西安市西北方向约 60km，称 1980 西安坐标系，简称 GDZ80。高程基准面采用青岛大港验潮站 1952—1979 年确定的黄海平均海水面，即 1985 国家高程基准。

1980 西安坐标系有以下特点：

(1)采用 1975 年国际大地测量与地球物理联合会(IUGG)第十六届大会上推荐的 4 个椭球基本参数：

长半轴 $a = 6378140$ m；

地心引力常数 GM = $3.986005 \times 10^{14} \mathrm{m}^3/\mathrm{s}^2$；

地球重力场二阶带球谐系数 $J_2 = 1.08263 \times 10^{-3}$；

地球自转角速度 $\omega = 7.292115 \times 10^{-5} \mathrm{rad/s}$。

根据物理大地测量学中的有关公式，可由上述 4 个参数算得：

地球椭球扁率 $f = 1/298.257$；

赤道的正常重力值 $Y_0 = 9.78032$ m/s²。

(2)1980 西安坐标系是在 1954 年北京坐标系的基础上建立起来的。

(3)椭球面与似大地水准面在我国境内最为密合，是多点定位。

(4)定向明确，椭球短轴平行于地球质心指向地极原点 JYD1968.0 的方向，起始大地子午面平行于格林尼治平均天文台起始子午面。

(5) 大地原点地处我国中部，位于西安市西北方向约 60km 的泾阳县永乐镇，简称西安原点。

(6) 高程基准面采用 1985 国家高程基准。

该坐标系建立后，实施了全国天文大地网平差。平差后，提供的大地点成果属于 1980 西安坐标系，它和原 1954 年北京坐标系的成果是不同的。这个差异除了由于它们各属不同椭球与不同的椭球定位、定向外，还因为前者结果是整体平差，而后者只是作了局部平差。不同坐标系统的控制点坐标可以通过一定的数学模型，在一定的精度范围内进行互相转换，使用时，应注意所用成果所对应的坐标系统。

3. 新 1954 年北京坐标系

新 1954 年北京坐标系是由 1980 国家大地坐标系转换过来的，简称 BJ54 新；原 1954 年北京坐标系又称为旧 1954 年北京坐标系，简称 BJ54 旧。由于在全国以 1980 西安坐标系为基准的测绘成果建立之前，BJ54 旧的测绘成果仍将存在较长的时间，而 BJ54 旧与 1980 西安坐标系两者之间差距较大，给成果的使用带来不便，所以建立了 BJ54 新作为过渡坐标系。经过渡坐标系的转换，BJ54 新和 BJ54 旧的控制点的高斯平面坐标的差值在全国 80% 地区内小于 5m，局部地区最大达 12.9m，这种差值反映在 1∶5 万以及更小比例尺的地形图上，图上位移绝大部分不超过 0.1mm。这样采用 BJ54 新对于小比例尺地形图可认为不受影响，在完全采用 1980 西安坐标系测绘成果之后，1∶5 万以下的小比例尺地形图不必重新绘制。

BJ54 新是在 1980 西安坐标系基础上改变 1980 西安坐标系相对应的 IUGG1975 椭球几何参数为克拉索夫斯基椭球参数，并将坐标原点平移，使坐标轴保持平行而建立起来的。

BJ54 新有如下特点：

(1) 采用克拉索夫斯基椭球参数；

(2) 是综合 1980 西安坐标系和 BJ54 旧建立起来的参心坐标系；

(3) 采用多点定位，但椭球面与大地水准面在我国境内不是最佳拟合；

(4) 定向明确，坐标轴与 1980 西安坐标系相平行，椭球短轴平行于地球地质心指向地极原点 JYD1968.0 的方向，起始大地子午面平行于格林尼治平均天文台起始子午面；

(5) 大地原点与 1980 西安坐标系相同，但大地起算数据不同；

(6) 与 BJ54 旧相比，所采用的椭球参数相同，其定位相近，但定向不同。BJ54 旧的坐标是局部平差结果，而 BJ54 新是 1980 西安坐标系整体平差结果的转换值，两者之间无全国统一的转换参数，只进行局部转换。

2.1.3　地心坐标系

2.1.3.1　地心坐标系的建立

为了研究地球形状及其外部重力场以及地球动力现象，特别是 20 世纪 50 年代末，人造地球卫星和远程弹道武器出现后，为了描述它们在空间的位置和运动，以及表示其地面发射站和跟踪站的位置，必须采用地心坐标系。因此，建立全球地心坐标系已成为大地测量所面临的迫切任务，对空间技术、宇航和全国大地坐标系的联结具有重要意义。

地心坐标系满足以下四个条件：

(1)原点位于整个地球(含海洋和大气)的质心;

(2)尺度是广义相对论意义下某一局部地球框架内的尺度;

(3)定向为国际时间局(BIH)测定的某一历元的协议地极(CTP)和零子午线,称为地球定向参数 EOP,如 BIH1984.0 是指 Z 轴、X 轴指向分别为 BIH 历元 1984.0 的 CTP 和零子午线;

(4)定向随时间的演变满足地壳无整体运动的约束条件,即在整个地壳表面 Σ 上,积分面元 dm、地心向量 r 和速度 v 满足:

$$\int_{\Sigma} v \mathrm{d}m = 0, \qquad \int_{\Sigma} r \mathrm{d}m = 0 \tag{2-4}$$

地心坐标系是一个总称,根据它在大地测量中的使用需要,通常还可以进一步分为地心大地直角坐标系和地心大地坐标系等。如图 2.2 所示。

地心大地直角坐标系:以 $X_G = (X, Y, Z)_G^{\mathrm{T}}$ 表示地心大地直角坐标系,则其原点与地球质心相重合,Z_G 轴指向国际协议的地极原点 CIO,X_G 轴指向起始天文子午面与地球平赤道的交点 E,而 Y_G 轴垂直于 $X_G O_G Z_G$ 平面,指向东。

地心大地坐标系:地心椭球的中心位于坐标系的原点 O_G,椭球的短轴与 Z_G 轴相重合,而地心起始大地子午面与 $Z_G O_G X_G$ 平面相重合。

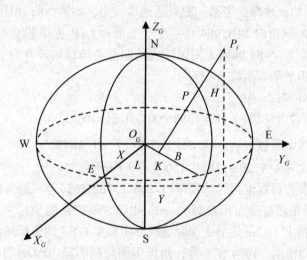

图 2.2　地心大地坐标系和空间直角坐标系

地心坐标系统中,任意点 P_i 的位置可表示为 $X_{Gi} = (X, Y, Z)_{Gi}^{\mathrm{T}}$ 或 $B_{Gi} = (B, L, H)_{Gi}^{\mathrm{T}}$,其中,$B$ 为大地纬度,L 为大地经度,H 为大地高程。

建立地心坐标系的方法可分为直接法和间接法两类。所谓直接法,就是通过一定的观测资料(如天文、重力资料、卫星观测资料等)直接求得点的地心坐标的方法,如天文重力法和卫星大地测量动力法等。所谓间接法,就是通过一定的资料(包括地心系统和参心系统的资料),求得地心坐标系和参心坐标系之间的转换参数,而后按其转换参数和参心坐标,间接求得点的地心坐标系的方法。如应用全球天文大地水准面差距法以及利用卫星网与地面网重合点的两套坐标系建立地心坐标转换参数等方法。

2.1.3.2　常用的地心坐标系

1. 国际地球参考系统

国际地球参考系统 ITRS 是目前国际上最精确、最稳定的全球性地心坐标系，它的定义遵循 IERS(国际地球自转服务)定义协议地球坐标系的法则，即 ITRS 的原点位于地球质心，地心定义为包括海洋和大气的整个地球的质量中心；它的尺度单位是在引力相对论意义下的局部地球框架内定义的米；它的定向由 BIH1984.0 给出定向的时间演化相对于地壳不产生残余的全球性旋转。ITRS 通过国际地球参考框架 ITRF 来实现，ITRF 是基于多种空间技术(GPS、SLR、VLBI、DORIS) 得到的地面站的站坐标集和速度场，ITRF 的参考框架点是全球分布的，其速度场通过多年数据计算得到。至 2015 年，ITRF 已经推出了系列的框架版本，较为常用的有 ITRF94、ITRF97、ITRF2000 和 ITRF2008。

2. 世界大地坐标系 WGS-84

20 世纪 60 年代以来，美国利用卫星观测等资料开展了建立地心坐标系的工作。美国国防部曾先后建立过世界大地坐标系(world geodetic system, WGS) WGS-60、WGS-66 和 WGS-72，并于 1984 年开始，经过多年的修正和完善，建立起了更为精确的地心坐标系统——WGS-84。

WGS-84 是一个协议地球参考系，原点是地球质心，Z 轴指向 BIH1984.0 定义的协议地球极 CTP 方向，X 轴指向 BIH1984.0 零度子午面和 CTP 赤道的交点，Y 轴和 Z 轴、X 轴构成右手坐标系。WGS-84 椭球采用国际大地测量与地球物理联合会第 17 届大会大地测量常数推荐值，四个基本参数是：

长半轴 $a = 6378137 \pm 2$ m；

地心引力常数(含大气层) $GM = (3986\,005 \pm 0.6) \times 10^8$ m^3/s^2；

正常化二阶带球谐系数 $\bar{C}_{2.0} = -4.841\,668\,5 \times 10^{-4} \pm 1.3 \times 10^{-9}$；

地球自转角速度 $\omega = (7.292\,115 \pm 0.1500) \times 10^{-11}$ rad/s。

根据上述 4 个参数可以求得地球扁率(1/298.257223563)等其他参数。

WGS-84 坐标系是通过分布于全球的一系列 GPS 跟踪站的坐标来具体实现的。当初 GPS 跟踪站的坐标精度 1~2m 远低于国际地球参考框架 ITRF 的坐标精度 10~20mm，为了改善 WGS-84 系统的精度，1994 年 6 月，由美国国防制图局(DMA)将其和美国空军在全球的 10 个 GPS 跟踪站的数据和部分 IGS 站的 ITRF91 数据进行联合处理，并以 IGS 站在 ITRF91 框架下的坐标为固定值，重新计算了这些全球跟踪站在 1994.0 历元的坐标，并更新了 WGS-84 的地球引力常数，从而得到更精确的 WGS-84 坐标框架，即 WGS-84(G730)，其中 G 表示 GPS，730 表示 GPS 周，第 730 周的第一天对应于 1994 年 1 月 1 日。WGS-84(G730)系统中的站坐标与 ITRF91、ITRF92 的差异减小为 0.1m 量级，这与 1987 年最初的站坐标相比，有了显著提高，但与 ITRF 站坐标的 10~20mm 的精度要差一些。1996 年，WGS-84 坐标框架再次进行更新，得到了 WGS-84(G873)，其坐标参考历元为 1997.0。WGS-84(G873)框架的站坐标精度有了进一步提高，与 ITRF94 框架的站坐标差异小于 2cm。2001 年，美国对 WGS-84 进行了第三次精化，获得了 WGS-84(G1150)框架。该框架从 GPS 时间第 1150 周开始使用（2002 年 1 月 20 日 0 时），与 ITRF2000 相符得很好，各分量上的平均差异小于 1cm。2012 年 2 月 8 日，WGS-84 进行了第四次精化，得到 WGS-84（G1674）。此次精化后，WGS-84（G1674）与 ITRF2008 在历元 2005.0 处一致。

3. 2000 国家大地坐标系

2000 国家大地坐标系（China Geodetic Coordinate System 2000，CGCS2000）是一个基于 GNSS 定位技术而建立起来的区域性的地心坐标系，参考历元为 J2000.0。与 ITRS、WGS-84 一样，建立 CGCS2000 时，也遵循了建立地心坐标的 4 个条件。

CGCS2000 是基于下列 GNSS 测量资料而建立起来的：

（1）全国 GNSS 一、二级网，共 534 个点，1991—1997 年间施测。

（2）国家 GNSS A、B 级网，共 818 个点，1991—1996 年间施测。

（3）地壳运动监测网，共 336 个点，其中全国地壳运动监测网 21 个，分别于 1994 年、1996 年和 1999 年进行过 3 次观测。9 个区域性地壳形变监测网分别于 1988—1998 年间进行过观测。

（4）中国现代地壳运动观测网络，共 1081 个点，其中基准点 25 个、基本点 56 个、区域网 1000 个点。基准点自 1999 年以来进行连续观测；基本网和区域网则分别于 1999 年、2000 年和 2001 年进行过 3 次观测。基本网点每次连续观测 10 天，区域网点每次连续观测 4 天。

建立 CGCS2000 所用的资料至 2001 年，利用以上资料经统一平差计算后，建立了 CGCS2000。其站坐标的精度为 $\sigma_x=\pm0.84$cm，$\sigma_y=\pm1.82$cm，$\sigma_z=\pm1.30$cm；用东西方向、南北方向和高程三个坐标分量表示精度为 $\sigma_L=\pm0.52$cm，$\sigma_B=\pm0.40$cm，$\sigma_H=\pm2.31$cm；三维点位中误差为 $\sigma_P=\pm0.52$cm。

CGCS2000 采用的地球椭球参数如下：

长半轴 $a=6378137$ m

地心引力常数 GM $=3.986004418\times10^{14}$ m^3/s^2；

自转角速度 $\omega=7.292\,115\times10^{-5}$ rad/s；

地球扁率 $f=1/298.257222101$。

从定义上看，CGCS2000 与 ITRS 属同一坐标系，CGCS2000 下的基准站坐标属于 ITRF 框架，因此，CGCS2000 与 ITRF 属于同一参考框架，通过观测和计算，使 CGCS2000 与 ITRF 尽量趋于一致。

自 2008 年 7 月 1 日起，我国已全面启用 2000 国家大地坐标系，过渡期为 10 年，由国家测绘地理信息局授权组织实施。

2.1.4 常用坐标系的转换

随着大地测量技术的发展，各国建立了精度越来越高的坐标系统，我国先后建立了 1954 年北京坐标系、1980 西安坐标系，以及高精度地心坐标系——2000 国家大地坐标系。1954 年北京坐标系和 1980 西安坐标系是我国先后建立的两种参心坐标系，由于它们采用了不同的参考椭球及其不同的定位和定向，并采用了不同的平差方法，使空间同一点的 1954 年北京坐标系坐标与 1980 西安坐标系坐标是不相同的。2000 国家大地坐标系是地心坐标系，参考椭球和定位定向也不相同，空间同一点的坐标也是不同的。由于需求不同，使用的行业也不相同，3 种坐标系在相当长的时间内并存使用，实际使用中需要进行坐标换算。

2.1.4.1 大地坐标系与空间大地直角坐标系的转换

大地坐标系与空间大地直角坐标系的转换，是同一个大地坐标系不同表示形式之间的转换，空间大地直角坐标系的中心可以在参心，也可以在地球质心。因此，此类转换的数学模型对参心坐标系和地心坐标系均适用。

已知大地纬度 B、经度 L 和大地高 H，求解空间大地直角坐标 X、Y、Z 的转换公式为

$$\begin{cases} X = (N + H)\cos B\cos L \\ Y = (N + H)\cos B\sin L \\ Z = \left[N(1 - e^2) + H \right]\sin B \end{cases} \tag{2-5}$$

式中，$N = a(1 - e^2\sin^2 B)^{\frac{1}{2}}$，$e^2 = (a^2 - b^2)/a^2$，$N$ 为椭球的卯酉圈曲率半径（对参心坐标系为参考椭球，对地心坐标系为地球椭球，以下意义相同）；a 为椭球的长半轴；b 为椭球的短半轴；e 为椭球的第一偏心率。

已知空间大地直角坐标系 X、Y、Z，求解大地坐标 B、L、H 的转换公式（迭代法）为

$$\begin{cases} \tan B_i = \left[Z - ce^2\tan B_{i-1}(1 + e'^2 + \tan^2 B_{i-1})^{\frac{1}{2}} \right](X^2 - Y^2)^{-\frac{1}{2}} \\ L = \arctan \dfrac{x}{y} \\ H = \dfrac{r\cos\left(\arctan\left[\dfrac{z}{(x^2 - y^2)^{\frac{1}{2}}} \right] \right)}{\cos B} - N \end{cases} \tag{2-6}$$

式中，$e'^2 = \dfrac{a^2 - b^2}{a^2}$，$c = \dfrac{a^2}{b^2}$，$r = (X^2 + Y^2 + Z^2)^{\frac{1}{2}}$，$e'$ 为椭球的第二偏心率，其余符号意义与以上各式相同。运用式(2-6)计算 $\tan B_i$ 时，需要先计算出大地纬度的初值 B_{i-1}，然后进行迭代计算，直至 $\tan B_i - \tan B_{i-1}$ 满足所要求的精度为止。

大地纬度初值 B_{i-1} 的计算公式为

$$\begin{cases} B_{i-1} = B_0 + \Delta B \\ \sin B_0 = \dfrac{Z}{r} \\ \Delta B = A\sin 2B_0(1 + 2A\cos 2B_0) \\ A = \dfrac{e^2}{r^2}(1 - e^2\sin^2 B_0)^{-\frac{1}{2}} \end{cases} \tag{2-7}$$

式中各符号的意义和前面相同。

上述转换关系适用于各种大地坐标系和空间大地直角坐标系之间的相互转换。

2.1.4.2 空间大地直角坐标系的转换

航空航天技术的快速发展，使得 GNSS 技术已经广泛地应用于测量领域，目前国家已要求采用 2000 国家大地坐标系，但是存在大量 1954 年北京坐标系和 1980 西安坐标系的成果，甚至有些区域仍在使用 1980 西安坐标系。因此，不同的三维空间直角坐标系转换在海岸带测量中还是十分常见的。

假设两个不同空间直角坐标分别为 $O-XYZ$ 和 $O'-X'Y'Z'$，它们的坐标原点不一致，存在三个平移参数 ΔX、ΔY、ΔZ，分别表示两个坐标系在三个坐标轴上的分量；通常情况下，两个坐标系的坐标轴也是不平行的，存在三个旋转参数 ε_X、ε_Y、ε_Z，这三个参数为三维空间直角坐标系的三个旋转角，也称欧拉角，对应的旋转矩阵分别为

$$R_1(\varepsilon_X) = \begin{pmatrix} 1 & 0 & 0 \\ 0 & \cos\varepsilon_X & \sin\varepsilon_X \\ 0 & -\sin\varepsilon_X & \cos\varepsilon_X \end{pmatrix} \tag{2-8}$$

$$R_2(\varepsilon_Y) = \begin{pmatrix} \cos\varepsilon_Y & 0 & -\sin\varepsilon_Y \\ 0 & 1 & 0 \\ \sin\varepsilon_Y & 0 & \cos\varepsilon_Y \end{pmatrix} \tag{2-9}$$

$$R_3(\varepsilon_Z) = \begin{pmatrix} \cos\varepsilon_Z & \sin\varepsilon_Z & 0 \\ -\sin\varepsilon_Z & \cos\varepsilon_Z & 0 \\ 0 & 0 & 1 \end{pmatrix} \tag{2-10}$$

令
$$R_0 = R_1(\varepsilon_X)R_2(\varepsilon_Y)R_3(\varepsilon_Z) \tag{2-11}$$

通常，两坐标系坐标轴定向差别一般很小，即 ε_X、ε_Y、ε_Z 为微小角度，可取

$$\begin{cases} \cos\varepsilon_X = \cos\varepsilon_Y = \cos\varepsilon_Z = 1 \\ \sin\varepsilon_X = \varepsilon_X, \quad \sin\varepsilon_Y = \varepsilon_Y, \quad \sin\varepsilon_Z = \varepsilon_Z \\ \sin\varepsilon_X \sin\varepsilon_Y = \sin\varepsilon_X \sin\varepsilon_{XZ} = \sin\varepsilon_Y \sin\varepsilon_Z \end{cases} \tag{2-12}$$

则 R_0 可以简化为

$$R_0 = \begin{pmatrix} 1 & \varepsilon_Z & -\varepsilon_Y \\ -\varepsilon_Z & 1 & \varepsilon_X \\ \varepsilon_Y & -\varepsilon_X & 1 \end{pmatrix} \tag{2-13}$$

称为微分旋转矩阵。

当 $O'-X'Y'Z'$ 中的坐标 (X', Y', Z') 转换到 $O-XYZ$ 中的坐标 (X, Y, Z) 时，既经过了平移，又经过了旋转，其转换模型为

$$\begin{pmatrix} X \\ Y \\ Z \end{pmatrix} = \begin{bmatrix} \Delta Z \\ \Delta Y \\ \Delta Z \end{bmatrix} + (1+m)R_0 \begin{pmatrix} X' \\ Y' \\ Z' \end{pmatrix} \tag{2-14}$$

其中，m 为尺度变化参数，其他参数同时。该转换模型通常称为布尔沙-沃尔夫（Bursa-Wolf）模型，使用比较普遍，但根据引入参数的方法不同，使用上尚有其他的模型可供选择。

2.2 高程基准

2.2.1 高程基准基本概念

高程基准指由特定验潮站平均海面确定的测量高程的起算面,以及依据该面所确定的水准原点高程。

建立高程基准一项重要的工作是确定测量高程的起算面,即确定高程基准面。所谓高程,是对于某一具有特定性质的参考面而言的,没有参考面高程就失去了意义,同一点相对的参考面不同,高程的意义和数值都不相同。大地水准面、似大地水准面和地球椭球面都是理想的参考面。这种相对于不同性质参考面所定义的高程体系称为高程系统。现有的高程系统有大地高、正高和正常高系统。

大地高程系统是以参考椭球面为基准面的高程系统。某点的大地高是该点到通过该点的参考椭球的法线与参考椭球面的交点间的距离。大地高也称为椭球高,大地高一般用符号 H 表示。同一个点,在不同的基准下,具有不同的大地高。

正高系统以大地水准面为高程基准面,某点的正高是该点的铅垂线与大地水准面的交点之间的距离。由于正高不能严格得到,实际应用中通常采用正常高。

正常高系统是以似大地水准面为高程基准面。某点的正常高是该点到通过该点的铅垂线与似大地水准面的交点之间的距离。正常高可以精确地计算出来。由各地面点沿正常重力线向下截取各点的正常高,所得到的点构成的曲面,称为似大地水准面。似大地水准面很接近于大地水准面,在海洋上两者是重合的,在平原地区两者相差数厘米,在高山地区两者最多相差 2m。似大地水准面不是等位面,没有明确的物理意义。它是由各地面点按公式计算的正常高来定义的,这是正常高系统的缺陷,其优点是可以精确计算,不必引入人为的假定。我国的高程系统使用的是正常高系统。

正常高系统和大地高程系统所相对的基准面不同,同一点相应的高程值也不相同,两者之间的差值便是常说的高程异常,即似大地水准面至地球椭球面的垂直距离。

2.2.2 我国采用的正常高系统

在测量领域主要采用大地高和正常高系统,而大地高程系统随着大地坐标系建立而确定。下面主要介绍我国主要采用的正常高系统——1956 黄海高程基准和 1985 黄海高程基准

2.2.2.1 1956 年黄海高程基准

一个国家或地区必须确定一个统一的高程基准面,这个基准面必须科学、稳定。因为统一的高程基准面是生产建设和国防建设涉及测绘、制图、河川整治、河口防洪、防潮(风暴潮)、海岸带开发利用、地震监测、地壳升降以及监测海面长期变化等科学研究的必要基准。

青岛验潮站位于我国大陆中纬度区和海岸中部,较适合国家海面的实际情况。所在地地壳稳定,历史上无明显的垂直运动,属非地震烈震区,验潮井坐落在地质结构坚硬的海

岸原始沉积层上，所在的港口具有代表性，是有规律的半日潮港，而且附近无大的江河入海口，有开阔的海面，海底平坦，水深 10m 以上。同时，青岛验潮站具有技术性能良好的验潮设备和健全的验潮制度，有长期、完整、连续、准确、可靠的验潮资料，且验潮站所在地有长期的天文、海洋、水文、气象、地质等测验和研究资料。基于以上多种因素，在坎门、吴淞、青岛、葫芦岛和大连 5 个验潮站中，确定青岛验潮站为建立国家高程基准的基本验潮站，并于 1957 年建立了 1956 年黄海高程基准。

1956 年黄海高程基准是根据青岛验潮站 1950—1956 年验潮资料确定的黄海平均海水面作为高程起算面，测定位于青岛市观象山的中华人民共和国水准原点作为其原点而建立的国家高程系统，其水准原点的高程为 72.289m。

2.2.2.2 1985 国家高程基准

1957 年起采用的全国统一的 1956 年黄海高程基准，是在当时的客观条件下能够选择的最佳方案，对统一全国高程基准发挥了重大作用，满足了当时经济、国防建设的需要，在历史上起到了重要的作用。鉴于高程基准的重要性，为慎重和准确起见，在 1976 年全国一等水准布测会议上，提出重新确定我国高程基准的任务。20 世纪 70 年代末，我国以青岛验潮站为代表的各验潮站又积累了 20 年的验潮数据，为建立我国更准确稳定的新高程基准提供了数据支撑。

国家测绘主管部门决定重新计算黄海平均海面，由于潮汐存在波长为 19 年的周期变化，所以高程基准应采用 19 年的观测数据进行计算。国家测绘主管部门根据多方面综合分析，同时考虑到有关部门主张国家高程基准不变或少变，采用青岛验潮站 1952—1979 年共 28 年的验潮数据为计算依据，确定了"1985 国家高程基准"，并用精密水准测量位于青岛观象山的中华人民共和国水准原点，1985 国家高程基准的水准原点高程是 72.260m，比 1956 年黄海高程水准原点的高程低 0.029m。1985 国家高程基准，经国务院批准，由国家测绘局于 1987 年 5 月 26 日公布使用，目前国家统一采用的高程基准仍是 1985 国家高程基准。

2.3 深度基准

2.3.1 深度基准概念

海洋是人类生存和发展的重要空间，随着科学技术的进步，对海洋资源及其环境的认识有了进一步的提高，海洋开发进入到新的发展阶段，人类在海洋航行，大规模开发海底石油、天然气和其他固体矿藏资源，都需要知道海水的深度。但同一点的海水的深度由于潮汐等原因时刻不断变化，为了准确表示海水深度，需要确定一个相对参考面，把不同时刻测得的某点水深归算到这个面上，这个面就是深度基准面。

依据《大地测量术语》（GB/T17159），所谓深度基准面，是指计算水体深度的起算面。深度基准面通常取在当地多年平均海平面下深度为 L 的位置。海图水深是该深度基准面至海底的距离，常以 h 表示。平均海平面、深度基准面的关系，可用图 2.3 表示。

确定深度基准面的原则是既要保证舰船航行安全，又要考虑航道利用率。深度基准面的选择与海洋潮汐情况有关，通常采用当地的潮汐调和常数来计算，各个国家和地区不一样，有的则采用理论深度基准面，有的则采用平均低潮面、最低低潮面、大潮平均低潮面等。

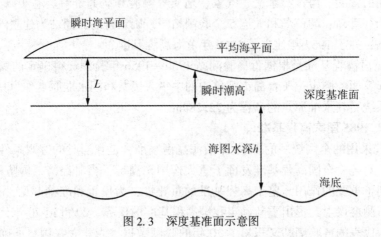

图 2.3　深度基准面示意图

深度基准面通过长期的潮汐观测可较为准确地得出，通常取在当地多年平均海平面下深度为 L 的位置，如图 2.3 所示。由于各国海域状况不同，求取 L 值的方法存在差异，因此，采用的深度基准面也不相同，如我国采用的深度基准面为理论最低潮面。目前，国际上的深度基准主要有以下 8 种：

（1）平均海平面：航海保证率低，目前只有波罗的海沿岸国家采用。

（2）平均低潮面：仅适合于潮差极小的海区，只有美国大西洋沿岸、瑞典北海地区和荷兰等采用。

（3）平均大潮低潮面：只考虑半日分潮，欧洲若干国家采用。

（4）平均低低潮面：适合于较深海域，美国的太平洋沿岸、夏威夷和菲律宾等采用。

（5）最低潮面：适合于半日潮海域，如法国、西班牙、葡萄牙等国。

（6）略最低低潮面：又称印度大潮低潮面，由英国人达尔文提出，主要使用的国家有印度、巴西、日本、伊朗、伊拉克等。

（7）最低天文潮面：由英国海军提出，只考虑天文分潮的影响，英国、澳大利亚、新西兰、法国、挪威等采用。

（8）理论最低潮面：苏联弗拉基米尔提出，依据调和常数计算最低潮位面，我国及俄罗斯采用。

2.3.2　我国采用的深度基准

我国在 1956 年前主要采用略最低低潮面（印度大潮低潮面）、大潮平均低潮面和实测最低潮面等为深度基准面。1956 年起，海军司令部海道测量部在全国海洋测绘中，统一采用理论深度基准面（理论最低潮面）作为深度基准面，同时也作为潮水位高度和潮汐预报水位的起算面。

1975 年 6 月 27 日，交通部、海军司令部航海保证部和国家海洋局在天津联合召开"审定各开放港口深度基准面"会议，确定了各开放港口深度基准面的数值，也就是说，我国各地的理论最低潮面并不统一，具有跳变性和不连续性的特点。

随着科学技术的发展，计算深度基准面的方法也在不断变化，而算法的不同则会导致深度基准面的定义不同。不同国家和地区，甚至同一国家的不同历史时期，深度基准面的定义也存在不同。

一般来说，深度基准面一旦确定，就不能变动。但是，在海洋测绘中，选择不同时间和不同长度的潮位观测资料都会造成计算的深度基准不一致。另外，在不同的海域，由于潮汐性质不同，其计算的深度基准面也会出现差异。由此造成了不同时间、不同海域采用的深度基准不统一、相邻海图采用的深度基准不连续、相同地点不同海图中的水深值不一致等现象。所以，加强我国深度基准面的建立和统一，对于我国海洋测绘及其成果应用具有重要意义。

目前我国已开始建立较大区域内的统一无缝深度基准面，下一节将详细介绍相关方法。

2.3.3 我国深度基准计算方法

在海道测量中，深度基准面是由相对于平均海平面的垂直差距来确定其在垂直方向中的位置，该垂直差距量值通常称为 L 值，如图 2.3 所示。因此，深度基准面的确定狭义上常指 L 值的计算。我国自 1956 年起，深度基准面具体规定为理论最低潮面。其算法的关键在于将潮高表达模型简化为单一变量的函数，从而便于在其中的基本分潮的一个周期内，通过数值方法求解极值；然后，利用浅水分潮与长周期分潮对最低值的贡献对模型进行改正。具体公式如下：

$$L = L_0 + \Delta L_S + \Delta L_L \tag{2-15}$$

式中，L_0 为 8 个天文分潮组合的最低值与平均海面的偏差，ΔL_S 为浅水分潮贡献修正量，ΔL_L 为长周期分潮贡献修正量。L_0、ΔL_S 及 ΔL_L 具体计算公式如下：

$$L_0 = -\min\left(\sum_{i=1}^{8} f_i H_i \cos(\sigma_i t + V_{0i} + u_i - g_i)\right) \tag{2-16}$$

$$\Delta L_S = f_{M4} H_{M4} \cos\varphi_{M_4} + f_{M6} H_{M6} \cos\varphi_{M6} + f_{MS} H_{MS} \cos\varphi_{MS} \tag{2-17}$$

$$\Delta L_L = H_{Sa} \cos\left(\varphi_{K1}^L - \frac{1}{2}\varepsilon_2^L + g_{K1} - \frac{1}{2}g_{S2} - g_{Sa} - 180°\right) + $$
$$H_{Sa} \cos(2\varphi_{K1}^L - \varepsilon_2^L + 2g_{K1} - g_{S2} - g_{Sa}) \tag{2-18}$$

式中，f 为交点因子，H 为分潮的振幅，σ 代表分潮角速率，V_0 代表分潮的天文初相角，u 为交点订正角，g 代表分潮的迟角，φ 为各分潮的相角，ε 为分潮的辅助角。上式中部分变量的具体计算公式如下：

$$\varphi_{M_4} = 2\varphi_{M_2} + 2g_{M_2} - g_{M_4} \tag{2-19}$$

$$\varphi_{MS} = \varphi_{M_2} + \varphi_{S_2} + g_{M_2} + g_{S_2} - g_{MS} \tag{2-20}$$

$$\varphi_{M_6} = 3\varphi_{M_2} + 3g_{M_2} - g_{M_6} \tag{2-21}$$

由 13 个分潮的调和常数及式(2-19) ～ 式(2-21)，式(2-15) 将简化为 K1 分潮相角 φ_{K_1}

的单自变量函数。将 φ_{K_1} 从 0° 至 360° 变化取值，可求得 L 的最小值，其绝对值即为深度基准面 L 值，此时对应的 K1 分潮相角记为 $\varphi_{K_1}^{L}$。

上述式中交点因子 f 也是变量，依月球的升交点经度 N 而定，变化周期约为 18.61 年。在求式(2-15)极值时，必须选择起很大作用的 f 值，由表 2.1 查出。

表 2.1　　　　　　　　　　　　　　　交点因子数值表

分潮	月球升交点经度 N	
	0°	180°
Sa	1.000	1.000
Ssa	1.000	1.000
Q1	1.183	0.807
O1	1.183	0.806
P1	1.000	1.000
K1	1.113	0.882
N2	0.963	1.038
M2	0.963	1.038
S2	1.000	1.000
K2	1.317	0.748
M4	0.928	1.077
MS4	0.963	1.038
M6	0.894	1.118

依潮汐类型由表 2.1 选取交点因子：

(1)全日潮海区，交点因子选取 $N=0°$ 时之值；

(2)半日潮海区，交点因子选取 $N=180°$ 时之值；

(3)混合潮海区，交点因子分别选取 $N=0°$ 与 $N=180°$ 时之值，由式(2-16)计算两组结果，选取绝对值大者作为最终计算结果。

2.4　高程基准与深度基准转换

我国海陆的垂直基准分别采用了深度基准和高程基准，造成了海陆结合部垂向信息的基准不一致，不利于海陆信息的融合和应用，为此，在海岛海岸带地区需要建立高程基准与深度基准的转换关系。陆地的高程基准采用了似大地水面；由于海上的大地水准面与似大地水准面几何重合，这里借助似大地水准面实现高程基准与深度基准之间的转换。

2.4.1 似大地水准面模型建立

大地高与正常高的关系如图 2.4 所示，其中，H 和 h 分别为 P 点的大地高和正常高，ζ 表示似大地水准面至椭球面间的高差，叫做高程异常，三者关系为

$$h = H - \zeta$$

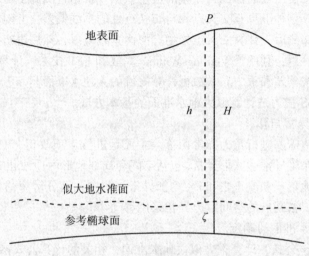

图 2.4 大地高与正常高的关系

2.4.1.1 似大地水准面计算的一般方法

目前，大陆和海洋似大地水准面的确定是分开进行的。其中，大陆高精度似大地水准面模型的建立一般有 GNSS 水准法以及 GNSS 重力法等；海洋似大地水准面的确定主要采用了卫星测高数据，也利用了部分船载重力测量资料。

1. GNSS 水准法

GNSS 水准法是直接利用 GNSS 测得的大地高数据与水准资料计算得出高程异常，然后采用曲面函数拟合、多面函数拟合、样条函数拟合、最小二乘配置等数学方法建立高程异常方程，构建区域高精度的似大地水准面模型。

GNSS 水准法确定似大地水准面模型一般适合较小范围。在一定区域建立 GNSS 水准控制网，通过 GNSS 观测得到控制点的大地坐标，同时采用水准测量获取网点的正常高。根据大地高与正常高之间的关系式，计算共测点的高程异常。只要测区中有足够多并且分布均匀的共测点，利用数学方法就可以拟合出格网点的高程异常，从而建立区域性似大地水准面模型。需要注意的是，计算过程中需要注意 GNSS 水准点附近地形起伏的影响。

2. GNSS 重力法

GNSS 重力法是当前精化似大地水准面的主要方法，其基本思路是：利用现有参考重力场模型、重力观测资料和地形资料，按 Molodensky 公式计算高程异常，由此得到格网化的重力似大地水准面，然后利用 GNSS/水准成果校正重力似大地水准面和几何似大地水准面之间的系统性差异，得到高精度的似大地水准面模型。后续的章节中将详细介绍相关

方法。

3. 卫星测高法

海洋似大地水准面的确定主要采用卫星测高法。卫星测高数据中包含了丰富的垂线偏差信息，由此可以反演重力异常并确定大地水准面模型。目前的测高卫星数据主要有Geosat、TOPEX/POSEIDON、ERS-2、JASON1/2、HY-2 等。其中，我国的 CQG2000 海洋大地水准面模型主要使用了前面三类完整的卫星数据。根据各测高卫星的观测时刻、速度信息和测高值、计算多种卫星互交叉点和自交叉点处的垂线偏差，并对每一交叉点组成时间序列，进行粗差探测后，计算交叉点处稳态海面垂线偏差，然后进行格网化，同时扣除海面地形的影响。然后，利用逆 Veining-Meinesz 算法和 FFT 技术，计算海域的重力异常。最后，分别利用垂线偏差和重力异常数据计算海域的大地水准面高。

2.4.1.2　GNSS 重力法计算似大地水准面的基本方法

1. 重力点重力异常归算

地面重力观测值需要进行重力异常归算。主要是进行 4 项改正，对应 5 种重力异常，即空间重力异常、布格异常、法耶异常(包括空间和局部地形两项改正)、地形异常(包括空间、层间和局部地形三项改正之和)、均衡异常。其中，高分辨率的格网地形和均衡异常改正采用谱方法；格网点的空间重力异常采用移动-恢复法。

2. 重力似大地水准面的确定

按照 Molodensky 公式，计算重力似大地水准面，相关的计算公式参阅相关文献。

3. 最终似大地水准面的确定

由于重力似大地水准面使用的平均椭球(GRS80)同 GNSS 水准使用椭球不一致，加上重力基准等因素的影响，使得几何似大地水准面与重力似大地水准面在同一点上存在一定的差异，对此采用多项式拟合法改正系统性差异。

4. GNSS 点的似大地水准面及正常高的确定

利用精化的格网似大地水准面，采用 Shepard 内插法完成 GNSS 点似大地水准面计算和正常高的确定。

2.4.2　区域无缝深度基准模型建立

无缝深度基准面为海洋测绘中表征垂直信息的连续和光滑的参考面。受到日月引力的影响和入海径流的叠加，世界沿海各地海域潮汐变化不同，导致世界各地的深度基准面成为一个不连续、跃变的、"有缝"的面。我国海域辽阔，特别是近海海域(东海、黄海和渤海)的潮汐时空变化规律复杂，由沿海各地海洋站计算出的深度基准面也是一个"有缝"的面。因此，构造全球或区域无缝深度基准面，已成为国际海洋测绘领域的研究热点，引起了国内外学者的高度重视。

为保证航行安全并充分利用航道，我国的海图深度基准面定义为理论最低潮面(即理论深度基准面)，20 世纪 50 年代中期依据苏联弗拉基米尔斯基算法，以 8~11 个分潮调和常数来计算确定。《海道测量规范》(GB12327)对浅水分潮和长周期分潮改正作了适当改进，即一律采用 13 分潮模型计算，取消了当 3 个浅水分潮振幅之和超过 20cm 进行浅水改正的条件，从而有利于保证深度基准保持连续性及意义一致性。

区域无缝深度基准模型建立的技术流程，如图2.5所示，具体步骤及方法如下：

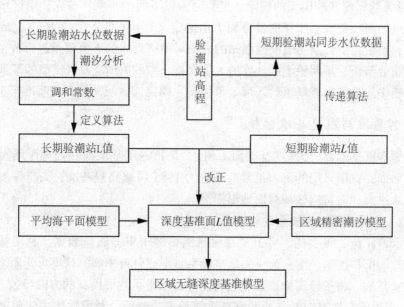

图2.5 区域无缝深度基准面模型构建技术流程图

(1)潮汐分析。潮位一般由天文潮位和非潮汐水位(余水位)两部分构成。潮汐分析亦称潮汐调和分析，把任一海港验潮站的潮位变化看做是许多分潮余弦振动之和，根据最小二乘或波谱分析原理，由实测数据计算出各分潮平均振幅和迟角的过程，即潮汐调和分析过程。对于长期验潮站的潮汐分析，可以获得调和常数，并由此计算高精度的长期验潮站L值。而对于短期验潮站，由于验潮的时间较短，计算的余水位中含有较强的天文分潮成分，导致余水位呈现较明显的周期性变化，无法获得精度较高的深度基准面L值，只能借助其他方法对其进行计算，如借助长期验潮站同步水位数据的传递算法。目前常用的传递方法主要有直接传递法、距离倒数加权内插法、同步改正法、潮差比法、略最低潮面与L比值法与差分订正法等。

潮汐分析中包含了平均海平面的计算，可同时求解平均海平面相对于水尺零点的高度。与确定验潮站L值时遇到的问题相同，短期验潮站不能精确地求解平均海平面，可由邻近的长期验潮站采用同步改正法传递短期验潮站的平均海平面。

(2)区域潮汐模型的构建。深度基准是由潮汐的状态决定的，因此，建立精确的潮汐模型是建立高分辨率网格深度基准面模型的基础。目前，常用的潮汐模型主要包括三类：经验模型、纯动力学模型和同化模型。经验模型只能建立在观测数据的基础上，观测点的精度较高，但受验潮站地面分布以及卫星轨迹的限制，非观测点的精度不能保证。纯动力学模型理论上可以建立任意网格密度的潮汐模型，但是由于浅水区域摩擦系数、黏性系数与开边界条件等的不准确性，导致模型浅水区的解算精度并不高。同化模型使观测数据与理论模型相互融合，数据对模型的"拉动"作用可改善模型的质量，结合了经验模型的真实性与纯动力学模型的规律性，是解决浅水区域潮汐复杂性的最好方法。利用卫星测高资料，采用"blending"同化法，可建立全球或区域格网化的潮汐模型。

（3）区域无缝深度基准模型的构建。主要分为以下两个步骤：首先，由区域精密潮汐模型各网格点的调和常数，按深度基准面 L 值的定义算法（即公式（2-16））生成网格形式的 L 值模型；然后，由长期与短期验潮站的 L 值对网格形式的 L 值模型进行改正，使 L 值模型在验潮站处与长、短期验潮站计算的 L 值保持一致的同时，L 值模型的基准归化于验潮站 L 值系统中，最终生成精密的区域 L 值模型，即完成区域无缝深度基准模型的构建。

2.4.3　高程基准与深度基准转换

区域无缝深度基准面（即深度基准面 L 值），是指深度基准面在当地平均海平面下的垂直距离，然而，我国采用的统一正常高系统为 1985 国家高程基准，为将深度基准面标定至似大地水准面，需构造区域海面地形模型。

2.4.3.1　区域海面地形模型的构建

采用强制改正法，将多代、多卫星在海域测得的密集海面高数据，利用精度最高的 T/P 数据进行约束和控制，纳入统一大地坐标系，形成分辨率高、精度可达厘米级的平均海面高模型；然后，将沿迹海面高数据进行差分，求得平均海面高的方向导数，并采用移去-恢复法，求得所有轨迹交叉点处的测高垂线偏差；最后，利用数值垂线偏差计算似大地水准面，求得似大地水准面与平均海面的差异，构造初步的海面地形网格值，将海面地形模型与沿岸长期验潮站平均海面高程数据进行匹配，得到局部海面地形模型。

2.4.3.2　深度基准转化为高程基准

联合得到的区域海面地形模型，可以将区域理论最低潮面的 L 值转化为 1985 国家高程基准下的高程，具体方法如下：

设网格点的深度基准面值为 L，海面地形值为 ξ，则深度基准面在 1985 高程系统下的高程 L_{85} 为

$$L_{85} = \xi - L \tag{2-22}$$

海洋测绘中的深度基准是现代大地测量基准的重要组成部分。构建深度基准与高程基准转换的关键在于确定基于 1985 国家高程基准的平均海面模型和区域深度基准面模型，这也是海岸带测绘工作的基础。

2.4.4　海岛高程传递

我国是一个海洋大国，具有丰富的海岸带和海岛（礁）资源。海岸带和海岛（礁）是海洋经济发展的重要载体，对其开发利用具有广阔的发展前景。快速获取海岸带和海岛的基础地理信息，是发展海洋经济和建设海洋强国的基础性工作，近几十年来受到技术和经费的制约，海岸带和海岛的测绘一直是我国测绘工作中较薄弱的环节，特别是沿海地区高程系统的传递问题，技术难度大、实施周期长、经费需求量大。"十一五"以来，国家加大了海洋调查和科研经费的投入，在调查技术、成果丰富度等方面取得了突飞猛进的进展，在海岸带和近海海岛高程传递方面出现了科学、可靠、有效的方法。高程传递方法主要有以下三种：

2.4.4.1 常规方法

常规方法，如静力水准法、动力水准法、常规大地测量法。

静力水准法是采用连通管道对高程进行传递，但由于跨海距离较长，因此，该方法不但对连通管道的质量要求极高，而且为了保持流体静力平衡，必须保证管道中的填充物中无气泡，这一过程可通过流体动力和化学两种方法实现。此外，还需考虑气压差、密度等因素对平衡状态的影响，其花费十分昂贵，不是一种高效、节约的高程传递方法。

动力水准法即验潮法，也称为海洋动力学法，它需要长时间连续的潮位观测资料，周期较长且需建立长期验潮站。1988年1月1日，我国正式启用了1985国家高程基准，它采用了青岛大港验潮站1952—1979年的资料，取其中19年的平均值作为高程零点，我国岛屿众多，上述方法显然很难实现。

由于长时间验潮的技术要求高、周期长、费用高，国内有学者对短期验潮做了相关的研究，可以在较短的时间内实现跨海高程的传递，其基本原理如下：在一定海域范围内，可近似地认为一段时间内各个位置的平均海平面是相同的，如果同时在陆地和海上进行短时间的验潮，分别记录各自水尺零点与验潮站水准点的水准观测高差，即可实现跨海高程的传递。但是不能排除由于海况不同导致不同位置的平均海平面差异较大的情况，所以，这种方法在一定程度上不能保证高程传递的精度。

常规大地测量常用的方法主要有精密水准测量和三角高程测量两种。由于需进行跨海测量，精密水准测量无法实现长距离跨海高程的传递。三角高程由于受到大气折射的影响以及过程中还需要作相应的气候改正，不适用于远距离海岛高程的传递。国内也有学者对此方法进行了相关的研究，2011年，欧阳桂崇等人对黄岛试验区实测数据进行最小二乘平差和抗差估计解算，结果表明，在10km以内的跨海距离，基于三角高程测量的跨海正常高程传递精度为2mm/km，可以达到二等水准的要求。我国海南岛高程基准的传递就是利用这一方法以大地四边形图形结构观测实施的。但是，当距离超过10km时，三角高程的测量难度大大加大，并且由于大气折射等各种误差的影响，其精度无法保证。我国是一个岛屿较多的国家，许多岛屿与大陆的距离超过10km，该方法显然不能满足实际生产的需要。

2.4.4.2 GNSS 水准法

近年来出现了一种新的高程传递方法——GNSS 水准法，通过 GNSS 大地高转换成正常高。其主要方法如下：首先，在陆地和海岛上建立 GNSS 控制网，得到跨海大地高的高差；然后，在陆地和海岛上分别拟合出各自的似大地水准面，得到各自的高程异常值，将陆地上一点的高程异常与海岛上一点的高程异常作差，可以得到陆地与海岛之间的高程异常差，用跨海大地高的高差减去高程异常差，即可得到跨海高程的正常高高差，完成跨海高程的传递。

2.4.4.3 GNSS 结合似大地水准面法

首先，按照2.4.1节中的方法，得到区域似大地水准面模型；然后，由格网点高程异常内插出对应待定点的高程异常值；最后利用 GNSS 得到的大地高、高程异常，计算出待定点的水准高程，即1985国家高程。

第3章 海岸带控制与定位测量

3.1 概述

海岸带控制与定位测量是海岸带测绘工作的基础，其主要内容包含海岸带控制测量和海上导航定位两大部分。海岸带控制测量主要指在海岸或者海岛上布设控制点或者控制网，为海岸带测绘提供控制基础。海岸带控制网的布设、观测方法和数据处理方法与通常的控制测量相同，但点位选址和数据处理时要考虑海岸带弯曲狭长的空间特点。海上导航定位，也称为海上定位测量，通常采用卫星导航定位技术，在观测条件复杂的沿海，也可采用全站仪等陆地常用测量手段作为辅助，保证测量船沿着预先设计的测线行驶。

海岸带控制测量同样遵循"先整体后局部，先控制后碎部，由高级到低级，分级布设"的基本原则。在海岸带测绘中，为满足大比例尺地形图测绘、海岸工程建设和施工的需要，一般应在国家高等控制网的基础上，布设不同等级的平面控制网和高程控制网。

海岸带控制测量根据测区已有高等级控制点、测图比例尺以及测量精度选择合适的测量方法，既满足当前要求，又兼顾后续发展，做到技术先进、经济合理、长期使用。海岸带控制测量有以下特点：

(1)控制范围狭长，已知点较少且多位于陆地；

(2)海岸带形态错综复杂，受陆海相互作用影响强烈，点位布设困难且不易长期保存；

(3)海岸带环境特殊，大面积水域容易引起 GNSS 多路径效应，从而影响测量质量；

(4)海岸带控制点布设需要兼顾海、陆以及海岛；

(5)海岸带控制测量不仅满足平面和高程控制的需要，有时还要保证深度基准的传递；

(6)控制网形式更加多样，包括海岸控制网、海岛控制网、海岛-陆地控制网，甚至还需要布设海底控制网。

精确地确定海洋表面、海水中和海底各种目标的位置，称为海洋定位。海洋定位是海洋测量中最基本的工作，一般包括海上导航定位和水下定位测量两部分。海上导航定位一般是指测定海面上船只等测量设备的实时位置，引导其按照计划航行的工作。水下定位测量一般采用声学定位方式，要通过海上导航定位进行测量基准传递。相比陆地测量，海洋定位测量有以下特点：

（1）在运动状态下定位。目前海洋测量仪器搭载的平台一般是漂浮在起伏不定的海面上的测量船等载体，这使得海洋定位只能在运动条件下进行。

（2）不可重复性。海洋定位测量是在运动条件下进行的，在海面上一个点利用一种仪器在某一时刻仅能确定一个位置坐标，如果再返回原来的位置，则是一项非常困难的工作，而且这样做效率低且成本高。

（3）精度相对于陆地测量低。一般情况下，海洋测量定位的不可重复性，使得确定的海上各点的位置缺少多余观测值，这样就不能获得最或然估计坐标，从而降低了定位精度，所以仅能依靠仪器的定位性能和外界参数的改正来提高定位精度。除非对于特殊的海底障碍物和海上目标的定位采用多种（或套）仪器进行定位，才能进行平差，获得最或然估计坐标。

3.2　平面控制测量

平面控制测量方法通常包括三角测量、导线测量、卫星定位测量、甚长基线干涉测量（VLBI）、惯性测量（INS）等，本节着重介绍海岸带控制测量中经常用到的导线测量和卫星定位测量。

3.2.1　导线测量

导线测量作为传统控制测量建立平面控制网常用的一种形式，具有布设灵活、推进迅速、容易克服地形地物障碍等特点，在卫星定位测量存在困难的区域，导线测量被视为重要的一种补充方式。在海岸带地形测量中，导线测量也可以用来进行平面控制，如海边密集树林地区等。当局部地区图根点密度不足时，可在等级控制点或一次附合图根点上，一般采用全站仪等仪器通过极坐标法布设，加密图根控制测量点。

导线测量之前，应有周密的计划，首先根据测区情况和导线用途确定导线网的布设形式，在图上进行方案设计，并估算其精度。然后根据图上设计结果，进行实地选点和埋设中心标石。导线观测包括水平角观测、距离测定、垂直角观测，然后进行导线验算。导线的等级选择和布设形式，主要取决于导线的用途和测区的地形、地物条件。根据情况不同，布设方式可以选择单一导线或具有一个或多个节点的导线网。独立导线网的起算数据是起算点的 x、y 坐标和一个方向的方位角。

3.2.1.1　导线的布设形式

导线的布设形式有下述三种形式：

1. 闭合导线

闭合导线是从一个已知边的一个点出发，最后仍回到这个已知点上。如图 3.1 所示，在各导线点测量水平角和导线边长，并测出已知边与闭合导线的连接角 β。

2. 附合导线

附合导线是由一个已知边的一个点出发，最后附合到另一已知边的一个已知点上，如

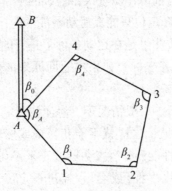

图 3.1　闭合导线

图 3.2 所示，途中 A、B、C、D 为坐标已知点。同样，在各导线点测量水平角和导线边长，并测出起始边和最终边的连接角 α_{AB} 和 α_{CD}。

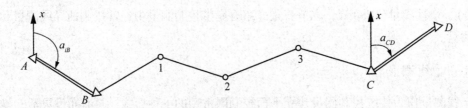

图 3.2　附合导线

3. 支导线

　　支导线是从某一已知边的一个点出发，既不回到原来的出发点，又不附合到另一已知点上，如图 3.3 所示。支导线同样要测出水平角和导线边长。如果测量发生粗差，则这种导线无法检核，因此在地面应用较少。在特殊情况下非用不可时，一般不得超过 3 条边，并需要往返测量。起算数据是：一个起算点的 x、y 坐标和一个方向的方位角。

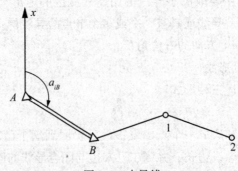

图 3.3　支导线

3.2.1.2 导线网的优点

导线网有以下优点：

（1）网中各点上的方向数较少，除节点外只有两个方向，因而受通视要求的限制较小，易于选点和降低觇标高度；

（2）导线网的图形非常灵活，选点时可根据具体情况随时改变；

（3）网中的边长都是直接测定的，因此边长的精度较均匀。

缺点主要是：导线网中的多余观测数较同样规模的三角网要少，有时不易发现观测值中的粗差。

3.2.1.3 导线测量作业流程

1. 导线网的布设

（1）导线网用做测区的首级控制时，应布设成环形网，且宜联测 2 个已知方向；

（2）加密网可采用单一附合导线或节点导线网形式；

（3）节点间或节点与已知点间的导线段宜布设成直伸形状，相邻边长不宜相差过大，网内不同环节上的点也不宜相距过近。

2. 导线点的埋设

按照规范要求，将预制好的测量标志建造在稳固的预定导线点位置，方便实施观测。

3. 外业观测的内容为水平角测量和距离测量

（1）水平角观测可使用的仪器有：全站仪、电子经纬仪和光学经纬仪。

（2）距离观测可使用的设备为：中、短程全站仪或电磁波测距仪。

观测仪器的选用、测量方法和测量精度，具体参照工程要求的测量精度和相关规范进行，观测需要严格按照规范要求执行。

4. 导线测量数据解算

主要包括如下内容：

（1）测角中误差按下式计算：

$$m''_\beta = \pm\sqrt{\frac{1}{N}\left[\frac{f_\beta f_\beta}{n}\right]} \qquad\qquad (3\text{-}1)$$

式中：f_β ——附合导线或闭合导线环的方位角闭合差（"）；

n ——计算的测站数；

N ——附合导线或闭合导线环的个数。

（2）测距边的精度评定，应按式（3-2）、式（3-3）式计算；当网中的边长相差不大时，可按式（3-4）计算网的平均测距中误差。

单位权中误差： $$u = \sqrt{\frac{[Pdd]}{2n}} \qquad\qquad (3\text{-}2)$$

式中，d ——各边往、返测的距离较差（mm）；

n ——测距边数；

P ——各边距离的先验权，其值为 $\frac{1}{\sigma_D^2}$，σ_D 为测距的先验中误差，可按测距仪器的标称精度计算。

任一边的实际测距中误差：

$$m_{Di} = u \sqrt{\frac{1}{P_i}} \qquad\qquad (3\text{-}3)$$

式中，m_{Di} ——第 i 边的实际测距中误差（mm）；

P_i ——第 i 边距离测量的先验权。

网的平均测距中误差：

$$m_{Di} = \sqrt{\frac{[dd]}{2n}} \qquad\qquad (3\text{-}4)$$

式中，m_{Di} ——平均测距中误差（mm）。

3.2.2　卫星定位测量

目前，全球卫星导航系统（Global Navigation Satellite System，GNSS）包含中国的北斗卫星导航系统（BeiDou Navigation Satellite System，BDS）、美国的 GPS（Global Positioning System，GPS）、俄罗斯的 GLONASS（Global Navigation Satellite System，GLONASS）和欧洲的 Galileo（Galileo Satellite Navigation System）等，可为用户提供精密的坐标、速度和时间信息。

卫星定位测量技术是利用卫星接收机同时接收来自全球导航卫星系统 4 颗以上卫星的电磁波信号，以卫星动态位置为基准解析确定接收点位置（X，Y，Z）的现代定位技术。GNSS 的出现，对大地测量的发展产生了深远的影响，因为利用卫星导航定位技术可以在较短的时间里以极高的精度进行大地测量的定位，所以，它使常规大地测量的布网方法、作业手段和内业计算等工作都发生了根本性的变革。它具有定位精度高、作业速度快、费用省、相邻点间无需通视、不受天气条件的影响等诸多常规技术不可比拟的优点，因而它在控制测量中得到了广泛应用，已经成为控制测量的主要手段之一。目前测量中普遍应用的卫星定位方法有伪距法和载波相位法。伪距法以 GNSS 卫星播发的测距码为测量信号，其定位精度低，一般在 5m 左右，但其具有定位速度快、无多值性、计算便捷的优点，它是单点定位的基本方法，也可为载波相位法测量提供极其有用的辅助数据。载波相位测量法以 GNSS 卫星播发信号的载波相位为测量对象，通过数据处理等方式，可以获得更高精度的星站距离，达到高精度测量目的。

3.2.2.1　绝对定位与相对定位

绝对定位又称单点定位，是仅用一台 GNSS 接收机进行定位的模式，用伪距测量或载波相位测量的方法确定接收机天线的绝对坐标。其定位精度受到卫星星历误差、卫星钟差、大气延迟误差等的影响，一般用于飞机、船舶、车辆等交通工具的定位以及勘探作业等。

如果位于不同地点的接收机，同步跟踪相同的 GNSS 卫星，确定若干台 GNSS 接收机天线之间的相对位置，这种定位方式称为相对定位。采用 2 台或 2 台以上 GNSS 接收机同步跟踪相同的卫星信号，以载波相位测量方法确定多台接收机（多个测站点）天线间的相对位置（二维坐标差或基线向量），称为同步观测。由于多台接收机同步观测相同的卫星，因此接收机的钟差、卫星的钟差、卫星星历误差和大气（电离层和对流层）对于电磁波的延迟效应几乎是相同的。通过多个载波相位观测值的线性组合，解算各个测点的坐标时可以消除或削弱上述各项误差，从而达到较高的定位精度。因此，静态相对定位被广泛应用于大地测量、精密工程测量、地形测量等领域。

3.2.2.2 静态定位和动态定位

1. 静态定位

如果在定位时，接收机的天线在跟踪 GNSS 卫星过程中，其位置处于固定不动的静止状态，这种定位方式称为静态定位。当然，所谓的静止状态只是相对的，是指测站点的位置相对其周围点位没有发生变化。由于接收机位置固定，就有可能进行大量重复观测，高精度地测定 GNSS 卫星信号传播时间，根据已知的 GNSS 卫星瞬间位置，准确确定接收机处的三维坐标。所以静态定位可靠性强、定位精度高，是测量工程中精密定位的基本方式。

2. 动态定位

在车辆、舰船、飞机和航天器的运行中，往往需要确定它们的实时位置，如果 GNSS 接收机位于运动着的载体，实时地测定载体搭载 GNSS 接收机天线的瞬时位置，这种定位方式叫做动态定位。在动态定位中，接收机以每秒 1~2m 至数公里的速度相对于地球而运动，所以它具有速度多变、定位实时、用户多样、精度多异等特点。目前动态定位测量方式有 RTK、PPK、网络 RTK、PPP 以及 PPP-RTK 混合定位等多种形式。

1) RTK 测量技术

实时动态差分定位（Real Time Kinematic，RTK）将测站分为基准站和流动站（用户站，测站坐标待定的点）。在基准站上安置 GNSS 接收机，对所有可观测卫星进行连续观测；根据基准站的已知三维坐标，求出各观测值的校正值（距离改正数、坐标改正数等），并通过无线电台将校正值信号实时发送给各用户的流动观测站，称为数据通信链；流动站接收机将其接收的 GNSS 卫星信号与通过无线电台传来的校正值进行差分计算，实时解算得到流动站点的二维坐标。RTK 技术是基于载波相位观测值的实时动态定位技术，它能够实时地获得测站点在指定坐标系中的三维定位结果。实时动态定位作业效率高，一般用于图根控制测量、细部测量。

2) PPK 测量技术

后处理动态定位（Post-Processing-Kinematic，PPK）是利用进行同步观测的一台基准站（已知点上）接收机和至少一台流动接收机对卫星的载波相位观测值进行后处理，获得厘米级定位的一种模式。通常操作过程中，观测数据均以静态数据模式存储于接收机中，测量完成之后，将基准站和流动站的数据进行差分处理，实现厘米级定位。

3) 网络 RTK 技术

连续运行基准站系统（Continuously Operating Reference System，CORS）是基于现代 GNSS 技术、计算机网络技术、实时定位服务技术、现代移动通信技术基础之上的大型空间定位与导航综合服务网络，是地理空间数据基础设施最为重要的组成部分，也是数字城市多种空间数据采集的基准参考框架，是现代化城市获取和采集各类空间信息的位置、时间和与此相关的动态变化的一种基础设施。它能够向用户提供精确的三维位置服务和多种衍生信息，不仅服务于测绘地理信息领域，而且还在气象辅助预报、地震监测、规划建设、交通导航管理等领域发挥着重要的作用。网络 RTK 是在连续运行基准站网基础上建立起来的，也可说很多 CORS 包括了网络 RTK 功能。

传统的 GNSS 实时差分定位技术（如单基站、电台模式）应用受到了电离层和对流层影响的限制，这些影响在原始数据中产生了系统性的误差积累。实践中，这意味着流动站接收机和基准站之间的距离不得不减小许多，以保证系统有效地工作。全球卫星导航定位系统（GNSS）发展至今，最为人类推崇并得到广泛应用的就是 GNSS 基准站网络 RTK 技术。其无可比拟的技术应用特点，如大范围、多功能、高精度、高效率、易维护、永久性，使得地球空间区域，以及包括城市建设管理和日常百姓生活等在内所有需涉及动、静态的目标体，都可以实时得到亚米-厘米级高精度定位服务。

(1) 连续运行基准站系统。

CORS 可以定义为一个或若干个固定的、连续运行的 GNSS 基准站，利用现代计算机、数据通信和互联网（LAN/WAN）技术组成的网络，实时地向不同类型、不同需求、不同层次的用户自动地提供经过检验的不同类型的 GNSS 观测值（载波相位、伪距）、各种改正数、状态信息，以及其他有关 GNSS 服务项目的系统。与传统的 GNSS 作业相比，连续运行基准站具有作用范围广、精度高、野外单机作业等众多优点。

国际大地测量发展的一个特点是建立全天候、全球覆盖、高精度、动态、实时定位的卫星导航系统，在地面则建立相应的永久性连续运行的 GNSS 基准站。目前世界上较发达的国家都建立或正在建立连续运行基准站系统。

随着国家信息化程度的提高及计算机网络和通信技术的飞速发展，电子政务、电子商务、数字城市、数字省区和数字地球的工程化和现实化，需要采集多种实时地理空间数据，因此，中国发展 CORS 系统的紧迫性和必要性越来越突出。近年来，国内不同行业已经陆续建立了一些专业性的卫星定位连续运行网络，目前，为满足国民经济建设信息化的需要，一大批城市、省区和行业正在筹划建立类似的连续运行网络系统，一个连续运行基准站网络系统的建设高潮正在到来。

(2) 建立 CORS 的必要性和意义。

"空间数据基础设施"是信息社会、知识经济时代的必备的基础设施。城市连续运行基准站系统（CORS）是"空间数据基础设施"最为重要的组成部分，可以获取各类空间的位置、时间信息及其相关的动态变化。通过建设若干永久性连续运行的 GNSS 基准站，提供国际通用格式的基准站站点坐标和 GNSS 测量数据，以满足各类不同行业用户对高精度定位，快速和实时定位、导航的要求，及时地满足城市规划、国土测绘、地籍管理、城乡建设、环境监测、防灾减灾、交通监控、矿山测量等多种现代化信息化管理的社会要求。建立 CORS 的必要性和意义主要体现在以下几个方面：

①CORS 的建立，可以大大提高测绘精度、速度与效率，降低测绘劳动强度和成本，省去测量标志保护与修复的费用，节省各项测绘工程实施过程中约 30% 的控制测量费用。由于城市建设速度加快，对 GNSS C、D、E 级控制点破坏较大，一般在 5~8 年需重新布设，至于在路面的图根控制更是如此，各测绘单位不是花大量的人力重新布设，就是仍以支站方式，这不但保证不了精度，还造成了人力、物力、财力的大量浪费。随着 CORS 基站的建设和连续运行，就形成了一个以永久基站为控制点的网络。

②CORS 的建立，可以对工程建设进行实时、有效、长期的变形监测，对灾害进行快速预报。CORS 项目完成将为城市诸多领域，如气象、车船导航定位、物体跟踪、公安消防、测绘、GIS 应用等，提供精度达厘米级的动态实时 GNSS 定位服务，将极大地加快城市基础地理信息的建设。

③CORS 将是城市信息化的重要组成部分，并由此建立起城市空间基础设施的三维、动态、地心坐标参考框架，从而从实时的空间位置信息面上实现城市真正的数字化。CORS 的建成能使更多的部门和更多的人使用 GNSS 高精度服务，它必将在城市经济建设中发挥重要作用，由此带给城市巨大社会效益和经济效益。

（3）CORS 的应用前景。

海岸带平面控制测量中，在布设控制网时，可以将测区附近的 CORS 站数据引入，由于 CORS 与 IGS 跟踪站和城市坐标系最高等级的控制点均进行了统一联测，各点兼容性良好，各站点既具有城市坐标系的坐标，又具有高精度的 WGS-84 或 CGCS2000 坐标系的坐标，利用基准站点作为平面控制网的起算点，可同时提供地心坐标系和城市坐标系的起算数据，还可保证各期控制网的起算数据的一致性和稳定性。所以，进行数据处理时，可下载相应的 CORS 基准站的观测数据进行解算。随着海岸带地区 CORS 站的建立与完善，该技术将在海岸控制测量领域中得到更加广泛的应用。

由于 GNSS RTK 定位技术的广泛应用，可以使用 RTK 定位技术进行最后一级控制和加密控制的施测。对于沿海 CORS 覆盖区域，可采用网络 RTK 方式进行图根控制测量。图根点密度应能保证陆域地形图测量及海上导航定位需要，按照测区统一编号，统筹考虑，避免重复。网络 RTK 测量图根控制点时，测量精度、测量技术要求应按照作业规范的要求执行。网络 RTK 测量图根控制点基本步骤分为选点埋石、网络 RTK 观测、测量数据处理、成果提交等。

3.2.3 卫星定位网布测

从应用范围来看，GNSS 控制网可分为两大类：一类是国家或区域性的高精度的 GNSS 控制网。这类 GNSS 网中相邻点的距离通常是从数百公里至数千公里。其主要任务是作为高精度三维国家大地测量控制网，用于求定国家大地坐标系与全球大地坐标系的转换参数，为地学和空间科学研究工作服务；对 GNSS 网进行重复观测，用于研究区域性的板块运动、地壳变形规律，或用于地震监测和区域性的沉降监测；用于建立陆地海洋大地测量的基准，进行海洋测绘与高精度的海岛陆地联测。另一类是局部性的 GNSS 控制网，一般来说，这类 GNSS 网中相邻点间的距离为几公里至几十公里，其主要任务是直接为工程建设服务。在建立工程测量的平面控制网时，GNSS 已成为主要方法，现在几乎所有的大、中城市勘测院及工程测量单位都用 GNSS 布设平面控制网。

3.2.3.1 GNSS 网设计

1. 布网原则

在控制测量前，要收集测区已有的控制点成果资料，凡符合精度要求的已有控制点成果，均可作为同等级点使用。平面控制点应在国家大地控制点上发展，如在没有国家大地控制点的区域，可建立独立的控制网。平面控制点的布设应遵循从整体到局部、从高级到低级的分级布设的原则，也可同级扩展或越级布设。分级布网是建立常规测量控制网的基本方法。首级控制网的布设，应因地制宜，且适当考虑发展；当与国家坐标系统联测时，应同时考虑联测方案。首级控制网的等级，应根据工程规模、控制网的用途和精度要求合理确定。GNSS 网技术设计要以相关 GNSS 测量规范为依据。

2. GNSS 网设计

在 GNSS 网的技术设计中，必须明确 GNSS 网的成果所采用的坐标系统和起算数据的工作，称为 GNSS 网的基准设计。GNSS 测量经基线解算得到的是 GNSS 基线向量，其属于 WGS84 或 CGCS2000 坐标系的三维坐标差，而实用上需要得到属于国家坐标系或工程独立坐标系的坐标。因此，在 GNSS 控制网的技术设计中，必须说明 GNSS 控制网的成果所采用的坐标系统和起算数据，也就是说明 GNSS 控制网所采用的基准。GNSS 网的基准包括位置基准、方位基准和尺度基准。

基准设计应考虑如下几个问题：

(1)应在地面坐标系中选定起算数据和联测原有地方控制点若干个，用以转换坐标。

(2)对 GNSS 网内重合的高等级国家点或原城市等级控制点，除未知点连结图形观测外，对它们也要适当地构成长边图形。

(3)联测的高程点需均匀分布于网中，对丘陵或山区联测高程点，应按高程拟合曲面的要求进行布设。

(4)新建 GNSS 网的坐标系统应尽可能与测区过去采用的坐标一致。当测区有国家坐标系的地面控制点成果时，应该考虑充分利用国家坐标系的资料，应将新的 GNSS 控制网与已有的控制点进行联测，联测控制点一般不应少于 3 个。但要避免新建的高精度 GNSS 控制网受精度较低的成果资料影响。如果采用的是工程独立坐标系，一般应了解以下 5 个参数：①所采用的参考椭球体，一般是以国家坐标系的参考椭球为基础的；②坐标系的中央子午线的经度值；③纵、横坐标的加常数；④坐标系的投影面高程及测区平均高程异常值；⑤起算点坐标。

3. GNSS 网的图形设计

在进行网形设计之前，要进行测区资料收集，包括最新出版的陆域及海域地形图，平面及高程控制成果资料及其说明，潮汐资料，气象资料，以及其他有关资料。对所收集的资料，对其可靠性和精度进行分析，并对资料能否采用作出结论。

GNSS 网常见的网形有点连式、边连式、网连式、混连式以及星形布网等。点连式网为相邻同步图形之间有一个公共点相连；边连式网为两个同步图形之间有一条边相连；网连式网为相邻两个同步图形之间有 3 个及以上的公共点相连；一般来说，单独采用以上哪一种方式都是不可取的，在实际工作中，根据情况灵活采用几种作业方式，这就是所谓的混连式。星形布网方式是用一台接收机作为基准站，在某个测站上进行连续观测，而其他接收机在基准站周围流动观测，每到一个站即开机，结束后即迁站，也即不强求流动接收机之间必须同步观测，这样测得的同步基线就构成一个以基准站位中心的星形，故称为星形布网方式，这种方式布网效率高，但是图形强度弱、可靠性差。

GNSS 控制网应由独立观测边构成一个或若干个闭合环或附合路线，各等级控制网中构成闭合环或附合路线的边数不宜多于规范规定的数量，一般布网时应使网中最小异步环的边数不大于 6 条；各等级控制网中独立基线的观测总数不宜少于必要观测量的 1.5 倍。海岸带地形测绘中，由于受海岸地形及走向的影响，网形多为狭长的图形，且沿海岸一侧精度较弱，除了尽量改善网形，还可通过增加与国家控制点联测的点、海岛高等级控制点等的数量来提高精度。

3.2.3.2 选点与埋石

GNSS 控制点位的选定，应符合下列要求：

（1）在设计和选点时，应充分利用已有点位，并使之构成良好图形。

（2）相邻控制点之间应尽量通视良好，视线超越（或旁离）障碍物的高度（或距离）大于等于 0.5 m，当采用 GNSS 定位测量布测控制点时，允许部分相邻点不通视。

（3）充分利用符合要求的旧有控制点。

（4）主要控制点应埋设具有中心标志的标石，以精确标志点位，点的标石和标志必须稳定、坚固，以利于长久保存和利用。在基岩露头地区，也可以直接在基岩上嵌入金属标志；也可选用不易破坏的固定地物凿设标志和点号代替埋石。在自然海岸地区，测量难度很大、测量精度难以保证，特别是点位标志的稳固性不易解决，易产生下沉和位移，导致控制点使用寿命大大缩短。在一些河流入海口附近尤为复杂。应尽量选择在基岩质海岸带或者位置不易发生变化的稳固的礁石上。桩基标石可较好地解决软土、湿地、滩涂地区控制点布设难题，显著提高软土海岸地区测量控制点标志的稳固性，从而延长控制点的使用期。

3.2.3.3 观测

用 GNSS 测量平面控制点，一般采用 GNSS 静态或快速静态相对定位测量方法。

GNSS 控制测量测量作业，应满足下列要求：

（1）观测前，应对接收机进行预热和静置，同时应检查电池的容量、接收机的内存和可储存空间是否充足。

（2）天线安置的中误差不应大于 2mm，天线高量取应精确至 1mm。

（3）观测中，应避免在接收机近旁使用无线电通信工具。

（4）作业同时，应做好测站记录，包括控制点点名、接收机序列号、仪器高、开关机时间等相关测站信息。

3.2.3.4 数据处理

1. 数据预处理

1）数据处理软件及选择

GNSS 网数据处理分基线解算和网平差两个阶段。各阶段数据处理软件可采用随机软件或经正式鉴定的软件，对于高精度的 GNSS 网成果处理，也可选用国际著名的 GAMIT/GLOBK、BERNESE、GIPSY 等软件。

2）基线解算

对于两台级以上接收机同步观测值进行独立基线向量（坐标差）的平差计算，叫做基线解算。基线向量的解算一般采用多站、多时段自动处理的方法进行，具体处理中应注意以下几个问题：

（1）基线解算一般采用双差相位观测值，基线大于 30km，可采用三差相位观测值。

（2）卫星广播星历坐标值，可作为基线解的起算数据。

（3）基线解算中所需的起算点坐标，应按以下优先顺序采用：

国家 GNSS A、B 级网控制点或其他高等级 GNSS 网控制点的已有 CGCS2000 坐标；

国家或城市较高等级控制点转换到 CGCS2000 后的坐标系；

不少于观测 30min 的单点定位结果的平差值提供的 CGCS2000 坐标。

（4）在采用多台接收机同步观测的一个同步时段中，可采用单基线模式解算。

（5）同一级别的 GNSS 网，根据基线长度不同，可采用不同的数据处理模型。

（6）对于所有同步观测时间短于 30min 的快速定位基线，必须采用合格的双差固定解作为基线解算的最终结果。

2. 观测成果的外业检核

一般情况下，GNSS 控制测量外业观测的全部数据需经同步环、异步环和复测基线检核，并满足下列要求：

同步环各坐标分量闭合差及环线全长闭合差，满足式（3-5）~式（3-9）的要求：

$$W_x \leqslant \frac{\sqrt{n}}{5}\delta \tag{3-5}$$

$$W_y \leqslant \frac{\sqrt{n}}{5}\delta \tag{3-6}$$

$$W_z \leqslant \frac{\sqrt{n}}{5}\delta \tag{3-7}$$

$$W = \sqrt{W_x^2 + W_y^2 + W_z^2} \tag{3-8}$$

$$W \leqslant \frac{\sqrt{3n}}{5}\delta \tag{3-9}$$

式中，n ——同步环中基线边的个数；

　　　W ——同步环环线全长闭合差（mm）。

异步环各坐标分量闭合差及环线全长闭合差，应满足式（3-10）~式（3-14）的要求：

$$W_x \leqslant 2\sqrt{n}\delta \tag{3-10}$$

$$W_y \leqslant 2\sqrt{n}\delta \tag{3-11}$$

$$W_z \leqslant 2\sqrt{n}\delta \tag{3-12}$$

$$W = \sqrt{W_x^2 + W_y^2 + W_z^2} \tag{3-13}$$

$$W \leqslant 2\sqrt{3n}\delta \tag{3-14}$$

式中，n ——异步环中基线边的个数；

　　　W ——异步环环线全长闭合差（mm）。

复测基线的长度较差，应满足式（3-15）的要求：

$$\Delta d \leqslant 2\sqrt{2}\delta \tag{3-15}$$

式中，δ 为基线测量中误差，其值一般采用外业 GNSS 接收机标称精度。

3. GNSS 网基线精处理结果质量检核

经过数据精处理后基线分量及边长的重复性，同一基线不同时间段的较差以及独立环闭合差或附合路线的坐标闭合差等，均应满足规范的相应规定。

4. GNSS 网平差处理

在各项质量检核符合要求后，使用 GNSS 数据处理软件进行 GNSS 网平差，首先提取基线向量，其次进行三维无约束平差，再次进行约束平差和联合平差，最后进行质量分析与控制。在进行网平差时，可以将测区附近的卫星定位连续运行基准站网（CORS）的数据引入平差。

3.3 高程控制测量

高程控制测量方法通常包括几何水准测量、三角高程测量、GNSS 水准测量和液态静力水准测量等。水准测量是建立高程控制的基础，三角高程测量通常用于山区的高程控制和平面控制点的高程测定、跨海高程传递等，GNSS 水准测量通过 GNSS 拟合高程方法进行高程测量，液态静力水准测量是利用静止液面传递高程的一种古老方法。本节着重介绍海岸带控制测量中经常用到的几何水准测量和 GNSS 水准测量。

我国已经建立了覆盖全国的国家高程控制网。高程控制网是为满足一定区域内水准测量的工作需要，在该区域内布设一定数量的水准点，然后进行联测并建立的。高程控制网的首级网应布设成环形网，当布网要求加密时，宜布设成附合路线或节点网，只有在特殊困难情况下，才允许布设支线。海岸带高程控制测量用于高程控制点和验潮站工作水准点的布设和测量，其等级一般可划分为四等和等外两级。

对于一个国家或地区而言，一般采用一个统一的陆地高程基准，因此测区的高程系统应与国家高程系统相一致，均应采用正常高系统。我国高程原点位于青岛的中华人民共和国水准原点，称为"1985 国家高程基准"。在特殊情况下，当海岛等边远测区联测困难时，也可采用假定高程系统，或通过验潮、水位观测等方法确定高程基准。深度基准有别于陆地统一的高程基准，不同的国家或地区根据其各地不同的海洋潮汐性质，采用不同的深度基准面确定。我国的深度基准采用理论深度基准面，即理论最低潮面，为了海岸带测绘中海图与陆地地形图的拼接，必须统一两者的垂直基准，应建立高程基准与当地理论最低潮面间的联系。

3.3.1 几何水准测量

几何水准测量是经典高差测量方法，使用的仪器是水准仪，其原理是借助水平视线，获取竖立在两水准点上的标尺读数，从而测定两立尺点间的高差。

3.3.1.1 国家高程控制网的布网原则

（1）从高到低、逐级控制；

（2）水准点分布应满足一定的密度；

（3）水准测量应达到足够的精度；

（4）国家一等水准网应定期复测。

3.3.1.2　国家水准网布设基本方案

我国水准测量分为四等，各等级水准测量路线必须自行闭合或闭合于高等级水准路线上，与其构成环线或者附合路线，以便于控制水准测量系统误差的积累和在高等级的水准环中布设低等级的水准路线。一、二等闭合环线周长，在平原和丘陵地区为 1~1500km，一般在山区为 2000km 左右。二等闭合环线周长，在平原地区为 500~750km，在山区一般不超过 1000km。一、二等环线周长在地形条件和困难、经济不发达地区可酌情放宽。三、四等水准在一、二等水准环中加密，根据高等级水准环的大小和实际需要布设，其中环线周长、附合路线长度和节点间路线长度，三等水准分别为 200km、150km 和 70km；四等水准分别为 100km、80km 和 30km。

水准路线附近的验潮站基准点、沉降观测基准点以及水文站、气象站等，根据需要按照相应等级水准进行联测。

海岸带测绘中的高程控制精度一般不能低于四等水准测量精度，主要技术指标可根据需要参照国家规范执行。

3.3.1.3　水准仪和水准尺

水准测量所使用的水准仪和水准尺，应符合下列规定：

(1)水准仪视准轴与水准管轴的夹角小于等于 20″；

(2)水准尺上的米间隔平均长与名义长之差小于等于 0.5mm；

(3)采用补偿式自动安平水准仪时，其补偿误差小于等于 0.2″。

3.3.1.4　水准点的埋设

水准点应按照水准测量等级，根据地区气候条件与工程需要，每隔一定距离埋设不同类型的永久性或临时性水准标志或标石，水准点的埋设应符合下列规定：

(1)每个测区应根据范围大小及工程需要埋设水准点，也可利用稳定建筑物或天然地物凿设标志代替水准点；

(2)水准点应设于最高潮位线以上，点位应便于寻找、保存和引测；

(3)一个测区及其周围应有 2~3 个水准点；

(4)新埋设的水准点需经过 1 天以上的稳定时间，方可进行观测；

(5)各等级水准点，应绘制点之记，必要时应设置指示桩。

3.3.1.5　水准控制测量的外业观测

水准观测的主要技术要求，应符合相应国家标准规范的规定。

3.3.1.6　水准控制测量的内业解算

水准测量的内业计算应符合下列规定：

(1)每条水准路线若分测段进行施测时，应按水准路线往返测段高差较差计算。每千米水准测量的高差偶然中误差按下式计算：

$$m_\Delta = \pm \sqrt{\frac{1}{4n}\left(\frac{\Delta\Delta}{L}\right)} \tag{3-16}$$

式中，m_Δ——高差偶然中误差(mm)；

Δ——水准路线测段往返高差不符值(mm)；

L——水准测段长度(km)；

n ——往返测的水准路线测段数。

（2）每条水准路线应按附合路线和环形闭合差计算，每千米水准测量高差全中误差，应按下式计算：

$$m_w = \pm \sqrt{\frac{1}{N}\left(\frac{WW}{L}\right)} \qquad (3\text{-}17)$$

式中，m_w ——高差全中误差（mm）；

　　　W ——闭合差（mm）；

　　　L ——计算各 W 时，相应的路线长度（km）；

　　　N ——附合路线或闭合路线环的个数。

各等水准网的计算应按最小二乘原理，对水准网进行严密平差计算，并计算每千米高差全中误差。目前多采用电子水准仪和铟钢尺进行测量。观测数据的平差解算多采用与水准仪配套的平差软件。

3.3.2 GNSS 水准测量

水准测量是建立高程控制基准的主要方法，但在有些地理环境恶劣地区，海岸带跨越的区域较大，而水准测量在一定范围内需要与国家等级水准点联测，当国家等级水准点密度不够时，利用传统水准测量传递高程基准十分困难，且费用昂贵，因而可以选择利用 GNSS 水准方法。海岸地形测绘中，可选择性地采用 GNSS 水准测量四等和等外高程控制点。

3.3.2.1 GNSS 水准测量原理

如图 3.4 所示，GNSS 测量是以椭球面为基准的，得到的是大地高 H；然而实际需要的是以大地水准面为基准的正高 H_γ，正高是以大地水准面为基准的，因大地水准面无法准确测定，常代之以似大地水准面起算的正常高 H_g。三者之间的关系如下式：

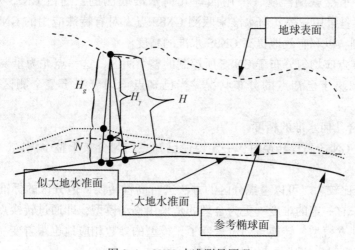

图 3.4　GNSS 水准测量原理

$$H = H_g + N$$
$$H = H_\gamma + \zeta \tag{3-18}$$

所以 GNSS 水准的关键是获得各点的高程异常，即似大地水准面至参考椭球面的距离，将 GNSS 大地高转换成正常高。将 GNSS 测得的大地高转换为正常高的方法有多种，目前常用的方法有地球重力模型法、地形改正和拟合法。

3.3.2.2　GNSS 水准点位的布设

GNSS 水准点应布设成网状、环线或附合路线。

应视测区大小和高程起伏，一般应联测至少 4 个或不少于 1/5 GNSS 点总数的高等级已知高程控制点。在高程起伏较大时，应增加联测点数，联测点应均匀控制整个测区。

3.3.2.3　GNSS 水准测量的实施

GNSS 水准测量时，应按《全球定位系统测量规范》(GB/T 18314)、《区域似大地水准面精化基本技术规定》(GB/T23709) 的规定执行。

3.3.2.4　提高 GNSS 水准精度的措施

从理论研究和实践经验可知，提高 GNSS 水准的精度，应注意以下几个方面：

1. 提高大地高测定的精度

大地高测定的精度是影响 GNSS 水准精度的主要因素之一。因此，要提高 GNSS 水准的精度，必须有效地提高大地高测定的精度，其措施主要有：

(1) 提高局部 GNSS 网基线解算的起算点坐标的精度；

(2) 改善 GNSS 星历的精度，尽量采用精密星历而不是广播星历；

(3) 采用双频 GNSS 接收机；

(4) 观测时应选择最佳的卫星分布；

(5) 减弱多路径误差和对流层延迟误差。

2. 合理布设联测水准点

根据 GNSS 水准联测经验，采用四等几何水准联测的，约占 GNSS 水准总误差的 30%。因此，尽量采用三等几何水准来联测 GNSS 点。对有特殊应用的 GNSS 网，用二等精密水准来联测，以利有效地提高 GNSS 水准的精度。

联测的水准点应均匀分布于 GNSS 所控制的整个测区，这一点尤为重要，待定点精度在很大程度上取决于已知点的分布状况。当已知点均匀分布于整个测区时，待定点精度高。

3. 提高联合几何水准的精度

(1) 在进行 GNSS 高程转换时，一定要使已知点均匀分布于整个测区，并具有一定的代表性。

(2) 若测区比较大，可以考虑分区的方法进行高程转换，但分区的标准比较模糊，使得实际操作起来有一定的难度。更为合理的是采用移动模型，即通过转换点周围一定区域内的已知点来建立模型，转换点的位置变了，模型的参数相应地也跟着变。

(3) 选择模型时，应优先考虑综合性的模型。

(4) 当参与计算的数据含有粗差或某些点的精度不高时，就应该采用抗差的方法，使得粗差数据不"污染"模型；有时还得对模型参数进行显著性检验，以求得最佳模型。

3.4　导航定位

　　所谓导航，就是引导某一运动载体从指定航线的一点运动到另一点的方法，起源于航海事业。随着时代的变迁，汽车、飞机、火箭、航天器等运载工具的相继出现，扩展了导航的概念。要使运动载体成功完成预定航行，除了起止点，还要知道设备所处的即时位置、瞬时速度、方位、精确时间、姿态等参数，从而"引导"该设备准确地驶向预定的后续位置。由此可见，导航是一种广义的动态定位。

3.4.1　导航定位原理与方式

　　在数学原理上，用于导航定位所获得的观测量，如方位、角度、距离、距离差等，都可描述成定位所用控制点(已知)与待求点(定位点)坐标的函数。

　　在平面坐标系中，位于坐标平面的观测量可表示为

$$u = f(x, y) \tag{3-19}$$

　　在大地坐标系中，位于坐标面的观测量可表示为

$$u = g(\varphi, \lambda) \tag{3-20}$$

式中，(x, y)、(φ, λ)分别为定位点的平面坐标和大地坐标。观测量的这种以点位置表示的函数，称为位置函数，它由观测量u和观测方式或手段决定的具体函数形式确定，改正到坐标面的观测值是二维位置的函数。而观测值本身的数值是由观测仪器得到。

　　由二维平面空间中的位置数可知，每一具体观测量均为定位点二维坐标的函数，通过观测获得该观测值，即等同于得到过定位点的一个确定的位置函数或几何表示上的位置线。

　　根据代数观点，一个对应于具体观测值的位置函数就是一个二元代数方程。在获得两个同类或不同类观测量时，可以建立含有两个方程的一个二元代数方程组：

$$\left.\begin{array}{l} u_1 = f_1(x, y) \\ u_2 = f_2(x, y) \end{array}\right\} \tag{3-21}$$

　　而定位点的实际位置必然是该方程组的解，从而通过解算两个观测方程(对于一些非线性观测量有时需附加一些点的概略位置信息)可以获得点的位置。

　　根据几何观点，定位点必然同时处于两条位置线上，于是，定位点在二位置线的交点上，通过二位置线几何交会的图解方法可以确定其位置。

　　为了确定一个点的水平位置，需要两条位置线进行交会，通过以上四种位置线的相互组合，构成以下几种定位方式：极坐标法、方位角交会法、后方交会法、距离交会法、双曲线交会法。

　　如图 3.5 所示，使用传统的光学测量仪器，利用直线和圆曲线的交会，构成极坐标法；利用两条直线的交会，构成方位角交会法；利用两条偏心圆曲线的交会构，成后方交会法；应用于无线电测量技术和卫星定位技术，利用两条圆曲线的交会，构成距离交会法；利用两条双曲线的交会，构成双曲线交会法。

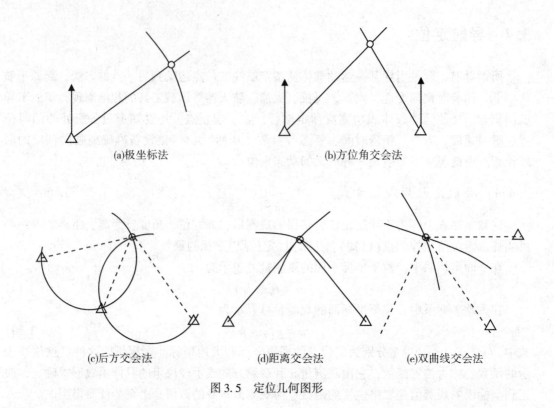

(a)极坐标法　　　　　　　　　　　(b)方位角交会法

(c)后方交会法　　　　(d)距离交会法　　　　(e)双曲线交会法

图 3.5　定位几何图形

3.4.2　典型海洋导航定位方法

(1)光学定位仪器:经纬仪、六分仪、全站仪等。

(2)岸基无线电定位仪器:电磁波测距仪、双曲线方式定位仪器、圆-圆方式定位仪等。

(3)水声定位仪器:主要由水下声标(应答器)和接收基阵(长基线系统 LBS、短基线系统 SBS、超短基线 ESBS)组成。

(4)卫星定位仪器:北斗卫星导航定位系统(BDS)、GPS、GLONASS 等。

(5)组合定位(导航)仪器:如 MX-200 组合导航系统、GIN 导航系统。

随着科学技术的进步,目前用途最广的是卫星定位,其定位精度和自动化程度的提高,大有取代光学定位仪器等其他定位手段的趋势。

3.4.3　卫星导航定位

目前卫星导航定位在海洋导航定位应用中主要有以下方式:

3.4.3.1　沿海无线电指向/差分全球定位系统

GNSS 的出现为海洋定位提供了先进的手段,我国于 20 世纪 90 年代中期开始组织实施的沿海无线电指向标/差分全球定位系统投入使用。无线电指向标/差分全球定位系统(RBN/DGPS)简称信标差分定位系统。信标差分是信标台站-移动站差分,是指采用两台

GNSS 接收机,一台是信标基准站 GNSS,另一台是用户端 GNSS,并且知道基准点的坐标。原理是:在已知坐标的固定点上架设一台 GNSS 接收机(信标台站),通过 GNSS 的定位数据和已知坐标点的数据解算出差分数据,再通过数据链将误差修正参数,实时播发出去,用户信标接收机端通过数据链接收修正参数,并传给 GNSS 接收机,GNSS 接收修正参数后,和自己的定位数据进行修正解算,即可将定位精度提高到米级甚至厘米级。信标差分系统不需要用户自己架设基准站。

我国交通部海事局从南到北在我国沿海建立了 22 座信标台站(也就相当于差分系统的基准站),这些信标站全天不间断发送差分校正信息,其传输的距离是:在内陆是 300km 的覆盖范围,在海上是 500km 的覆盖范围。用户端只需要一台移动站的 GNSS 接收机,就可以实现 1~5m 精度的实时定位。该系统在我国沿海的船舶导航、海洋渔业、海洋测绘、海上石油开发以及海上定位工程等方面都起着重要的作用。

目前,我国沿海无线电信标台站主要技术参数如下:

(1)台站配置。每一座台站均由一个基准站、一个播发台和一个监控台组成,同步建设。基准站测量并解算差分改正数,通过播发台向用户播发。监控站实时接收本站的差分改正信息,并进行差分定位,定位结果与其坐标真值进行比较,从而达到本站差分的完整性监控的作用。

(2)工作频率。采用国际电联划分的海上无线电指向标频率,频率范围为 283.5~325.0kHz。

(3)台站识别码。依据国际航标协会(International Association of Lighthouse Authorities,IALA)分配给我国的基准台和播发台的差分 GNSS 识别码范围,由北向南按区域进行分配。

(4)差分信息调制方式、播发信号格式、类别和传输率。采用最小频移监控(CMSK)方式调分信息,播发类别为调相单信道数据传输(GID)。信号格式采用 RTCM SC-104 标准,信息类型为 9-3、16,差分数据传输率为 200bit/s。

(5)坐标系统和基准站精度。采用 WGS-84 坐标系,基准站在 WGS-84 坐标系中的绝对定位精度优于 0.5m。随着 RBN-DGPS 系统的升级改造,系统将逐步支持我国的 CGCS2000,精度也将不断提高。

(6)单站信号作用范围。台站的有效覆盖范围是根据信号强度和信噪比确定的。距差分台 300km 范围内,海上用户接收差分修正信息号强度 75μV/m。经验表明,当信号强度大于 40μV/m,信噪比大于 10dB 时,信号的可靠性较高;当信噪比小于 10dB 时,信号开始不稳定。

(7)定位精度。定位精度与测点到基准站的距离相关,离台站越近,定位精度越高,随着距离增加,定位精度降低。在通常情况下,在系统覆盖范围内,亚米级的接收机利用差分信号进行海上导航定位可以获得 5m 以上的实时定位精度。

2012—2014 年,交通部北海航海保障中心开展了"北斗沿海差分导航与精密定位服务系统研究与应用"项目,在渤海区域建立了北斗沿海差分导航与精密定位服务系统,充分利用现有通信网络、RBN-DGPS 台站资源,设计了我国沿海以北斗为主兼容 GPS,采用 RBN 电台和移动通信网络等手段播发的精密导航定位服务系统一体化架构,将原有单一的 RBN-DGPS 系统提升为 BDS/GPS 融合服务系统，并实现了从米级到厘米级的导航定位服务。系统由一体化基准站，（RBN-DGNSS 基准站、RBN-DGNSS 完善性监测站、连续运行基准站）、控制站、播发站、专线网络、海区数据处理服务中心、全海区数据监测中心、数据总控中心（拟规划建设）以及用户应用终端等组成，预留接口为国家北斗地基增强系统数据处理中心提供数据。项目成果在航海保障及港航单位进行了推广，实现了在航标作业、海洋测绘、港口船舶引航、航道疏浚、海事航运等领域的成功应用。同时为我国整个沿海区域 RBN-DGPS 系统的升级改造和沿海北斗精密定位服务系统建设项目的立项提供了关键技术、系统指标验证和总体方案设计的支持；为海事管理机构相应岸基服务系统的建立奠定了基础。

3.4.3.2　GNSS RTK 技术

近年来，由于实时动态差分全球定位系统（GNSS-RTK）定位技术具有精度高、速度快、节省人力物力、不必点间通视、施测灵活等优点，其性能价格比不断提高，RTK 定位技术在许多领域得到了广泛的应用。但是，在现实条件下，通信距离短等定位的约束条件限制了其在某些位置的使用。

3.4.3.3　星站差分技术

GNSS 系统具有以下主要误差源：卫星轨道误差、卫星时钟误差、电离层延迟误差、对流层误差、多路径效应，以及固体潮、接收机时钟误差、接收机跳变。消除误差的方式可以分为两大类，即地面差分 GNSS 和全球星基增强系统。后者将每颗 GNSS 卫星的误差源都作为独立变量解算，GNSS 卫星轨道误差和时钟误差通过遍布全球的双频或多频接收机观测网来跟踪并解算，解算结果再使用通信卫星数据链直接发送到用户接收机，所以不需要地面基准站，对测量范围没限制，可以是全球任何位置。包括中国在内的多个国家或者公司已经建立或者逐步建立各自的星基增强系统。目前，市场上已经得到广泛应用的星站差分系统有三家：VeriPos、Starfire、OmniStar。

1. Veripos

Veripos 系统由 Subsea7 公司建立，在全球建立了超过 80 个基准站，并在英国 Aberdeen 和新加坡拥有两个控制中心。控制中心监控 Veripos 通信系统的整体性能，也能为用户提供有关系统性能的实时信息，同时，具有开启和关闭 Veripos 增强系统（augmentation system）的权限。所提供的定位服务有以下几类：Veripos Apex，Veripos Ultra，Veripos Standard Plus，Veripos Standard，Veripos Glonass。

Veripos 在上海、深圳、塘沽等地建有基准站，通常在 76°N～76°S 之间可以获得的定位精度优于 10 cm。

2. StarFire

StarFire 网络是美国 NAVCOM 公司于 1999 年建立的，可在全球范围内提供 GPS 差分信号发布服务广域差分系统，它可以提供高可靠性和分米级的定位精度，具备 99.99% 的联机可靠性。StarFire™ DGPS 包括 10 通道（双频 GPS 信号），还有两个独立的通道，一个用于接受 SBAS（satellite based angmentation system）信号，另外一个用于接受 L 波段差分改正信号。设备有两个 115kbps 数据传输口，原始数据的输出可达 50Hz，PVT（position velolity time）数据输出可达 25Hz。改正信号通过 Inmarsat 静止卫星进行广播，无需建立测区的基准站或进行后处理。

StarFire 网络自从 1999 年 4 月开始运行以来,基本上覆盖了全世界。在北纬 76°到南纬 76°的任何地球表面,都能提供同样的精度。

目前,NavCom 提供 SF3050 系列和 SF3040 系列星站差分接收机,其中 SF3040 系列集成了天线和接收机,方便安置。提供两种服务:WCT、RTG。WCT 定位精度为 35cm,RTG 定位精度为 10cm。

单机 RTG 技术成功的关键在于其对原来 RTK 技术的基准站的替代。RTG 技术采用在世界范围内的 28 个双频基准站来对差分信息进行收集,这些信息收集以后发回数据处理中心,经数据处理中心处理后,形成一组差分改正数,将其传送到卫星上,然后通过卫星在全世界范围内进行广播。采用 RTG 技术的 GPS 接收机在接收 GPS 卫星信号的同时,也接收卫星发出的差分改正信号,从而达到实时高精度定位。

3. OmniStar

OmniStar 系统原属 Fugro 公司运营,于 2011 年 3 月出售给 Trimble 公司运营,是一套可以覆盖全球的高精度 GPS 增强系统。在通过卫星提供增强的 GPS 数据方面,OmniSTAR 为世界市场的领先者,该系统通过分布在世界各地的 70 个地面基准站来测定 GPS 系统的误差,由分别位于美国、欧洲和澳大利亚的 3 个控制中心站对各基准站的数据进行分析和处理,并将经分析确认后的差分改正数据通过同步卫星广播给用户,实现高精度的实时定位。OmniSTAR 提供测量、定位、环境和包括陆地和近海的卫星服务。在陆地上新的应用方面,OmniSTAR 服务可以满足精密定位系统的需求。OmniSTAR 提供了空前的实时 DGPS 定位服务。

OmniSTAR 系统比部分市场上其他系统能提供更大地理覆盖。目前,在 OmniSTAR 信号覆盖范围内可最高实现单机 10cm(CEP)的实时定位精度。

OmniSTAR 的应用横跨了众多工业,包括农业(精密耕作)、采矿业和大地测量等。航空业应用包括农作物灌溉和地理测量等。

OmniSTAR 提供三种 GPS 差分等级的服务:VBS、HP 和 XP。

OmniSTAR VBS 是一个亚米级的服务。一个典型的 24 小时的 VBS 采样显示的 2σ(95%)置信度下的水平位置偏差小于 1m,而 3σ(99%)的位置偏差接近于 1m。

新的 OmniSTAR HP 服务在 2σ(95%)的置信度下的水平位置偏差小于 10cm,3σ(99%)的水平位置偏差小于 15cm。在农业机械引导和多种的测量任务方面,有其独特的应用。它操作实时,不需要当地基准站或遥感链路。在利用向前发展的精密定位方面,OmniSTAR HP 确实比较超前。

用户在购买具有 OmniSTAR 功能的 GNSS 接收机后,可向 OmniSTAR 的服务商交纳服务费用,申请开通服务。

在此基础上,随着 GNSS 增强混合定位技术(RTK-PPP)研究的逐步成熟,2016 年前后,Trimble 公司推出具备实时和后处理且能够通过互联网、卫星通信传播改正数的 RTX 技术,利用全球百余个基准站和 6 颗通信卫星 L-Band,在全球大部分区域提供实时的 CenterPoint RTX、VRS NOW™服务,覆盖区域内,经过一定时间收敛后(30min 以内)平面定位精度可达 4cm,部分区域能够达到 2cm,高程精度优于 10cm。

3.4.3.4　精密单点定位技术(PPP)

所谓的精密单点定位,指的是利用全球若干地面跟踪站的 GNSS 观测数据计算出的精密卫星轨道和卫星钟差,对单台 GNSS 接收机所采集的相位和伪距观测值进行定位解算。利用这种预报的 GNSS 卫星的精密星历或事后的精密星历作为已知坐标起算数据;同时利用某种方式得到的精密卫星钟差来替代用户 GNSS 定位观测值方程中的卫星钟差参数;用户利用单台 GNSS 双频双码接收机的观测数据在数千万平方公里乃至全球范围内的任意位置都可以 2~4dm 级的精度进行实时动态定位,或以 2~4cm 级的精度进行较快速的静态定位,精密单点定位技术,是实现全球精密实时动态定位与导航的关键技术,也是 GNSS 定位方面的前沿研究方向,并且不断与 RTK 技术融合,逐步走向成熟应用。

3.4.3.5　连续运行基准站技术(CORS)

CORS 的理论源于 20 世纪 80 年代中期加拿大提出的"主动控制系统"(Active Control System,ACS)。该理论认为,GNSS 主要误差源来自于卫星星历,D. E. Wells 等人提出利用一批永久性基准站点,为用户提供高精度的预报星历,以提高测量精度。在此以后,"基准站点"(Fiducial Points,FP)概念的提出,使这一理论的实用化推进了许多,它的主要理论基础即在同一批测量的 GNSS 点中选出一些点位可靠、对整个测区具有控制意义的测站,采取较长时间的连续跟踪观测,通过这些站点组成的网络解算,获取覆盖该地区和该时间段的"局域精密星历"及其他改正参数,用于测区内其他基线观测值的精密解算。CORS 是目前国内乃至全世界 GNSS 的最新技术和发展趋势,发达国家基本上每几十公里就有一个站,发展中国家也在陆续地建立起 CORS 系统。如图 3.6 所示。

图 3.6　连续运行基准站系统(CORS)示意图

2008 年起我国国家海洋局在沿海各海洋站布设了 GNSS 业务化系统,沿海各个省份和城市也都有 CORS 系统。

CORS 信号在海上播发,受移动通信信号频段、布站位置的影响,基本无法满足实时动态定位的需要,目前使用 CORS 信号进行导航定位,多通过信号中继设备将 CORS 网络信号转播为低频电信号,等同于单站 RTK 使用。经测试,这种方式能够有效、稳定地使用。

第4章 海岸线测量

4.1 概述

我国大陆海岸线北起辽宁的鸭绿江口南至广西的北仑河口，呈"S"形走向，并向东南呈凸出的弧形，地势由西向东呈阶梯状递降，地质构造控制作用深刻影响了海岸分布格局。对此，我国大体以杭州湾为界，以北的海岸因构造控制上的差异，抬升的基岩港湾海岸与沉降的平原海岸相间分布；以南为隆起的基岩港湾海岸，岸线由北北东、北东到东西向展布，呈现为圆弧状。南部多岩石曲折海岸，北部多平原海岸。全国海岸线长度、大陆架面积位居世界第十位，共有大陆海岸线18000km、岛屿岸线14000km之多，两者总长度则居世界第八位，并有港湾160个以上，其中深水岸段长约400km。

海岸线是研究海岸带测绘、海岸和海域管理以及海岸演变等的重要内容，也是重要的基础地理信息数据。地质构造、海平面变化、气候、河流、海水动力、人类活动使得海岸形态在动态不断演化中。特别是随着海洋经济的发展，人类海洋开发活动的不断拓展，围海造地、港口建设、临海工业等大规模涉海活动，都会导致大陆岸线和岛屿岸线发生较大的变化和迁移。海洋管理、海洋资源的合理开发和保护、海洋经济的可持续发展，对海岸线测量和动态更新的需求越来越高。

4.2 海岸与海岸线

4.2.1 海岸

海岸是海岸线以上狭窄的陆上地带，大部分时间裸露于海水面之上，是海水运动作用于陆域的最上限及其邻近陆地，又称潮上带。其发育过程受到地壳构造运动、海水动力、生物和气候等多种因素影响，交叉作用十分复杂，故海岸地貌形态错综复杂，具有地带性。在目前已发表的关于海岸的论著中，对海岸分类的标准并不统一，大致如下：

(1)以海岸动态划分为堆积岸和侵蚀岸；

(2)以物质组分划分为平原岸、基岩岸和生物岸；

(3)以外力成因与形态特征划分为磨蚀-堆积原岩岸、堆积岸和生物岸；

(4)以海岸地貌类型划分为山地港湾岸、台地岸和平原岸。

(5)根据目前各类标准、规程及各类图件，对海岸分类主要依据形态成因原则，同时考虑海岸物质组分与现代过程。根据其形态和成因，大体可分为基岩海岸、砂(砾)质海岸、淤泥质海岸、生物海岸和河口海岸。

基岩海岸，由坚硬岩石组成的海岸，又称港湾海岸，主要由地质构造活动及波浪作用所形成，其特征为地势陡峭，岸线曲折，地形复杂。

砂(砾)质海岸，又称堆积海岸，主要由平原的堆积物质被搬运到海岸边，又经风浪改造堆积而成。其特征为以松散的砂(砾)为主，岸滩较窄而坡度较陡。

淤泥质海岸，又称平原海岸，主要由河流携带入海的大量泥沙在潮流与波浪作用下运输并沉淀而成。其特征为岸滩物质组成多属黏土及粉砂等；通常岸线较为平直，地势相对平坦。

生物海岸包括珊瑚礁海岸和红树林海岸。珊瑚礁海岸由热带造礁珊瑚虫遗骸聚集而成；红树林海岸由红树科植物与淤泥质潮滩组合而成。生物海岸只出现在热带与亚热带地区，如我国的海南岛与广西的大部分海岸属生物海岸。

河口岸一般指三角洲式河口，如单叉型、多叉型，以及三角港式海岸等。

4.2.2 海岸线

通常来讲，海岸线是海洋与陆地的分界线，其位置随潮位的升降和风引起的增水或减水作用而变化。在有潮海区，由于受海洋潮汐的影响，海陆分界线时刻都在变动，所以，人们根据高低潮的岸线不同，将海岸线分为高潮线和低潮线。世界上绝大多数国家是以多年平均高潮水位线作为海岸线的标志，但美国国家海洋局规定的海岸线则是在低潮平均水位线上。

1959 年《海道测量规范》规定，海岸线是指多年大潮高潮时形成的实际痕迹线；1990年，赵明才等发表的《海岸线定义问题的讨论》一文中针对该规范定义的"多年大潮高潮"缺少严密性，就提出了以"平均大潮高潮"痕迹线作为海岸线的科学定义。此后，中华人民共和国国家标准，如《海洋学术语海洋地质学》(GB/T18190)、《中国海图图式》(GB12319)、《地形图图式》(GB/T5791)也给出了明确的定义，即"海岸线是指多年平均大潮高潮时水陆分界的痕迹线"。2008 年国家海洋局发布的《海籍调查规范》《海域使用分类体系》，对海岸线简述如下：海岸线是海洋与陆地的分界线，是现代海、陆之间正在相互作用着和过去曾经相互作用的地带。在《土地详查规定》中规定，"以低潮线为准，海岸线以内为陆地范围，低潮线以外为海域，海域中包括海岛"。该规定存在的问题主要是没有考虑海域与陆域有着迥异的自然属性，其开发利用和管理与陆域也不同，但在海洋国土意识淡薄、海域管理尚未建立的时期，它对我国土地资源的管理具有重要的意义和作用。《海岸线修测技术规程》则沿袭了地理概念的海岸线定义，即"海岸线是指多年平均大潮高潮时水陆分界的痕迹线"，同时对各种人工海岸和河口海岸的海岸线进行了明确的界定。

海岸线的定义具有多样性，归纳来说，海岸线既有一个地理概念——"自然海岸线"，又具有一个法律概念——"行政海岸线"。海岸线的确定存在着较大的人为因素和行政因素。对于地理概念的海岸线，在地形图、海图测绘中均有涉及和规定，在"海岸线是指多年平均大潮高潮时水陆分界的痕迹线"的定义下，海岸线以下经常为海水淹没；海岸线以上则主要形式为陆地，仅偶尔少数大潮海水上侵。根据不同的潮汐性质(正规半日潮、非正规半日潮、正规日潮、非正规日潮)，平均大潮高潮痕迹线与年最高潮面(风暴潮除外)仅低 0.3m，一年中只有7%日的高潮面高于平均大潮高潮面。由绝大多数高潮能到达并在高潮憩流阶段水面保持一定时间稳定的地方，海岸线痕迹最为明显，且能保存较好，容易辨认。《中国海图图式》(GB 12319)中也提到海岸线一般可根据当地的海蚀阶地、海滩堆积物或海滨植物确定。

海岸线具有时效性、移动性和非自然属性的特点。通常，海岸线的位置随潮位的升降和风引起的增水或减水作用而变化，通常，在垂直方向上海面的升降幅度可达 10～15m，水平方向的进退有时能达几十公里，也就是说，海洋与陆地之间事实上并不存在一条明显的、固定的界线，在有潮海区，由于受海洋潮汐的影响，海陆分界线时刻都在变动。由于海洋经济的发展，海洋开发活动在广度和深度上的不断拓展，围海造地、港口建设、临海工业等大规模用海活动，导致海域岸线和岛屿岸线发生较大的变化和迁移。海岸线长度是在一定的海岸线位置定义的长度。就地理意义而言，海岸线是海洋和陆地两种不同性状体的界面；就行政管理而言，海岸线是陆域和海域的法定分界线；就科学研究与工程建设而言，海岸线则是陆海相互作用动态平衡的界面线。海岸线是在一定的定义下的海陆分界线，其位置需要不断动态更新。

4.3 海岸线界定

海岸线与海岸是密不可分的，前者将后者分成陆域和海域两部分。因此，有多少种海岸类型，相应也有多少种海岸线类型。海岸线的确定存在着很大的人为因素和行政因素以及陆地部分的国土意识影响。海岸线位置确定的一般原则如下：

(1)海岸线的确定，应综合考虑历史沿革、管理现状、用海习惯以及各部门管理范围和职责的合理划分等社会因素，对政府批复的海岸线且没有变化的，应继承已有成果，并进行重新测量；海岸线更新测量成果应做到具有通用性，以便今后推广应用。

(2)海岸线的确定，从符合实际情况考虑，既要有利于海洋资源和土地资源的管理、保护和可持续发展，具有相对的稳定性，又要易于辨认，在实际管理工作中具有可操作性。

(3)海岸线更新测量以科学性为基础，严格依据国家有关法律法规和相关技术标准施测。

根据国家海洋局于2008年发布的《海籍调查规范》《海域使用分类体系》，对海岸线分类如下：

(1)自然岸线：由海陆相互作用形成的岸线，如砂质岸线、粉砂淤泥质岸线、基岩岸线和生物岸线等。

(2)人工岸线：由永久性人工构筑物组成的岸线，如防潮堤、防波堤、护坡、挡浪墙、码头、防潮闸、道路等挡水(潮)构筑物组成的岸线。

（3）河口岸线：入海河流与海洋的水域分界线。

4.3.1　自然海岸的岸线

4.3.1.1　砂质海岸的岸线界定

一般砂质海岸的岸线界定：一般砂质海岸的岸线比较平直，在砂质海岸的潮间带上部常常堆成一条与岸平行的脊状砂质沉积，称滩脊。海岸线一般确定在现代滩脊的顶部向海一侧，如图 4.1 所示。

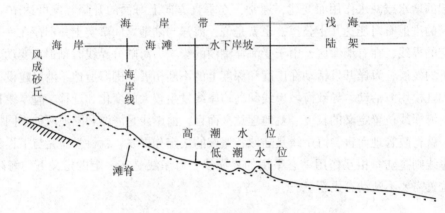

图 4.1　一般砂质海岸的岸线界定方法示意图

具陡崖的砂质海岸的岸线界定：具陡崖的海滩一般无滩脊发育，海滩与基岩陡岸直接相接，崖下滩、崖的交接线即为岸线，如图 4.2 所示。

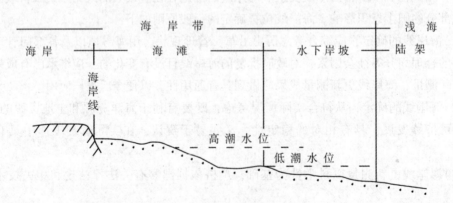

图 4.2　具陡崖的砂质海岸的岸线界定方法示意图

4.3.1.2　粉砂淤泥质海岸的岸线界定

粉砂淤泥质海岸主要为由潮汐作用塑造的低平海岸，潮间带宽而平缓。在这种海岸的潮间带之上向陆一侧常有一条耐盐植物生长状况明显变化的界线，即为岸线。另外，受上冲流的影响，在上冲流的上限常有植物碎屑、贝壳碎片和杂物等分布的痕迹线，也是岸线所在。如图 4.3 所示。

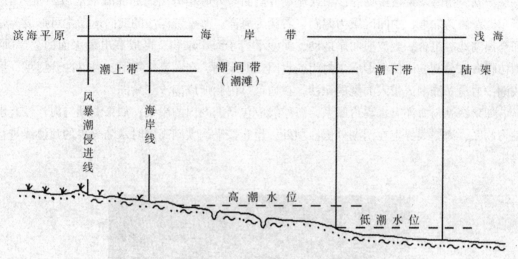

图 4.3　粉砂淤泥质海岸的海岸线界定方法示意图

4.3.1.3　基岩海岸的岸线界定

基岩海岸的海岸线位置界定在陡崖的基部，如图 4.4 所示。

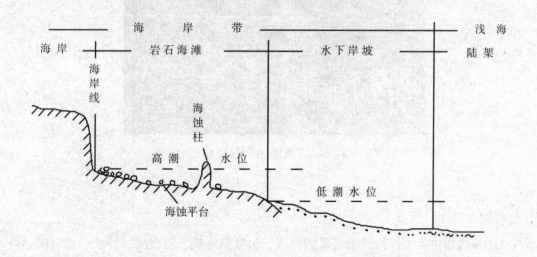

图 4.4　基岩海岸的海岸线界定方法示意图

4.3.1.4　生物海岸的岸线界定

我国大陆生物海岸主要包括珊瑚礁海岸、红树林海岸和芦苇海岸等。对于珊瑚礁海岸，岸线界定方法与砂质海岸或基岩海岸的岸线界定方法一致。红树林海岸和芦苇海岸的岸线界定与粉砂淤泥质海岸的岸线界定方法相同。一些地区沿海无红树林海岸和珊瑚礁海岸，芦苇海岸也极少见。

4.3.1.5　潟湖岸线的界定

潟湖，指海岸带被沙嘴、沙坝或珊瑚分割而与外海相分离的局部海水水域。如图 4.5 所示，左侧为陆地，中间区域为潟湖，右侧为海洋。海岸带泥沙的横向运动常可形成离岸坝与潟湖地貌组合。当波浪向岸运动，泥沙平行于海岸堆积，形成高出海水面的离岸坝，坝体将海水分割，内侧便形成半封闭或封闭式的潟湖。在潮流作用下，可以冲开堤坝，形成潮汐通道。涨潮流带入潟湖的泥沙，在通道口内侧形成潮汐三角洲。

如果潟湖与海洋有水动力联系，海岸线应包括潟湖内的岸线；如果潟湖与海洋没有水动力联系，海岸线界定在潟湖外侧沙坝处，岸线按平均大潮高潮时水陆分界的痕迹线进行界定。

图 4.5　潟湖示意图（中间区域为潟湖）

4.3.2　人工海岸的岸线

人工岸线指由永久性构筑物组成的岸线，包括防潮堤、防波堤、护坡、挡浪墙、码头、防潮闸以及道路等挡水（潮）构筑物。

如果人工构筑物向陆一侧平均大潮高潮时海水不能达到的，以永久性人工构筑物向海一侧的平均大潮时水陆分界的痕迹线作为海岸线；人工构筑物向陆一侧平均大潮高潮时海水能达到的，则以人工构筑物向陆一侧的平均大潮高潮时水陆分界的痕迹线位置作为海岸线。如图 4.6 所示。

对于与海岸线垂直或斜交的狭长的海岸工程（包括引堤、突堤式码头、栈桥式码头等），海岸线以其与陆域连接的根部连线作为该区域的海岸线。如图 4.7 所示。

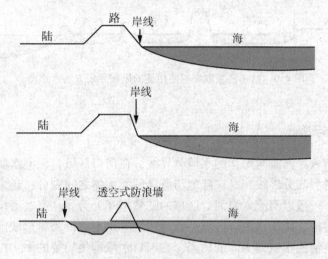

图 4.6 人工构筑物的岸线界定方法示意图

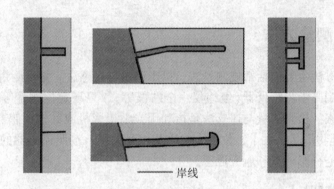

图 4.7 突堤、突堤式码头的岸线界定方法示意图

在盐田和围垦养殖区域海岸，对于已取得土地证的盐田以盐田区域向海一侧的海挡外边缘线为海岸线；对于已按照《海域使用管理法》实施管理的盐田区域和围垦养殖区域，以该区域向陆一侧的外边缘线为海岸线。如图 4.8 和图 4.9 所示。

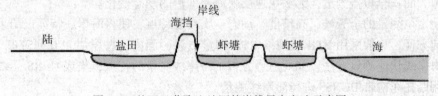

图 4.8 盐田已获取土地证的岸线界定方法示意图

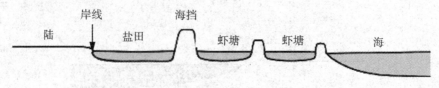

图 4.9   盐田已获取海域使用证的岸线界定方法示意图

4.3.3   河口岸的岸线

河口岸线是指入海河流与海洋的水域分界线。在河口区域，河流水面与海洋水面连为一体，没有明显的海陆分界线，是在陆地与海洋两类水体之间划分，还是依海岸线的基本含义来确定为妥，一般以河流入海河口区域的陡然增宽处为界；有些河口形状复杂，需要根据具体的地形特征、咸淡水混合区域、管理传统等确定。因为海岸线定义中有只要不适宜陆生淡水生物生活的水域即为海的内涵，在河口水域即便短暂的海水抵达亦可对陆域淡水生物造成毁灭性影响。所以，一般在窄河口(黄河口)以枯水季的河口潮流为界，一般在宽大的河口区(长江口)以枯水季河口 3000mg/L 盐度线为界。

4.4   海岸线测量方法

海岸线测量方法主要包括常规测量法、摄影测量与遥感法。常规测量方法采用现场调查测量方式，利用光学测绘仪器(经纬仪、全站仪等)、卫星定位测量等方法采集海岸线特征点位置等要素。摄影测量与遥感法是指利用光学摄影机或其他遥感器获取的图像(像片)来确定被摄地物形状、大小、位置、性质及相互关系，按照遥感器的位置，可分为地面摄影测量、航空摄影测量和航天遥感。

4.4.1   常规测量技术

传统的海岸线获取方法一般采用光学测量仪器(经纬仪、全站仪等)、GNSS 等常规测量手段，通过实地测量，在高潮潮位痕迹线附近每隔一定距离采集海岸线特征点，标画在数字地形图上，并连接成线得到海岸线。实测拐点的疏密在一定程度上影响了所获取的海岸线位置的准确性，特别是一些淤泥质潮滩和陡崖海岸，拐点测量困难或无法到达。该方法技术成熟，海岸线测量真实性较强，适应于小面积海区，但劳动强度大、效率低，难以快速实施大面积全覆盖测量，无法快速反映海岸地形的动态变化。

卫星定位测量的全天候、高精度、动态、实时等特点，使得海岸线特征点的采集工作变得快捷方便，一般采用 RTK 或网络 RTK 测量方法，国内一些学者也在研究基于 GNSS 技术的海岸线快速测量方法，如周立等分析了海岸线测量的特点，集成 GPRS 无线电数据链，利用摩托车携带 DGNSS 进行海岸线测量。

采用常规测量技术进行海岸线测量时，海岸线最大点位误差一般不大于图上 1.0mm，转折点的位置误差不大于图上 0.6mm，高程误差的限差为 0.2m。与海岸线相连的各种设施均应实地测绘，并注记高程。

通常采用痕迹线法判断实地海岸线的位置，由于海岸地形多样，大潮平均高潮位确认困难，通常采用近似痕迹线法替代，常用的方法有 3 种：海蚀阶地(坎部)痕迹线法、海滩堆积物痕迹线法、海滨植物(植被)痕迹线法。实地测量过程中，还需结合海岸线类型、分布等综合考虑，选择合适的海岸线特征点的采集方法，如一般基岩海岸岸线、砂质海岸岸线等，它们平均大潮高潮时水陆分界的痕迹线明显，多采用常规测量方法测量；而基岩海岸多发育海蚀崖，崖高陡峭，人工难以进行实地测量，就需要采用摄影测量与遥感手段提取海岸线作为补充；低潮时有滩的海蚀崖海岸线，可采用 GNSS RTK 法或者全站仪野外测量法乘潮作业；无滩的基岩陡坎海岸，只能在陡坎上边缘进行测量；对于砂质海岸，一般根据植被边界或海水冲刷痕迹来确定海岸线，采用 GNSS RTK 法或者全站仪野外测量法进行测量。河口岸线是海岸线的重要组成部分，其测量重点是如何确定河口岸线的上界位置。经过人工改造过流量较小河流，一般河口上游都有防潮闸或防潮坝作为岸线；流量小且河口窄的山溪性小河，海岸线可直接从其河口穿过。除其防波堤外，大的港口沿港池边测量岸线；宽度小的港口，沿其与陆地相连的根部测量；在建的码头，则测量现状边界。

由于这类方法受人为影响较大，因此，用痕迹线法得出的结果还要与最新版海图等进行比较，分析存在差异原因。

4.4.2 摄影测量与遥感技术

摄影测量与遥感法，通常指卫星遥感或航空遥感，由于其不受现场地形、测量环境的限制，广泛用于海岸带制图与海岸线遥感提取。采用卫星遥感图像处理过程主要包括：影像融合、几何校正、图像合成显示分析与岸线提取。目前，基于遥感影像的海岸线提取方法主要有人工目视解译、自动提取等方法。人工目视解译方法的关键在于建立不同类型海岸线的解译标志，但是在海岸较为平缓或十分陡峭的影像上因海岸线解译标志不明显，容易引入较大的人工解译误差。自动提取方法中提取的岸线一般为水边线，引入潮汐模型，可以提高"水边线"的提取精度，从而得到真实的"海岸线"。随着摄影测量与遥感技术的发展，合成孔径雷达、机载 LiDAR 等技术也逐渐开始应用到海岸线测量。目前常用的海岸线自动提取技术主要有如下几种：

4.4.2.1 基于潮间带 DEM 和潮汐模型的海岸线提取技术

基于潮间带 DEM 和潮汐模型提取海岸线的基本思路是，首先假定摄影时刻在一定范围内，水边线不受潮位影响，水边线的位置可以认为是干出滩上高程一致点连接而成的等高线(也称等水位线)。在上述假设条件下，利用多时相的遥感影像提取的水边线信息，结合潮汐模型(或验潮数据)推断出水边线的高程值，一系列不同潮位条件下获得的遥感水边线即可形成一系列已知高程信息的等高线，利用这些等高线和海图的零米线，通过空间插值，进而得到潮间带 DEM，最后根据潮汐模型，计算当地平均大潮高潮面(海岸线定义所处潮位)的高程，以此为高程参考面与 DEM 横切(可用等值线自动跟踪方法)，得到海岸线。当然，可借助潮间带实测的高程断面获得水边线高程，来验证潮汐模型的准确性。海岸线提取流程图如图 4.10 所示。

水边线的提取方法可参见上述的各种方法。而潮汐模型是海岸带高程和水深数据(垂直基准)的枢纽。潮汐预报是以平衡潮理论为基础，借助实际潮位观测资料，采用调和分

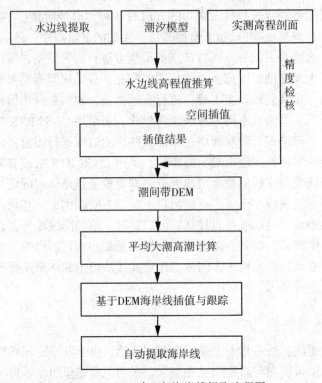

图 4.10　DEM 建立与海岸线提取流程图

析方法推算任意时刻的潮汐变化。潮汐表预报潮位只是整点潮位，而影像获取的瞬时时刻一般不是整点时间，且每一景扫描成像过程仅历时十几秒，仅依靠整点潮汐观测资料，会影响影像瞬时对潮位的推算及对潮情的准确判断。若要精确获取该时刻的潮位数据，一种方法是已知预报时采用潮汐调和常数，内插任意时刻的潮位数据；另一种方法是通过整点的潮位观测数据建立多项式，采用插值（或拟合）方法获取任意时刻的潮位。

　　国内一些学者，采用"blending"同化法，同化多年 T/P 卫星测高数据反演潮汐参数与沿岸验潮站结果，建立中国邻近海域高分辨率潮汐模型，可给出中国海域任意时刻水边线的潮位，结合垂直基准转化模型，可得到高程值，对海岸线的自动提取奠定了技术基础。例如，依据长江口 1999—2004 年多时相遥感影像光谱特征，对不同潮情影像采用不同波段提取水边线，根据实测高程剖面作为控制剖面获得水边线的高程，并对具有高程信息的水边线采用不规则三角网方法构建 DEM，克服了潮汐资料缺乏的缺点，提高了遥感影像提取水边线对高程反演的精度。部分学者讨论了多时相卫星影像提取潮滩水边线，以此构建潮滩 DEM 的方法，采用 GIS 技术和验潮站潮位观测推算技术对提取的水边线赋予高程值，作为实测资料欠缺的补充。

4.4.2.2　基于潮位校正的海岸线提取技术

　　当遥感影像比例尺较小、空间分辨率较低时，在陡峭的岩石岸等类型的海岸地段，干出滩垂直海岸线的宽度低于影像的空间分辨率时，海岸线的位置可以用水边线的位置替代，此时海岸线的提取即是水边线的提取；当干出滩的宽度大于影像分辨率时，干出滩与陆地在影像上有明显的差别，可以利用遥感影像结合潮位校正方法提取海岸线。

通常泥沙质岸的地形一般起伏小、坡度较缓，很小的潮差就会导致水边线相差甚远。因此，利用遥感影像提取海岸线时，必须考虑潮位的影响，对水边线进行潮位校正。潮位校正一般根据成像时刻的潮位高度、平均大潮高潮位的潮水高度以及海岸坡度等信息，计算出水边线至高潮线的水平距离，从而确定海岸线的位置，其原理如图 4.11 所示。

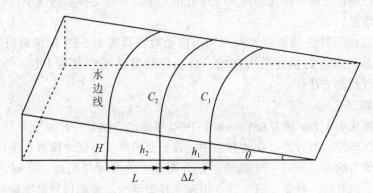

图 4.11　海岸线位置计算原理

首先提取两幅航空摄影像片(或两景卫星图像)的水边线，分别设为 C_1，C_2，量出图像上两水边线的距离，设为 ΔL，同时确定两幅图像中摄影时刻的潮位高度，分别设为 h_1，h_2(假设 $h_2 > h_1$)，则有岸滩的坡度为：

$$\theta = \arctan\left(\frac{h_1 - h_2}{\Delta L}\right) \tag{4-1}$$

然后确定平均大潮高潮位的潮水高度 H（根据多年潮位观测资料得到），计算出水边线(以 C_2 为例)至海岸线的距离(校正距离)为：

$$L = \frac{H - h_2}{\tan\theta} \tag{4-2}$$

最后沿海岸线的走向提取多幅遥感影像不同时刻的水边线，利用地形坡度距离校正的方法可获取大范围的海岸线。对不同影像不同潮汐资料提取不同地区的海岸线，应充分考虑海岸线之间的拼接。使用多个年代阶段的 TM 图像对黄河三角洲地区海岸线的变化进行动态分析，并考虑了季节和卫星过顶时潮位的影响，根据图像中水边线的位置和潮位高度计算出海岸的坡度，再根据平均大潮高潮的潮位对某一潮位时图像的水边线进行校正得出海岸线位置，进一步提高了结果的精确度。利用已有的潮位数据进行线性拟合，得出潮位与时间的线性关系方程，从而精确计算出卫星过境瞬间的潮位高度。根据上述海岸线位置校正的原理，将提取得到的水边线向陆地方向移动距离 L，即得到真正意义上的海岸线位置。

通过潮位校正提取海岸线需有详尽的潮位观测资料，是基于地形起伏可以忽略不计的假设；因此，不适用于地形起伏较大的海域。瞬时水边线潮高的精确度及影像的空间分辨率对提取结果也有较大影响。

4.4.2.3 基于合成孔径雷达的海岸线提取技术

合成孔径雷达(SAR)是一种主动式高分辨率的微波程序雷达,它通过对回波信号距离向的脉冲压缩技术和方位向的合成孔径技术获取二维高分辨率图像。由于合孔径雷达使用微波进行遥感,因此具有全天候、全天时工作的特点,并对地表植被具有一定的穿透性,应用范围广泛。在海洋应用中,合成孔径雷达能够宏观、长期、连续、动态、实时的对海洋进行观测,特别是在夜间以及恶劣天气等可见光不能有效工作的情况下,合成孔径雷达可以正常提供数据。

随着海岸线检测算法的不断发展,利用自动检测算法对 SAR 图像进行海岸线检测,使得可以用计算机来进行描述沿海区域、自动导航及地图绘制等工作。下面介绍几种SAR 图像海岸线检测方法。

1. 边界追踪算法

边界追踪算法由 J. Lee 和 I. Jurkevich 于 1990 年提出。这是一种较早的对 sar 图像具有合理精确度的海岸线检测方法。在此方法中,首先分析海洋与陆地像素在图像中的正态分布,再根据均值与标准差设定一个阈值,区分图像中的海洋与陆地,得到二值图像;然后,设定边界追踪算法,从某一海岸线点出发,将海洋与陆地的边界轮廓标绘出来。

边界追踪算法是一种比较直观、简便易行的算法,而且可以得到连续的海岸线。但是,算法中得到的海岸线依赖于对图像中陆地、海洋的分离(即进行平滑、滤波的操作以及对阈值的选取),因此,存在相当大的局限性,一般在精度要求不高的情况下应用。但是,其检测海岸线点的思想却得到广泛的应用,有时也可作为高精度提取的步骤之一。

2. Markovian 分割法

Markovian 分割法是由 X. Descombes 等人于 1996 年提出的,它是利用 Markovian 随机场的概念和模拟退火法提取海岸线。该算法先降低图像的分辨率,利用模拟退火法求解能量函数的最小值,将图像中各像素点进行分类(海、陆地、低海浪地带、海滩),进而定义直角梯度算子,得到一个近似的粗边界,然后,恢复图像分辨率,继续在高分辨率图像中应用如上步骤,最终得到图像中的海岸线。

在此方法中,先对低分辨率的图像进行操作,这样可以降低斑点噪声的影响,使海洋和陆地进行较快的粗略分离。但是,用 Markovian 随机场的方法及模拟退火法对图像中的像素点进行分类,仍存在误差,而且计算量也比较大。

3. 活动轮廓法

活动轮廓法(Active Contour),也称 Snake 算法,是一种基于人类视觉特性的算法。在算法中,先人为地在图像感兴趣区给出一条初始轮廓(这条轮廓线是由若干个点相连而成),然后,再设计一个算法,使轮廓线在图像中运动,最终逼近图像中物体的边界。驱使轮廓线运动的机理在于最小化一个能量泛函,该泛函由两部分组成:一部分控制轮廓线的光滑性,另一部分则控制轮廓线向图像中的物体边缘运动。经过若干次迭代,不断地改变轮廓线,就可以使轮廓线与图像中物体的边缘重合。活动轮廓算法的提出,为图像中物体边缘检测研究提出了一种新思路。活动轮廓法原理如图 4.12 所示。

活动轮廓算法可以得到图像中各个物体的轮廓,并且最后的轮廓是受较高层的过程控

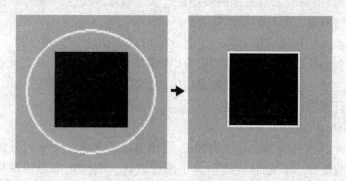

图 4.12　动轮廓法原理示意图

制的。但是，由于活动轮廓法存在稳定性不佳、对初始轮廓线的位置要求比较高等缺点，只能应用于简单图像的检测。因此，后来很多人都对它在检测效果和检测速度上进行了改进，取得了较好的效果。

4. 水平截集算法

1995 年，Ravikanth Malladi 等利用界面传播理论，提出了"水平截集"算法。此算法沿袭了活动轮廓法的特点，因此，也被称为几何型活动轮廓法。在此算法中，同样需要给出初始轮廓线，而且对初始轮廓线位置的要求比活动轮廓法要求的低。在迭代计算中，二维的轮廓线被映射到三维的曲面中，如图 4.13 所示三维曲面运动，以达到控制二维曲线运动的目的。

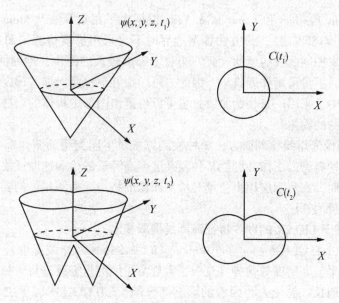

图 4.13　水平截集法示意图

虽然映射使计算方式变得复杂，但却解决了活动轮廓法中拓扑自适应能力差(即轮廓

61

曲线不能合并分离）的缺点，有更强的实用性。水平截集算法也被应用于 SAR 图像海岸线检测、医学图像检测及人脸特征提取等方面。

水平截集算法拓扑自适应能力强，轮廓曲线可以自动地分离或合并，无需额外处理。给出一个简单的初始轮廓，就可以得到图像中物体的边界；并且由于二维曲线被镶嵌到三维曲面中去，使方法中数值计算的求解是稳定的，存在唯一解。但是，由于算法在三维曲面中迭代，导致计算量大、复杂度高。

5. Mumford-Shah 方法

Mumford-Shah 泛函是由 Mumford 和 Shah 利用 Bayes 定理，给出的分片光滑图像模型应满足的全局能量泛函。该能量泛函包含了图像估计、图像光滑和图像分割等任务的含义。在 Mumford-Shah 函数法中，除了具有水平截集算法的优点外，还弥补了水平截集算法的不足，即初始轮廓线可以任意给出。轮廓线不再单一朝一个方向运动，而是可以根据图像的具体情况，自动地向图像中物体的边界运动。

Mumford-Shah 方法抗噪能力强，其中有一个图像光滑的过程，曲线进化是在该光滑图像上进行。

该方法大大降低了对初始轮廓位置的限定，而且轮廓曲线具有拓扑自适应能力，可以自动分离或合并，无需额外处理。但是，由于在找边界的同时去掉了图像的噪声，虽然提高了抗噪性能，但却降低了边界定位的精度，导致边界定位不准确。噪声越大，边界定位的精度越差。此外，此方法计算量较大，影响检测的速度。该方法只能处理背景比较简单的图像（因为当背景复杂时，光滑图像所形成的 Mumford-Shah 流可能不能正确引导轮廓曲线的运动），影响了方法的实用性。

6. 平均密度法

2001 年，Tony F. Chan 和 Luminita A. Vese 根据水平截集算法及 Mumford-Shah 函数法的思想提出了"平均密度法"。该方法检测边界时不是采用梯度检测，而是通过计算曲线内外的平均灰度来控制曲线的运动。此方法对于噪声较大的图像，检测的效果仍非常好。由于在检测边界时不是采用梯度检测，因此，可以很好地检测出那些梯度变化不明显的边界。在检测过程中，采用一条初始曲线，也可以检测出图像中物体的内边界，而无需将初始曲线包围被检测的物体。

对于 SAR 图像海岸线检测而言，每种检测算法对不同类型的图像都会产生不同的检测效果。对于某种类型的图像，可能某种复杂度较高算法的检测速度还要优于某种复杂度较低的算法。因而，在实际应用中，可对检测图像的特点、检测精度的要求等方面进行分析，选择适合的检测算法。

4.4.2.4　基于 LiDAR 的潮汐特征海岸线提取技术

基于 LiDAR（LiDAR Detection and Ranging）的潮汐特征海岸线提取技术的出现，具备了低成本、高效率、高精度等优势，克服了常规海岸线测量需要进行大量的野外工作，存在着效率低、周期长、易受人为因素的影响等弊端。LiDAR 技术属于主动遥感，受天气的影响小，劳动强度低，能够快速获取高精度的三维点云数据，可在困难测区高精度测图，能够解决传统方法必须在测图区域布设一定数量控制点而实际人迹难以到达的难题；通过 LiDAR 三维点云数据生成具有空间分辨率高和定位精确的海岸 DEM；而且数据获取受时间窗口制约小，理论上在海岸线被大潮淹没的时间段之外获取的数据均可用于海岸线的提取，因此该技术在海岸线测绘方面具有独特的优势，近年来已被国内外学者用于海岸线的遥感提取。

利用 LiDAR 数据与潮汐推算的海岸线提取方法主要包括 4 个技术环节：

(1) DEM 制作：基于机载 LiDAR 系统获取的高精度点云数据，经过滤波处理和内插计算，生成高精度的 DEM；

(2) 航空影像正射校正：应用生成的 DEM 和地面控制点对 LiDAR 系统同步拍摄的航空遥感影像进行正射校正；

(3) 岸线推算：通过建立高程转换模型，从而推算指定高程系统下研究区域的多年平均大潮高潮线所对应的潮汐高度面，最终利用其对区域 DEM 进行切割，所得到的交线（或称为潮汐等高线）即为所要提取的海岸线；

(4) 质量检查：通过与已有岸线、实测岸线比较，检查推算岸线的质量，评价推算岸线的精度。

与传统海岸线测绘方法相比，应用 LiDAR 提取潮汐特征海岸线优势为，采用长潮汐周期，所有大潮高潮的平均值，消除了由最大波浪或潮汐引起的短期不稳定性，提取出的海岸线值更加真实。基于 LiDAR 提取海岸线的过程不需要人工解译，避免了主观因素的影响，并且该过程具有可重复性，所产生的不确定性少于遥感影像提取方法。

4.4.3 海岸线修测流程

2007 年，国家海洋局提出了海岸线修测的要求，同时颁布了《海岸线修测技术规程》。按照规程要求，海岸线修测就是要准确地测量海岸线的位置，并统计海岸线的长度，明确陆域和海域的管理界线，为政府部门的各项管理活动提供法律界定的管理基准线，为海岸保护利用提供重要的基础数据。

海岸线修测工作主要步骤如下：

(1) 编制并报批海岸线修测技术设计方案。根据国家政策法规，编制测量技术设计方案。根据海岸线修测比例尺，设计确定的精度，结合测区海岸类型的实际情况，选用适合的测量仪器和修测方法。

(2) 资料收集。收集测区的测量控制点资料、地形图、海图、遥感影像、航片，水面建筑物，测区自然地理环境等方面的基础资料，以及沿海县（市、区）海域行政区域界线资料，对收集的有关资料进行分析研究。

(3) 外业测量。组织现场修测、测量作业，及时作好相应记录。

(4) 海岸线长度计算与分析。对外业工作的数据处理、计算分析、归纳总结。计算各类海岸线长度，分布情况，量算沿海县（市、区）以及全省海岸线长度，并分析归类。

(5) 编写工作报告和技术报告。外业测量和内业数据处理、海岸线长度量算等工作完成后，应在全面总结海域岸线修测工作情况的基础上编写海域岸线修测工作报告，并对所有资料、图件进行全面分析、深入研究，编写海岸线修测技术报告。

(6) 绘制岸线修测图件，进行图幅分幅。根据岸线修测数据分析处理及计算结果，绘制沿海省、县（市、区）二级海岸线修测图和海岸线类型分布图。

(7)成果验收和工作总结。海域岸线修测各项任务完成后,对海岸线修测成果进行评审验收,同时进行工作总结。

(8)资料整理和成果归档。测量任务完成后,按照国家《档案法》及有关规定,对取得所有成果资料整理归档。

第 5 章　海岸带陆部地形测量

5.1　概述

5.1.1　海岸带陆部

海岸带分为海岸(潮上带)、干出滩(潮间带)和水下岸坡(潮下带)三个单元,其中处于海水水面以上的区域(海岸、干出滩),称为海岸带的"陆部",处于海水水面以下的区域(水下岸坡)称为海岸带的"海部"。海岸带陆部通常从平均低潮潮位时的水陆分界线(平均低潮线)算起,向陆到波浪、潮汐作用不到的地带,包含潮上带和潮间带两个区位;海部则与水下岸坡重合,如图 5.1 所示。

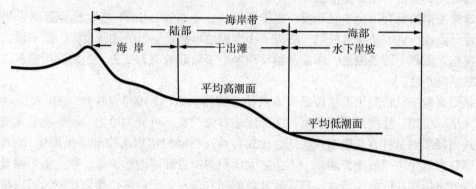

图 5.1　海岸带示意图

通常情况下的测绘实践中,海岸带陆部是指从平均低潮线算起,至海岸线向陆地一侧延伸 2~10km 的狭长条带。由于平均低潮线并不是一条标定在实地的明显曲线,在海岸带陆部地形测绘的实践上,通常以作业时的实际低潮海水边缘作为到海的测绘边线。为了与水下地形测量衔接,应选择低潮时作业,最大可能测绘出完整的干出滩地形。

5.1.2　陆部地形测量

海岸带陆部地形测量具有陆地地形测量的一般特性,除测绘水系、居民地、交通、管线、境界、地貌、植被与土质等陆地地形内容外,还包括一些涉海所特有的地形要素,如海岸线、干出滩、岛礁地形、盐田、水产养殖池、验潮站、航行灯塔、岸标等,与陆地地

65

形测量相比，有以下特点：

（1）测量范围为沿海岸线两侧的曲折狭长条带，包含陆地和近海滩涂，与海水相接；

（2）海岸带陆部沿着岸线，曲折多变，滩涂陡缓不一，不同地区潮汐差异大，测量工作难度大，需综合运用多种作业手段和测绘技术才能完整测绘；

（3）海岸带陆部地形测量，测点的高程值位于 0m 附近，数值正负变换，需绘制表达 0m 以下的地形地貌；

（4）测绘制图，海岸线上下分别应用国家基本比例尺地图图式和海图图式，海岸线附近的表示内容要与地形图和海图相协调；

（5）对影响近海航行和登陆作战的目标，对海岸和岸线、助航标志、干出滩等的测量精度和表示的详细程度要求较高，测绘成果涉及国家秘密。

海岸带陆部地形图，当用于国家海洋沿岸综合调查、海洋沿岸功能区规划、科学研究等宏观管理时，其测绘比例尺一般采用 1∶5000、1∶10000；当沿海岸进行开发利用、规划建设或测区为人口密度大、经济发达的城镇地区时，可根据项目需求测绘 1∶500、1∶1000、1∶2000 比例尺的海岸带陆部地形图。

5.1.3　测绘方法

海岸带陆部在平均低潮时露出水面，是可见的陆地，陆地地形测量方法都能适用，通常采用常规测量法和摄影测量法。

常规测量法是利用光学经纬仪、电子经纬仪、全站仪、GNSS 接收机等数据采集设备测绘地形要素，该方法技术成熟，适应于小面积地形测量，但劳动强度大、效率低，难以快速实施大面积全覆盖测量，不能及时反映海岸带陆部的动态变化。当前应用最多的是全野外数字测图法。

摄影测量法是指利用光学摄影机或其他遥感器获取的图像（像片）来确定被摄地物形状、大小、位置、性质及相互关系，按照遥感器的位置，可分为地面、航空和航天摄影测量。地面摄影测量具有获取图像灵活、比较容易在低潮时摄取海岸和干出滩像片的特点，但对濒临水域地带摄取图像困难，不适宜大面积海岸带陆部地形测量。航空摄影测量可以依岸线方向摄影获取海岸像片，摄取像片的时间宜选在低潮时刻，摄影比例尺可以根据成图精度和图像判读的要求确定。航天摄影测量是以卫星作为摄影测量的平台并按设计的轨道对地面摄取图像，因我国海岸线弯曲狭长，航天摄影轨道很难与海岸线延伸方向一致，同一轨道上摄取的海岸带图像不一定很长，摄影时刻也不一定是在平均低潮线以下，不同轨道获取图像的时间间隔较长，加上潮汐的变化，摄取的相邻海岸图像差异较大，因此成图技术难度较大，且成本较高。

考虑到测绘的生产成本和工期等因素，在当前技术条件下，对于海岸带陆部无图区，测绘 1∶500、1∶1000、1∶2000 比例尺的地形图，面积在 20km² 左右时，采用全野外数字测量法较为适宜；面积大于 20km² 时，采用航摄法作业较为适宜。对于成图比例尺为 1∶5000、1∶10000 的海岸带陆部地形测绘，测绘面积一般情况下都超过数百平方千米，应首选航空摄影测量法作业。

本章重点讲述在实践中应用最多的全野外数字测图法和数字航空摄影测量法，同时结合当前测量技术的发展，介绍在海岸带陆部地形测量中能够用到的三维激光扫描技术、雷达干涉测量技术，以及水上、水下一体化测量技术等。

5.2 全野外数字测图

5.2.1 概念

全野外数字测图是指利用全站仪、GNSS 接收机等先进的数字化地形数据采集设备，在野外对地物、地貌等按照地理实体单元进行空间数据和属性数据采集，内业通过计算机软件，按照 GIS 应用需求对其处理、加工，得到内容丰富的多种地图数据的过程，有时也称为地面数字测图。这种方法对测区面积较小的比例尺为 1∶500、1∶1000、1∶2000 的海岸带陆部地形测绘具有较好的优势。

全野外数字测图具有以下优点：

1. 成图精度高

数字化测图，用户面对的矢量数据是由精度高、人为干预少、自动化程度高的仪器采集的，在数据处理和成图过程中原始数据的精度毫无损失，其平面位置误差主要来源于该点的测量误差，与测图比例尺无关。成果不仅反映了外业测量的实际精度，而且还体现了仪器制造、绘图技术、GIS 应用等给地形图测绘所带来的变革。

2. 自动化程度高，节省人力，提高效率

全野外数字测图集测距、测角、计算、记录于一体，自动记录、自动解算、自动成图，自动化程度高，读错、记错、展绘错的概率为零，省去了人工清绘、晒图过程，计算机绘制的地形图更加精确、规范、美观。

3. 装备少，施测灵活，可实现快速反应

全野外数字测图，野外装备只需要一台全站仪或 GNSS 接收机，作业方式灵活，使单人作业成为可能，在发生公共安全、自然灾害等突发事件时，可快速反应，能够提供应急测绘保障，最大程度服务社会，体现测绘价值。

4. 便于成果的深加工和数据共享

数字化测图的成果是数字地图，按一定规则分层存储在计算机内，便于加工利用，能提供与空间位置有关基础数据，实现数据交换、地图资源共享。

5. 是 GIS 的重要数据源

全野外数字测图作为 GIS 的信息源，能及时地提供各类基础数据，可根据需要灵活地实地测量，补充或更新 GIS 数据库。

虽然全野外数字测图具有以上优点，但是其本身还有如下不足：

(1) 大面积的地形测图，需要投入大量人员、仪器设备，效率仍显低下；

(2) 作业时，作业人员在相邻地形、地物点间移动距离长，劳动强度大，作业效率低；

(3) 作业时，不能同时对多目标进行测绘，需逐点测量，不能快速实现全覆盖测量；

(4) 在海岸带沼泽地、淤泥等难以到达的区域，即使采用无棱镜全站仪，也很难进行全面测绘等。

　　为克服以上缺陷，在海岸带陆部地形测量中，还需采用其他测图方法进行补充。

5.2.2　系统构成

　　全野外数字测图是通过数字测图系统来实现的，数字测图系统是以计算机为核心，在输入、输出设备的支持下，对地理实体空间数据和属性数据进行采集、处理、成图、输出、存储和管理的测绘系统，包括数据采集、数据处理和数据输出三部分。

　　用于野外数据采集的硬件设备有全站仪、GNSS 接收机及其电子手簿等；用于内业数据处理的硬件主要是便携机、台式计算机等计算设备，是数字测图系统的硬件控制设备，它还可用于数据的输入、输出和成果管理；用于数据输出的设备主要有硬盘、光盘、显示器、打印机、绘图仪等。

　　数字测图系统软件包括系统软件和应用软件。测图软件是数字测图系统的关键，一个功能完善的数字测图系统包括数据采集、数据处理(包括图形数据、属性数据、其他数据及格式的处理)、图形编辑与修改、成果输出与管理等子系统，能够提供与数据采集硬件设备的通信接口和其他软件的数据转换接口，其系统结构框图如图 5.2 所示。

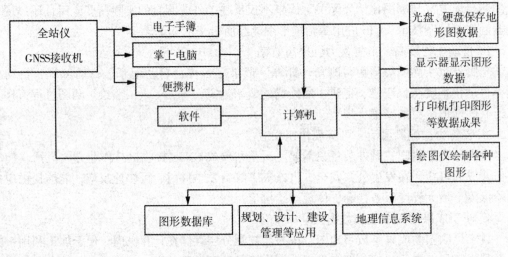

图 5.2　全野外数字测图系统结构

5.2.3　作业模式

　　由于使用的硬件设备以及软件设计思路的不同，数字测图有不同的作业模式。就全野外数字测图而言，按照成图的先后，可分为数字测记模式和电子平板模式两种；根据对测量的碎部点是否采用编码记录，又分为编码和无码两种作业模式。

5.2.3.1　数字测记模式

　　数字测记模式即外业采集数据、内业成图的作业模式。根据数字测记模式所采用的硬件，在实践中最常用的有全站仪数字测记模式和 GNSS RTK 数字测记模式两种。

全站仪数字测记模式是最常见的数字测图模式，为大多数软件所支持。该模式是利用全站仪实地测定地形点的三维坐标，并用自带存储器或电子手簿自动记录观测数据，在内业阶段，将采集的数据通过专门的通讯软件传输给计算机，由人工编辑成图或自动成图。该方法野外采集数据速度快、效率高。采用全站仪，由于地形高低起伏以及测站和棱镜的距离较远等原因，在测站上很难看到测点的属性和与其他点的连接关系，通常使用对讲机保持测站与棱镜之间的联系，以保证测点编码输入的正确性；或者有专门的草图绘制人员跟随棱镜手工绘制草图，并记录点的属性、点号及其连接关系，供内业编辑使用。

随着 GNSS 技术的日臻成熟以及相应基础设施的完善，GNSS RTK 技术已被广泛应用于数字测图数据采集。GNSS RTK 数字测记模式采用 GNSS 实时定位技术，实地测定地形地物点的三维坐标，并自动记录定位信息。采集数据的同时，在流动站掌上电脑记录手簿输入编码、绘制草图或记录绘图信息，供内业绘图使用。目前，流动站的设备已高度集成，接收机、天线、电池与对中杆集于一体，重量仅几千克，使用和携带方便。使用 GNSS RTK 采集数据的最大优势是不需要测站和碎部点之间通视，只要接收机与空中 GNSS 卫星通视即可。实践证明，在非居民区、地表植被低矮或稀疏区域的地形测量中，用 GNSS RTK 比全站仪采集数据效率更高。

5.2.3.2 电子平板模式

电子平板模式是以"全站仪+便携机+相应测绘软件"实施的外业测图模式，把全站仪测定的碎部点实时展绘在便携机屏幕上，用软件的绘图功能边测边绘，现场完成绝大多数测图工作，实现数据采集、数据处理、图形编辑的同步完成，做到内外业一体化。该方法对设备要求较高，野外作业环境下存在便携机供电时间短、液晶屏幕强光下看不清楚等缺陷，目前主要用于房屋密集的城镇地区的测图工作。

电子平板模式按照便携机所处位置，分为测站电子平板和镜站遥控电子平板。测站电子平板是将装有测图软件的便携机直接与全站仪连接，在测站上实时展点，观察测站周围的地形，用软件的绘图功能边测边绘，可以及时发现并纠正测量错误，图形的数学精度高。但测站电子平板受视野所限，对碎部点的属性和碎部点间的连接关系不易判断准确。而镜站遥控电子平板是将便携机放在镜站，使用手持便携机的作业员在跑点现场指挥司尺员跑点，并发出指令遥控驱动全站仪观测（自动跟踪或人工照准），观测结果通过无线传输到便携机，并在屏幕上自动展点。电子平板在镜站现场能够"走到、看到、绘到"，不易漏测，便于提高成图质量。

针对电子平板测图模式的不足，许多公司研制开发掌上电子平板测图系统，用基于 WinCE 的 PDA（掌上电脑）和基于 iOS、Windows、Android 的 PAD（平板电脑）取代便携机，使得电子平板模式更加轻便，功能更强大，作业时间更长。

5.2.3.3 编码和无码作业模式

无论是采用全站仪还是 GNSS 接收机进行碎部点数据采集，都可以应用编码和无码作业模式。采用无码模式测记碎部点时，应按照测点流水号现场绘制测站草图；采用编码法测记时，则不需绘制草图。每一个碎部点的记录通常有点号、观测值或坐标，除此以外，还有与地图符号有关的编码以及点之间的连接关系码。这些信息码以规定的数字代码表示。信息码的输入可在碎部点测量时进行，即在观测每一碎部点前（后），全站仪操作记录员根据司尺员报来的测点编码或习惯约定输入该碎部点的信息码。为方便操作、节省存储空间，有时将碎部点的测量顺序号和编码按照成图要求，直接用简码加序号的方式作为测点名称来存储，内业成图时，以点名中的简码按照序号分别自动成图。

5.2.4　外业测量

海岸带陆部地形测量包括测区踏勘、方案设计、外业测量、数据处理和成果输出等主要过程，其中外业测量工作包含图根控制测量和地形碎部测量两部分。

5.2.4.1　图根控制测量

海岸带陆部地形测量图根控制点的布设应有利于仪器设备的架设、扩展与联测，密度应根据测图比例尺和地形条件确定，在平坦开阔地区，图根点密度满幅地形图平均每幅不少于 4 点；在地形复杂、隐蔽及沿岸建筑区，应以满足测图需要并结合具体情况适当加密。

图根控制测量宜在等级控制点下进行，可采用卫星定位测量、导线测量等方法。在GNSS 连续运行基准站系统（简称 CORS）和高精度似大地水准面覆盖的测区，应优先采用网络 RTK 技术和似大地水准面精化技术。

5.2.4.2　碎部测量

碎部点指的是要测量的地物、地貌的特征点。对于地物，碎部点应选在地物轮廓线的方向变化处，如海（河）岸线转弯点或有棱角的地点，房角点，码头拐角，道路转折点，交叉点，以及灯塔等独立地物的中心点，连接这些特征点，便得到与实地相似的地物形状。对于地貌，碎部点应选在最能反映海岸带陆部地貌特征的山峰最高点、山脊线或山谷线的方向变换点和坡度变换点、鞍部点、山脚线转折点等地性线上，如山顶、鞍部、山脊、山谷、山坡、山脚等坡度变化及方向变化处，根据这些特征点的高程勾绘等高线，即可将地貌在图上表示出来。

测定碎部点的平面位置和高程的过程就是碎部测量。碎部点平面位置的采集可采用全站仪极坐标法、GNSS RTK 法，高程值可采用三角高程测量、水准测量或卫星定位测量等方法。虽然碎部点的高程和平面坐标有不同的获取方法，绝大多数情况下，都是使用全站仪和 GNSS 接收机同步测定其三维坐标，一般不将平面坐标和高程采用不同的设备分别测量。

使用全站仪对碎部点进行数据采集时，采用何种模式，应结合现有设备和成图软件、人力资源配备以及作业员熟悉和擅长，选择最优作业模式。一般情况下，用编码方式记录各碎部点，将采集数据直接存储在大容量全站仪里，采用后处理成图的数字测记模式，操作过程简单，无需附带其他电子设备，对野外观测数据直接存储，效率高，外业人员和设备投入少，是当前最为实用、高度灵活的小面积地形图测绘模式。

地势开阔、GNSS 信号无遮挡区域，具备观测条件的碎部点可采用 RTK 直接观测，测点编号/编码的输入通过 GNSS 接收机操作手簿完成。无论是单基站 RTK 模式还是网络RTK 模式，开始作业或重新设置基准站后，都应检测一个已知点或重复测量点来确认仪器状态是否正确。

采用全野外数字测图，点状要素应按定位点采集，有向点应确定其方位；线状要素实交处不应出现悬挂点，有向线按其规则采集，线状要素遇其他不同类要素(如河流遇桥梁等)时，应不间断采集；面状要素应封闭构面，同一类面状要素不应重叠。

测量地物点时，对同一地物要素要尽量连续观测，以方便草图注记和内业绘图，同时还要兼顾测点附近其他点的测量。

5.2.5 数据处理

数据处理主要包括数据传输、数据预处理、数据转换、图形生成与编辑、数据入库等。数据处理是数字测图的关键阶段，数字测图系统的好坏取决于数据处理功能的强弱。

5.2.5.1 数据传输

数据传输是指将测量仪器设备内部存储器或电子手簿中存储的测量数据通过专门的通信软件传输到计算机中，并规范命名，做好备份，避免数据丢失。

5.2.5.2 数据预处理

数据预处理包括坐标变换、各种数据资料的匹配、检查并剔除数据采集时出现的错误等。

5.2.5.3 数据转换

数据转换主要有：将采集的碎部点数据文件转换为坐标数据文件、将无码数据文件或编码数据文件转换为绘图所需格式的数据文件等，供自动绘图或展点使用。

5.2.5.4 图形生成与编辑

将符合要求的测量数据读入成图软件，若根据编码文件自动展点，需生成碎部点展点文件或初始地形图，对自动绘制错误或连接不全的地形、地物进行编辑修改；若根据无码文件展点，则需对照外业草图，编辑、绘制地形图，绘制等高线或等深线，添加文字注记、高程注记、水深注记等，填充各种地物符号，进行图形整饰、图幅接边等工作。

5.3 航空摄影法测图

5.3.1 概述

航空摄影测量法测量海岸带陆部地形，就是利用对地航空摄影测量原理和技术，结合海洋测量的水位控制方法和潮汐改正原理，针对海岸带陆部地形特征进行的测量方法和技术。将航空摄影测量技术应用于海岸带陆部地形测量，能同时实施大面积测量，详细调查岸线和浅海地形，具有方便、快速、全覆盖等优点，并且能够测绘人工不能进入或难以接近的区域，能有效提高海岸带陆部地形测量的作业效率，是海岸带陆部地形测量常规测量法之外的另一有效手段。摄影测量法除了提供常规测量方法的数字线划图(DLG)以外，还能提供数字正射影像图(DOM)、数字地面模型(DEM)等产品。

5.3.2 数字摄影测量软件

按照摄影测量的基本原理对获取的数字影像进行处理得到各种地图产品的软硬件系统，称为数字摄影测量图形工作站。图形工作站上的软件由数字影像处理软件、模式识别软件、解析摄影测量软件及辅助功能软件组成。

数字影像处理软件主要包括：影像旋转、影像滤波、影像增强、特征提取等；

模式识别软件主要包括：特征识别与定位(包括框标的识别与定位)、影像匹配(同名点、线与面的识别)、目标识别等；

解析摄影测量软件主要包括：定向参数计算、空中三角测量解算、核线关系解算、坐标计算与变换、数值内插、数字微分纠正、投影变换等；

辅助功能软件主要包括：数据输入输出、数据格式转换、注记、质量报告、图廓整饰、人机交互等。

目前，国内国际主流的数字摄影测量软件系统主要有：Supresoft 适普公司由张祖勋院士主持研发的 VirtuoZo 摄影测量系统、中国测绘科学研究院刘先林院士主持开发的数字摄影测量工作站 JX4、Intergraph 公司的 ImageStation SSK 摄影测量系统、Trimble 公司的 InPho 摄影测量系统、Leica 公司的 LPS 摄影测量系统等。

5.3.3　实现途径

海岸带陆部地形航空摄影测量具有陆地航空摄影测量的全部特点，由于海岸线曲折多变、滩涂陡缓不一、各处潮汐差异大、沿海岸测量控制点稀少且难以布设等原因，又与常规航空摄影测量有所不同，为实现稀少或无地面控制测图，摄影时，需沿海岸线走向布设航线、选择海陆要素成像分辨明显的航摄仪、搭载高精度的惯性姿态测量系统 IMU 和差分 GNSS 测量系统等；为了照顾干出滩、浅海海底地形测量，还需同时进行潮位观测，用于水深改正；为了测定高程及水深，还需搭载不同波段的机载激光雷达 LiDAR。海岸带陆部地形航空摄影测量的基本技术方案和实现途径如图 5.3 所示。

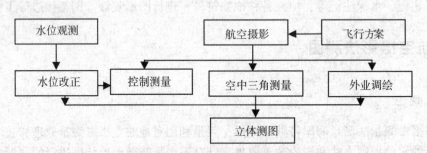

图 5.3　海岸带陆部地形航空摄影测量技术框图

由上可见，海岸带陆部地形航空摄影测量主要由航空摄影、外业调绘、空中三角测量、水位控制(改正)和立体测图五个部分组成。

海岸带陆部地形的特殊性，决定了它与陆地航空摄影测量的技术和方法不尽相同，主要体现在以下几个方面：

(1)航空摄影：海岸线的狭长弯曲，导致飞机摄影时，不能按照规则的方向飞行，只有参照海岸线的实际情况和特点，经由折线拟合，才能保证航测立体像对的有效重叠和测区覆盖。

（2）外业调绘：与陆地调绘相近，但是由于干出滩、岸线与相邻地物的影像对比度不大，干出滩和海岸线的确定难以把握，必须经过全野外调绘和实验，积累岸线的判绘经验，才能掌握不同岸线影像的识别方法。

（3）水位改正：飞机摄影时，水位线的高程可通过验潮站验潮和水位改正得出，因而，只要把水位观测和改正的方法引入海岸地形航空摄影测量，增加空中三角测量的约束条件，就可减少空中三角测量野外控制点，同时又可提高滩涂干出高度的测量精度，是应用航空摄影测量法进行海岸带陆部地形测量的核心技术。

（4）空中三角测量：利用海岸带陆部地面少量的控制点和飞行瞬时的水位线建立立体模型，通过立体像对的相对定向和绝对定向，解算海岸带陆部位置信息。礁石和海滩干出高度的测量是海岸带陆部地形测量的难点之一，它可通过空中三角加密技术得出，也可通过立体测图工序获得，并且能够提高测量精度。

（5）立体测图：通过对定向后的立体模型按照相应的作业规范进行立体测图，即可绘制测量成果。由于海图与陆地地图的图式符号和高程基准不完全相同，应根据水位改正将高程基准统一，绘制出海岸带陆部地形成果。

5.3.4 航空摄影

海岸带航空影像的获取方式按照飞行高度的不同，可分为中高空摄影方式和低空摄影方式；按照搭载的航空摄影附属设备的不同，可分为 GNSS 辅助航空摄影和 POS 辅助航空摄影。一般而言，中高空航空摄影采用运五、运十二等大型航空摄影平台，搭载数字航摄仪及 GNSS、POS 等附属设备进行航空摄影，适用于面积较大且连续的海岸带地区；低空摄影采用轻型飞机、低空无人机或无人飞艇等低空飞行器，搭载小型 GNSS、POS 等进行航空摄影，适用于面积较小、成图比例尺较大、空域难以申请的海岸带地形测量。这两种方法在海岸带地形测量中互为补充，可根据需要灵活采用。

5.3.4.1 GNSS 辅助航空摄影

GNSS 辅助航空摄影，是在航空摄影过程中，将机载 GNSS 接收机与航摄仪可靠连接并协同工作，机载 GNSS 接收机与设在地面上的一个或多个基准站上的至少两台 GNSS 接收机同步而连续的观测 GNSS 卫星信号，同时获取摄影瞬间航摄仪的快门开启脉冲，经 GNSS 载波相位测量差分定位技术后处理获取航摄仪曝光时刻摄站的三维坐标，将其视为附加观测值引入摄影测量区域网平差中，以取代地面控制，采用统一的数学模型和算法来整体确定目标点位和相片方位元素，并对其质量进行评定的理论、技术和方法。采用 GNSS 辅助航空摄影的目的在于满足现行航空摄影测量作业规范精度要求的前提下，尽可能减少常规空中三角测量必需的地面控制点，甚至完全免除野外实地测量像片控制点的工作，从而缩短航测成图周期，降低生产成本，提高生产效率。

5.3.4.2 POS 辅助航空摄影

POS(Position and Orientation System)，即定位定向系统，它主要集成 GNSS 信号接收机和惯性测量装置(IMU)两部分，亦称 IMU/GNSS 集成系统，能够获取移动物体的空间位置和三轴姿态信息，广泛用于飞机、轮船和导弹的导航定位。POS 辅助航空摄影是将 POS 系统和航摄仪集成在一起，获取摄影瞬间摄影中心的位置参数及影像的姿态参数的一种航空摄影技术。利用装在飞机上的 GNSS 接收机和设在地面上的一个或多个基站上的 GNSS 接收机同步而连续接收 GNSS 卫星信号，通过 GNSS 载波相位测量差分定位技术获取航摄仪的位置参数，应用与航摄仪紧密固连的高精度 IMU 直接测定航摄仪的姿态参数，通过 IMU、GNSS 数据的联合后处理获得测图所需的每张像片的高精度外方位元素，可以实现无需地面控制点的航空摄影测量，也可与地面控制点共同参与空中三角测量，以提高成果精度。

5.3.4.3　摄影要求

由于海岸带中海岸线狭长弯曲、海湾多、岬角多且不规则，按常规陆地航空摄影，会造成大量的航摄像片及其像主点落水，影响后续数据处理与成果精度，故在海岸带航空摄影中，应注意以下几个方面：

1. 航摄计划的制订

航摄前，应进行地面勘查，对航摄区域的海岸带质地、开发现状、地貌、形状、滩涂和植被情况进行概查。采用无人机航摄时，选择合适的起降场地，以保证无人机的顺利起降及其安全。

航摄计划的制订宜采用 1∶10000 或更大比例尺的地形图或影像图，需明确任务范围、精度、用途等基本内容，详细了解沿海岸摄区的最高、最低高程，确定适宜的数码航摄仪及 GNSS 接收机、POS、LiDAR 等附属设备，制订详细的实施计划。

2. 摄影分区及航线选择

分析测区海岸带的形状及空间分布特征，在保证航摄像片精度前提下，按照地面起伏状态划分航摄分区，还要考虑空中三角测量加密选点、地面像控测量以及验潮和水位观测等因素，按照海岸线狭长弯曲、航空摄影时不能按照规则方向飞行的实际情况，划分不同的航摄分区，分别采用不同的飞行航线，如对于摄区范围内岸线变化不大的区域，可采用平行于岸线的固定航向，岸线弯曲度较大时，采用斜飞航向，岸线变化曲折时，采用折线拟合的航线，折线拟合航迹如图 5.4 所示。

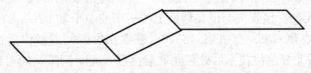

图 5.4　折线拟合的航迹图

3. 地面分辨率的选择

各摄影分区基准面的地面分辨率应根据不同比例尺航摄成图的要求，结合航摄分区的地形条件、测图等高距、航摄基高比及影像用途等，在确保成图精度的前提下，本着有利于缩短成图周期、降低成本、提高测绘综合效益的原则按照表 5.1 进行选择。

4. 航高的确定

按照公式 $\dfrac{a}{\text{GSD}} = \dfrac{f}{h}$ 确定飞机的航摄高度，式中：a 为像元尺寸，f 为镜头焦距，h 为飞行高度，GSD 为地面分辨率。令 H_0 为绝对航高；H 为测区平均高程；Δh 为测区的最大高程差；当 $4 \cdot \Delta h < h$ 时，符合航高设定要求，则绝对航高为：$H_0 = H + h$。

表 5.1

成图比例尺	地面分辨率值（cm）
1：500	≤5
1：1000	8～10
1：2000	15～20
1：5000	40～50
1：10000	80～100

5. 航空摄影重叠度

由于海岸带狭长曲折多变，为减少落水影像、增强测图模型的连续性，海岸带航空摄影应按照大于普通航空摄影的重叠敷设，保证航测立体像对的有效重叠和覆盖，对于航向重叠度应增加至 75%～85%，旁向重叠度增加至 50%～60%。对于未落水区域，仍可按常规航空摄影重叠度要求及方法进行影像处理。

6. 航摄气象与时间

航摄季节应选择摄区最有利的气象条件，应尽量避免或减少地表植被和其他覆盖物对摄影和测图的不利影响，确保航摄影像能够真实地显现地面细部。一般情形，海岸地形测绘宜在冬、春季节进行航摄，影像获取时间尽可能地选择在低潮期，为保证大部分干出滩在干出的状态下进行立体测量，更全面地判绘采集潮间带要素，便于航测与水深测量成果编绘时的拼接，最适宜的航摄时间为低潮时前后 2.5 小时，并记录航摄时间；同时，还要保证充足的光照，避免阴影过大。航摄时间对于海岸地形测量意义重大，可通过它查出摄影当天的海况、潮汐情况，将验潮时的水位改正成果，作为空中三角测量的约束条件，以提高成果精度。

7. 验潮与水位改正

海岸带地形测量受潮汐影响很大，航摄前，应进行潮汐的变化情况分析。收集测区海域的潮汐资料，根据测区面积和空间分布，搜集附近 2～3 个海洋观测站 5～7 天的验潮资料，分析潮汐变化规律，推算 5～7 天低潮时间，根据时间和日照条件制订飞行计划，为保证低潮时间的准确、可靠，应依照航摄当天的潮汐实际观测值，对潮汐预测做出修正。实际作业时，应根据摄区海岸情况合理确定验潮站的分布和验潮作业计划，有关验潮和水位改正的内容见第 6 章。验潮的目的是为了求得飞机摄影时水位线的高程，增加空中三角测量的约束条件，减少空中三角测量的野外控制点，同时又可提高滩涂高程测量精度。

8. 地面基站布设

在海岸带航空摄影过程中，需根据航摄方案的不同，综合考虑地面基站、像控点、检测点的布设和施测。地面基站的主要作用是在航空摄影期间与机载 GNSS 接收机同步同采样间隔连续采集 GNSS 卫星导航定位数据，是已知平面坐标和高程的大地测量控制点。站址的选择，除了满足 GNSS 接收机观测要求的场地开阔、无建筑和植被遮挡、远离电磁波发射源、远离水域等强反射环境等常规条件外，还应被摄区航线覆盖，一般在摄区内的对角布设两个基站确保有效控制范围覆盖整个摄区。随着 GNSS 技术的发展，精密单点定位(PPP)解算精度有了很大提高，对架设基站困难的航空摄影区域，也可不设地面基站。

5.3.5 像控测量

像片控制点(像控点)分为平高控制点(平高点)、高程控制点(高程点)。像控测量是实地测定像控点平面位置和高程的工作，包括像控点的布设与测量。

5.3.5.1 像控点点位选择

像控点点位一般应布设在航向及旁向六片或五片重叠范围内，旁向重叠中线附近，离开方位线的距离不小于 3cm。当旁向重叠过大时，应分别布点；过小时，两点裂开的垂直距离在像片上不得大于 2cm。像控点距像片边缘一般不小于 1cm，距像片的各类标志不小于 1mm。数码航摄影像，对偏离主垂线及离开方位线方面可不作要求，但应保证像控点距像片边沿不小于 1cm。

由于数码影像像幅小，可采用影像预选点，打印选点影像的方法选择像控点。像控点目标应选在影像明显、易于判别、高程变化不大、正交的线状地物交角(交角约 90 度左右)，当目标与其他像片条件矛盾时，着重考虑目标条件。高程急剧变化的斜坡不宜作为选点目标。当控制点选在植被、高出地面或陡坎等地物边缘时，应量注其点位至地面的比高，比高量至 0.1m，并说明点位在何处，高程测至何处，注记在像片上或填写在像控点点位示意图表格中，并在实地打木桩或作出标记，必要时还要拍摄点位照片。选点目标应便于 GNSS 接收机或全站仪观测。绘制像控点点位示意图时，应与像片正面保持一致，点的位置、线划略图和点的位置说明三者必须一致，必要时，应利用数码相机拍摄所选点的近景和全景照片，供内业使用。像控点选点整饰样式见表 5.2。

5.3.5.2 像控点布设

像控点布设包括以一条航线为单位布设的航线网布点、以几条航线或几幅图为一个区域布设的区域网布点、以一张像片或一个立体像对为单位布设的全野外布点等。像控点一般采用区域网布设方案，针对特殊情况采用与其相适宜的布点方法，必要时，需进行全野外布点。

结合海岸带地形特点，当像片上的陆部能够配成立体，实现模型间的正常连接时，可作为一个区域布点；当模型间不能连接时，分别划分区域布点；对与大陆不能进行连接构网的零散小岛，以最大限度控制测绘面积、满足立体测图要求为原则，采用全野外布点，超出控制点连线 1cm 以外的陆地部分应加布平高点。

目前，像控点测量方式主要为 GNSS 连续运行基准站的网络 RTK(获取平面坐标)加似大地水准面改化(获取高程)法，实际作业时均可布设成平高点。

1. 区域网布点

区域网应按图廓线整齐划分，并考虑航摄分区、地形条件等情况，力求图形呈方形或矩形。区域的划分航线数一般不宜超过 6 条，每条航线的基线数不宜超过 15 条，采用数码航摄资料时，航线的基线数不宜超过 32 条。

表 5.2

像控点示意图	
点名	P111
所在片号	151201080036

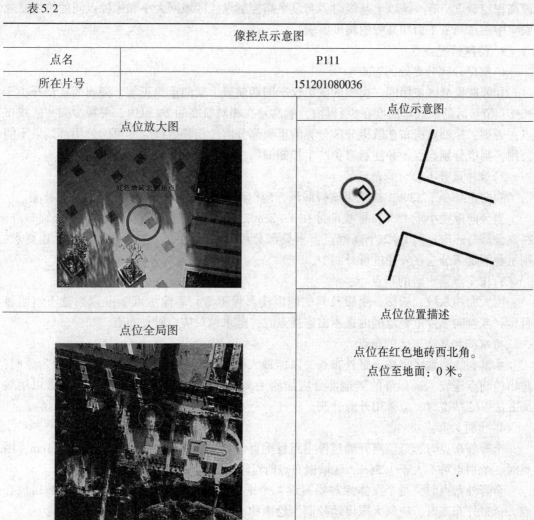

点位放大图	点位示意图
	点位位置描述
点位全局图	点位在红色地砖西北角。 点位至地面：0 米。

选点：	日期：	检查：	日期：

区域网布点平高控制点的旁向跨度不应超过 6 条航线，航向跨度不应超过 8 条基线；高程控制点的航向跨度，平地、丘陵地不应超过 4 条基线，山地、高山地不应超过 5 条基线。

2. 卫星定位辅助光束法区域网平差布点

采用卫星定位辅助光束法区域网平差时，规则区域网可采用四角两边或四角两线法。四角两边法：在区域网的四角各布设一个平高控制点，同时在区域网两端垂直于航线方向的旁向重叠中线附近各布设一个高程控制点；四角两线法：在区域网四角各布设一个平高控制点，同时区域网两端垂直于航线方向敷设两条控制航线（构架航线）；不规则区域网应于其周边增设像控点，宜在凸角转折处布设平高控制点，凹角转折处有一条基线时，布设高程控制点，有一条以上基线时，布设平高控制点。区域网大小和像控点间的跨度要兼顾空中三角测量平面和高程的精度要求。

3. 特殊情况布点

1）航摄分区分界处的布点

相邻航摄分区使用同一类型的航摄仪于同期航摄，航向重叠正常，旁向衔接错开小于10%，衔接后的航线弯曲度在3%以内，航高差在相对航高的2%以内，可视为同一航线布点；否则，控制点应布在航摄分区分界的重叠部分内，相邻航线应尽可能公用，如果不能公用，则应分别布点，并注意避免产生控制漏洞。

2）像片重叠不够时的布点

航向重叠小于53%，被视为航摄漏洞，应以漏洞为界分段布点，漏洞处外业补测。

当旁向重叠小于15%，重叠部分在1~2cm之间时，如果像片清晰，则应分别布点，在重叠部分还应补测1~2个高程点，重叠部分可在内业测绘。如果不能满足上述要求，则重叠不足部分应在外业进行补测。

3）像主点落水时的布点

因大面积水域、云影、阴影及其他原因使影像不清，离像主点2cm以内选不出明显目标，或航向三片重叠范围内选不出连接点时，落水像对应全野外布点。

4）水滨和岛屿地区的布点

水滨和岛屿地区宜按全野外布点，以能最大限度控制测绘面积、方位、高程为原则，超出控制点连线1cm以外的陆地部分应加测平高点，困难时，改为高程点。当难以用航测方法保证精度时，应采用外业补测。

4. 全野外布点

全野外布点时，点位离开通过像主点且垂直于方位线的直线距离一般不大于1cm，困难时，个别点可不大于1.5cm，区域网布点时可不考虑此项要求。

全野外布点时，每个立体像对要布设4个平高点，还应在主点附近加1个平高检查点，全野外布点时，应最大限度地控制测绘面积。

5.3.5.3　像控点测量

像控点测量的方法有很多，在平面测量中，有全站仪导线测量、GNSS静态或快速静态定位、GNSS RTK测量以及GNSS精密单点定位等；在高程测量中，有水准测量、三角高程测量、GNSS高程测量（用GNSS接收机进行大地高测量，经似大地水准面改算获得该点高程）等。

在当前技术条件下，像控点联测首选GNSS连续运行基准站（CORS）支持下的网络RTK和似大地水准面进行三维坐标测量，当网络RTK没有信号不能测量时，亦可采用单基站RTK、电磁波测距导线等传统方法进行平面测量，高程测量可采用传统的水准测量或测距高程导线等方法施测。对于控制点的平面坐标和高程测量，前面章节已有论述。

5.3.6　外业调绘

航空摄影像片以影像的表现形式提供了丰富的地面信息，根据像片影像所显示的各种规律，借助相应的仪器设备及有关资料，采用一定的方法对像片影像进行分析判断，从而确认影像所表示的地面物体的属性、特征，为测制地形图或为其他专业部门提供必要的地形要素，这一过程称为像片判读或像片解译。外业调绘就是以像片判读为基础，把航空摄影像片上的影像所代表的地物识别和辨认出来，并按照规定的图式符号和注记方式进行表达。调绘方法主要有"先内后外"法、"先外后内"法和综合判绘法。

(1)先内后外。采用"先内后外"调绘法时，采用的全要素工作底图(DOM套合内业采集的地形要素)以相应成图比例尺的图幅为单元依比例打印输出。外业调绘时，应在野外对航测内业成图进行全面实地检查，修测、补测变化的地形地物，调查地理名称并进行注记，进行屋檐改正等工作。对于航测高程精度不能满足要求的地区，应进行全野外高程测量。地物的属性信息，根据数据建库对数字地形图各个数据层属性字段的要求进行补充。

(2)先外后内。采用"先外后内"调绘法时，调绘底图可采用航向隔2张像片、旁向隔1条航带抽片制作；根据比例尺和地物复杂程度，底图比例尺一般不小于成图比例尺1.5倍，地物复杂地区应适当放大；底图应覆盖全测区、无漏洞。外业核查和补绘时，先进行实地调查，再把补绘内容在底图上进行修改，图幅内外接边后形成最后的调绘原图。由于测区自然地理条件和气候条件的特殊性，需要充分利用基于PDA的影像调绘系统等软硬件，影像调绘判读采用全野外、野外和室内相结合的方法进行。

(3)综合判绘法。综合判绘法的主要工作包括室内判绘和野外调绘。室内判绘是在室内依据收集的测区内的各种资料，对像片进行观察、分析和比较，然后判读出影像的内容、数量、性质，并将其表示在影像上，对于没有足够把握判读的地物，则做出专门标记供野外调绘确定。室内判绘前，要全面收集测区资料，包括测区行政区划图、交通图、电力线及通信布置图、水利工程图、农业规划土壤图、地名普查图等现有资料，踏勘采集的典型判读调绘样片、典型样片图集以及测区自然地理气候状况、农作物种植分布图等。这些资料虽然原始粗略，但对室内判读有重要参考价值。测区的典型调绘样片是野外踏勘时选择一片或数片能代表测区主要地物地貌的像片，经过全野外调绘整饰而成，并加有必要的分析判读记载，能反映测区主要地物地貌的成像规律和特性。野外调绘是对室内判绘的检查与补充，调绘要重点检查室内判绘没有把握的地物，更正内业判绘错误的地物。最后转入内业进行数字纠正、拼接、图幅裁剪、编辑至成图。

5.3.6.1 调绘基本过程

在外业调绘时，要对地物地貌进行选择和概括。综合取舍的目的是通过选择和概括使地面物体在地形图上得到合理的表示，具有主次分明的特点，保证重要地物的准确描绘和突出显示，反映测区的真实形态。

调绘的基本作业过程包含如下几个步骤：

(1)准备工作：划分调绘面积，准备调绘工具，做好调绘计划等。

(2)影像判读：应用影像对照实地进行判读各种地形要素。

(3)综合取舍：在像片判读的基础上，对地形元素进行合理的选择和概括。

(4)描绘：用不同颜色的笔将需要表示的地形元素准确、细致地描绘在工作底图上。

(5)询问、调查：向当地群众询问地名和其他有关情况，调查政区界线。

(6)量测：量测陡坎、冲沟等需要量测的比高。

(7)补测新增地物：摄影后，对地面上新出现的地物，根据与其相邻地物影像的相对位置补绘。

(8)复查：不清楚的地方及其他问题，应再到实地查实补绘。

(9)接边：将调绘面积线处与邻幅或邻片调绘的内容进行衔接。

5.3.6.2　海岸带陆部地形测绘调绘注意事项

海岸带陆部地形航空摄影测量法测图，野外调绘的基本方法与常规航测作业方式基本相同，由于海岸带陆部地形航空摄影主要在低潮位进行，为了能够最大限度地看到真实的海岸带陆部，调绘时间也应尽量选择在低潮位时进行，实际作业时，还要着重表示海岸线以及海岛礁等海洋特征要素，主要有以下几类：

1. 水系调绘原则

(1)海岸线为平均大潮高潮时海陆分界痕迹线。

(2)海岸线可根据海岸的植物边线、土壤和植被的颜色、温度、硬度及流木、水草、贝壳等冲积物尽量调绘，摄影水涯线由内业测定。

(3)海岸调绘时，应按性质区分为：岩石岸、砾质岸、砂质岸、陡岸、岩石陡岸、加固岸、垄岸等。

(4)与海岸线相连的码头、道头、防波堤、船坞、堰坝、输水槽及其水工建筑物等均需调绘。

(5)加固岸两头符号表示起止准确位置，中间适当加绘符号即可。加固岸与水涯线重合时，水涯线无需调绘。

2. 干出滩及滩涂调绘原则

(1)干出滩及滩涂调绘范围为调绘时刻水涯线以上区域。

(2)调绘时刻尽量选择低潮时进行。

(3)干出滩及滩涂按其性质区分为：岩石滩、珊瑚滩、泥滩、沙滩、砾滩、泥沙混合滩、沙泥混合滩、沙砾混合滩及芦苇滩、丛草滩、红树滩等。

(4)各种干出滩及滩涂的性质和范围、干出滩上的地物、地貌和干出高度点(从深度基准面算起)，调绘按图式规定符号表示。

(5)干出滩上的潮水沟，除固定的和较大的潮水沟外，均应尽量调绘。

3. 礁石调绘原则

凡在测区内的干出礁、较大的岬角头等，均应表示。

4. 人工养殖调绘原则

(1)按不同品种分别测定其范围，按相应图式表示并注记养殖品种名称。

(2)野生品种一般不表示；季节性的养殖品种，以测图时间为准，有则表示。

5. 独立地物调绘原则

(1)沿海的助航标志(如灯塔、灯桩、船桩等)，按相应符号表示。

(2)水塔、独立树、宝塔、碉堡、独立石等具有方位意义的独立地物，按相应符号表示。

(3)跨海架空电缆、桥梁等，按相应符号表示。

6. 地理名称和注记调绘原则

(1)测区内海岛礁应注记当地常用名称。

(2)居民地应注记当地常用名称。对较大的居民地，应根据实地情况调注总名和分名，并以不同的字迹注于像片上。

(3)市镇街巷、工矿企业、机关学校、医院、农(林)场、大型文化体育建筑、名胜古迹等应注记正式名称。

(4)山岭、沟谷、河流、湖泊、海港等水系，以及山脉等地理名称，当称呼不统一时，一般不注记。

(5)当调查名称与地理注记名称不一致时，应以实际调查的名称为准注记。

(6)图幅名称应选择该图幅内著名的地理名称或企事业单位名称，同一测区内不得有相同的图名，如图幅内确无名称，可只注记图幅编号。

5.3.7 解析空中三角测量

空中三角测量(aerotriangulation)是利用航摄像片与所摄目标之间的空间几何关系，根据少量像片控制点，计算待求点的平面位置、高程和像片外方位元素的测量方法。空中三角测量分为利用光学机械实现的模拟法和利用电子计算机实现的解析法两类。目前，摄影测量已全面进入基于数字影像进行数据处理的阶段，数据处理已全部计算机化，在实践中模拟法也已被先进的解析法所取代，这里只对解析空中三角测量进行简要介绍。

解析空中三角测量是根据像片上的像点坐标(或单元立体模型上点的坐标)同地面点坐标的解析关系，或每两条同名光线共面的解析关系，构成摄影测量网中的三角测量，从而确定区域内所有影像外方位元素及待定点的地面坐标。其特点是利用区域网中的少量外业控制点，通过内业加密求出每个像对所需控制点，用于摄影测量作业。

解析空中三角测量，根据平差中所采用的数学模型，可分为航带法、独立模型法和光束法；根据平差范围的大小，又可分为单模型法、单航带法和区域网法。

航带法空中三角测量处理的对象是一条航带模型，即首先要把许多立体像对所构成的单个模型连接成航带模型，然后把一个航带模型视为一个单元模型进行解析处理。航带模型经绝对定向以后，还需做模型的非线性改正，才能得到较为满意的结果。

独立模型法区域网空中三角测量是把一个单元模型视为刚体，利用各单元模型彼此间的公共点连成一个区域，在连接过程中，每个单元模型只作平移、旋转和缩放，这一过程是通过单元模型的空间相似变换来完成的。

光束法解析空中三角测量是以一幅影像所组成的一束光线作为平差的基本单元，以中心投影的共线方程作为平差的基础方程。通过各个光线束在空间的旋转和平移，使模型之间公共点的光线实现最佳交会，并使整个区域最佳纳入到已知的控制点坐标系统中。光束法解析空中三角测量的误差方程式直接对原始观测值列出，能最方便地顾及影像系统误差的影响，便于引入非摄影测量附加观测值，如导航数据和地面测量观测值，相对于其他方法，其理论最严密、精度最高，作业中采用最普遍。它还可以严密地处理非常规摄影以及非量测相机的影像数据。光束法解析空中三角测量基本流程为：

(1)获取像片内方位元素、像点坐标和地面控制点坐标；

(2)确定像片外方位元素和加密点地面坐标近似值；

(3)逐点建立误差方程并改化法方程式；

（4）建立、改化法方程式；

（5）采用循环分块法解求改化法方程；

（6）求出像片的外方位元素；

（7）计算加密点。

海岸带陆部地形图测绘，测区范围有狭长的纯陆地部分，还包含广阔的潮间带，像控点较少，在航空摄影时，主要采用 GNSS 或 POS 辅助获取海岸带数字影像。因此，在进行海岸带陆部地形测图的几何模型处理时，要结合 GNSS、POS 及光束法解析空中三角测量的优势。下面重点介绍 GNSS 辅助光束法空中三角测量技术和 POS 辅助光束法空中三角测量技术。

5.3.7.1　GNSS 辅助光束法空中三角测量

GNSS 辅助空中三角测量是指利用机载 GNSS 接收机与地面基站的 GNSS 接收机同时、快速、连续地记录相同的 GNSS 卫星信号，通过相对定位技术的离线数据后处理获取摄影机曝光时刻摄站的高精度三维坐标，将其作为区域网平差中的附加非摄影测量观测值，以空中控制取代（或减少）地面控制，经采用统一的数字模型和算法，整体确定点位对并其质量进行评定的理论、技术和方法。

GNSS 辅助光束法区域网平差的数学模型是在自检光束法区域网平差基础上，顾及 GNSS 摄站坐标与航摄仪投影中心坐标间的几何关系，并考虑各种系统误差的改正模型后所获得的一个基础误差方程，其矩阵形式可写成：

$$
\begin{bmatrix} V_X \\ V_C \\ V_S \\ V_G \end{bmatrix} = \begin{bmatrix} A & B & C & \\ & E_X & & \\ & & E_C & \\ \bar{A} & & & R & D \end{bmatrix} \begin{bmatrix} t \\ X \\ c \\ r \\ d \end{bmatrix} - \begin{bmatrix} L_X \\ L_C \\ L_S \\ L_G \end{bmatrix} \tag{5-1}
$$

权矩阵
$$
P = \begin{bmatrix} 1 & & & \\ & P_C & & \\ & & P_S & \\ & & & P_G \end{bmatrix} \tag{5-2}
$$

式中，V_X、V_C、V_S、V_G 分别为像点坐标、地面控制点坐标、虚拟自检校参数和 GNSS 摄站坐标观测值改正数向量。其中，V_G 方程就是将 GNSS 摄站坐标引入摄影测量区域网平差后新增的误差方程式，包含新增偏心分量未知数增量向量 r 和平移误差改正参数向量 d。

1. 变量阵

$t = \begin{bmatrix} d_\varphi & d_\omega & d_\kappa & d_{X_S} & d_{Y_S} & d_{Z_S} \end{bmatrix}^T$ 为像片外方位元素未知数增量；

$X = \begin{bmatrix} d_X & d_Y & d_Z \end{bmatrix}^T$ 为加密点坐标未知数增量；

c 为自检校附加参数；C 为相应于未知数的系数矩阵，随选用像点坐标系统误差改正模型的不同而变化，如 3 个附加参数的 Bauer 模型、12 个附加参数的 Ebner 模型、18 个附加参数的 Brown 模型。

$r = \begin{bmatrix} d_u & d_v & d_w \end{bmatrix}^T$ 为 GNSS 天线-相机偏移向量未知数增量;

$d = \begin{bmatrix} a_X & a_Y & a_Z & b_X & b_Y & b_Z \end{bmatrix}^T$ 为漂移改正参数。

2. 系数阵

A、$\overline{A}$ 为未知数 t 的矩阵。

B、E_X 为未知数 X 的系数矩阵,其中 E_X 为单位矩阵。

C、E_C 为相应于未知数的系数矩阵,E_C 为单位矩阵。

R 为未知数 r 的系数矩阵,由像片外方位角元素 ψ、ω、κ 组成的旋转矩阵;D 为未知数 d 的系统矩阵。

3. 常数阵

$$L_X = \begin{bmatrix} x - x_0 \\ y - y_0 \end{bmatrix} \tag{5-3}$$

式中,(x, y) 为像点坐标,(x_0, y_0) 为由未知数的近似值按共线方程计算的像点坐标。

L_C 为控制点坐标观测值向量,将控制点坐标已知值当作近似值为零。

L_S 为附加参数观测值向量,只有当附加参数预先测定时才不为零。

$$L_G = \begin{bmatrix} X_A - X_A^0 \\ Y_A - Y_A^0 \\ Z_A - Z_A^0 \end{bmatrix} \tag{5-4}$$

式中,X_A、Y_A、Z_A 为由 GNSS 确定的摄站坐标,X_A^0、Y_A^0、Z_A^0 为其未知数近似值。

其中

$$\begin{bmatrix} X_A \\ Y_A \\ Z_A \end{bmatrix} = \begin{bmatrix} X_S \\ Y_S \\ Z_S \end{bmatrix} + R \begin{bmatrix} u \\ v \\ w \end{bmatrix} \tag{5-5}$$

$$\begin{bmatrix} \widetilde{X}_A \\ \widetilde{Y}_A \\ \widetilde{Z}_A \end{bmatrix} = \begin{bmatrix} X_A \\ Y_A \\ Z_A \end{bmatrix} - \begin{bmatrix} a_x \\ a_y \\ a_z \end{bmatrix} - \begin{bmatrix} b_x \\ b_y \\ b_z \end{bmatrix}, \quad (t - t_0) \tag{5-6}$$

其中,$\widetilde{X}_A$、$\widetilde{Y}_A$、$\widetilde{Z}_A$ 为 GNSS 天线相位中心坐标,X_A、Y_A、Z_A 为 GNSS 测定的天线相位中心坐标,a_x、a_y、a_z、b_x、b_y、b_z 为漂移参数,t 为摄影机曝光时刻,t_0 为参考时刻。

4. 权阵

P_C 为控制点坐标观测值权,$P_C = \dfrac{\sigma_0^2}{\sigma_C^2}$。

P_S 为附加参数虚拟观测值权矩阵,可根据像点坐标观测值的信噪比确定。

P_G 为由 GNSS 确定的摄站坐标的权,$P_G = \dfrac{\sigma_0^2}{\sigma_{\text{CNSS}}^2}$。

GNSS 辅助光束法区域网平差与常规自检校光束法区域网平差方法相比,其系数矩阵还增加了 5 个非零子矩阵,加大了镶边带状矩阵边宽,但原法方程的良好稀疏带状结构并没有破坏,可采用传统的边法化边消元的循环分块解法对改化法方程求解未知数向量 t、

c、r、d。然而，在区域网平差中一并解求系统漂移误差改正参数 d，可能会引起法方程解的不稳定，此时，要在区域的两端必须布设足够的地面控制点或航空摄影时采用特殊的像片覆盖图。在海岸带陆部地形测图中，无布设足够地面控制点条件，在摄影时可选择大重叠航空摄影，并在摄区两端加摄构架航线，以提高方程解的稳定性。

GNSS 差分定位技术可获得亚米级精度的三维摄站坐标，能有效用于区域网平差，解算出的加密点坐标精度优于 GNSS 摄站坐标自身的精度，可满足各种比例尺测图的加密规范。加入摄站中心 GNSS 位置参数可改善高程精度，明显减少控制点数量与分布。在一个区域中，如果 GNSS 观测值没有失锁、周跳等信号间断情况，在不考虑基准的情况下，GNSS 摄站坐标可完全取代地面控制点用于区域网平差。GNSS 辅助空中三角测量方法能用于不同像片比例尺、不同区域大小的联合平差，完全可以生产实用化。

5. 3. 7. 2　POS 辅助定向

随着无地面控制航空摄影测量越来越受关注，POS 的重要性也日益突出。POS 辅助航空摄影测量方法主要包括直接定向法和辅助定向法两种。

1. 直接定向法

直接定向法，是利用 POS 数据直接进行传感器定向。当 GNSS 天线相位中心、IMU 与航空摄影仪投影中心三者之间的空间关系已知时，可直接对 POS 系统获取的 GNSS 天线相位中心的空间坐标 (X, Y, Z) 及 IMU 系统获取的俯仰角、侧滚角和偏航角进行数据处理，进而获取航空摄影曝光瞬间的摄站中心空间坐标 (X_S, Y_S, Z_S) 及 3 个姿态角 $(\varphi, \omega, \kappa)$，从而实现在无地面控制条件下直接恢复航空摄影。

该方法具有很明显的优点，即整个测区不需要进行空中三角测量，不需要地面控制点。这不仅使处理时间大大缩短，而且在费用上也较传统空中三角测量和 GNSS 辅助空中三角测量大大降低。但由于该方法缺少多余观测，计算过程中出现的问题都将影响最终结果。相关研究表明，采用直接定向法测图时，必须每架次飞行检校场，而且检校场应与摄区同高度飞行，检校场空三需要考虑所需的所有辅助参数的纠正，尽量采用当地坐标系进行。

2. 辅助定向法

辅助定向法，是将基于 POS 系统直接获取的每张像片的外方位元素，作为带权观测值参与摄影测量区域网平差，获得更高精度的像片外方位元素成果，再进行定向测图的航空摄影测量方法。

将 POS 系统直接获取的外方位元素作为初始带权观测值参与摄影测量区域网平差，可同时获得高精度的内、外方位元素成果，实现更精确的像片定向。传统自检校区域网光束法空中三角测量的共线方程数学模型为

$$x' + v_{x'} = (x'_0 + d_{x'_0}) - (f + d_f) \frac{r_{11}(X - X_0) + r_{21}(Y - Y_0) + r_{31}(Z - Z_0)}{r_{12}(X - X_0) + r_{22}(Y - Y_0) + r_{32}(Z - Z_0)} + d_{x'} \quad (5\text{-}7)$$

$$y' + v_{y'} = (y'_0 + d_{y'_0}) - (f + d_f) \frac{r_{12}(X - X_0) + r_{22}(Y - Y_0) + r_{32}(Z - Z_0)}{r_{13}(X - X_0) + r_{23}(Y - Y_0) + r_{33}(Z - Z_0)} + d_{y'} \quad (5\text{-}8)$$

其中：x'、y'、$v_{x'}$、$v_{y'}$ 为像点的像平面坐标和相应的改正数；

X、Y、Z 为物点在地面坐标系中的物方空间坐标；

X_0、Y_0、Z_0 为航摄仪投影中心在地面坐标系中位置；

r_{ik} 为像空间坐标系相对于无空间坐标系的旋转矩阵 $R(\omega, \varphi, \kappa)$ 的各元素；

X_0'、Y_0' 为像主点的像平面坐标；

$d_{x_0'}$、$d_{y_0'}$ 为像主点的改正数；

t 为检校过的相机焦距；

d_f 为焦距的改正数；

$d_{x'}$、$d_{y'}$ 为附加参数的影响。

通过量测连接点，并观测足够数量的控制点进行自检校区域网光束法空中三角测量，可以通过上下式同时获得精确的航摄仪内方位元素和像片的外方位元素。在近似垂直摄影条件下，由于 x_0' 与 Y_s、y_0' 与 X_s、f 与 Z_s 之间均存在强相关，在实际应用中，内方位元素一般直接采用仪器生产厂家（或检验机构）在实验室采用物理方法测定的值，视为已知值使用。因此，空三的过程也就是解算外方位元素的过程。

考虑到 POS 测得的外方位元素与摄站外方位元素的转换，上式可表述成

$$x' + v_{x'} = f(X, Y, Z, X_0, Y_0, Z_0, \omega, \varphi, \kappa, x_0', d_{x_0'}, f, d_f, d_{x'}) \tag{5-9}$$

$$y' + v_{y'} = f(X, Y, Z, X_0, Y_0, Z_0, \omega, \varphi, \kappa, x_0', d_{x_0'}, f, d_f, d_{x'}) \tag{5-10}$$

其中，代入 GNSS/IMU 位置测量值，得

$$\begin{bmatrix} X_{\text{IMU}} \\ Y_{\text{IMU}} \\ Z_{\text{IMU}} \end{bmatrix} + \begin{bmatrix} V_{X_{\text{IMU}}} \\ V_{Y_{\text{IMU}}} \\ V_{Z_{\text{IMU}}} \end{bmatrix} = \begin{bmatrix} X_0 \\ Y_0 \\ Z_0 \end{bmatrix} + R_c^m(\omega, \varphi, \kappa) \begin{bmatrix} d_{x_{\text{ramara}}^{\text{IMU}}} \\ d_{y_{\text{ramara}}^{\text{IMU}}} \\ d_{z_{\text{ramara}}^{\text{IMU}}} \end{bmatrix} \tag{5-11}$$

代入 IMU/GNSS 姿态测量值，得

$$\begin{bmatrix} \text{roll}_{bj}^m \\ \text{pitch}_{bj}^m \\ \text{yaw}_{bj}^m \end{bmatrix} + \begin{bmatrix} V_{\text{roll}_{bj}^m} \\ V_{\text{pitch}_{bj}^m} \\ V_{\text{yaw}_{bj}^m} \end{bmatrix} = T[DR_c^m(\omega_j, \varphi_j, \kappa_j) R_c^b(d_{\text{roll}}, d_{\text{pitch}}, d_{\text{yaw}})^{-1}] \tag{5-12}$$

其中：x'、y'、$v_{x'}$、$v_{y'}$ 为像点的像平面坐标和相应改正数；

X_{IMU}、Y_{IMU}、Z_{IMU}、$V_{X_{\text{IMU}}}$、$V_{Y_{\text{IMU}}}$、$V_{Z_{\text{IMU}}}$ 为 IMU 中心在地面坐标系中物方空间坐标及改正数；

roll_{bj}^m、pitch_{bj}^m、yaw_{bj}^m、$V_{\text{roll}_{bj}^m}$、$V_{\text{pitch}_{bj}^m}$、$V_{\text{yaw}_{bj}^m}$ 为载体坐标系与地面坐标系间旋转矩阵元素及改正数；

X、Y、Z 为物方空间坐标；

X_0、Y_0、Z_0 为航摄仪投影中心在地面坐标系中的位置；

φ、ω、κ 为航摄仪投影照中心在地面坐标系中的姿态；

$R_c^m(\omega, \varphi, \kappa)$ 为相机坐标系与地面坐标系的旋转矩阵；

D 为 $(\omega, \varphi, \kappa)$ 到 $(\text{roll}, \text{pitch}, \text{raw})$ 转换的旋转矩阵；

T 为从旋转矩阵中提取单个角度的转换；

$d_{x_{\text{ramara}}^{\text{IMU}}}$、$d_{y_{\text{ramara}}^{\text{IMU}}}$、$d_{z_{\text{ramara}}^{\text{IMU}}}$ 为 IMU 中心到航摄仪投影中心的偏心分量；

d_{roll}、d_{pitch}、d_{yaw} 为偏心角；

R_c^b(d_{roll}，d_{pitch}，d_{yaw})为从相机坐标系到载体坐标系的偏心角转换旋转矩阵。

实际使用 POS 辅助空中三角测量时，将 IMU、GNSS 记录计算的结果代入到空三运算中，利用像片匹配的连接点和地面控制点等辅助数据，可以获得更高精度的结果。

利用航测法进行海岸带陆部地形测绘，是通过航空摄影，获得海岸带陆部数字影像，进行解析空中三角测量，获得影像的外方位元素，在测图软件中完成内定向、相对定向和绝对定向后，恢复影像的立体模型，在立体模型上采集、编辑地形、地物点，可生成海岸带陆部数字线划图（Digital Line Graphs，DLG）；通过采集海岸带陆部地形特征线，构建不规则三角网，编辑可生成数字高程模型（Digital Elevation Model，DEM）；利用航空影像，结合 DEM，采用微分纠正方法，编辑可生成数字正射影像图（Digital Orthophoto Maps，DOM）。

5.3.8 DLG 的制作

DLG 既包括地理实体的空间信息，也包括属性信息，是基础地理要素分层存储的矢量数据集。航测法海岸带陆部地形测绘，利用数字摄影测量系统恢复影像的立体模型，采用人工跟踪的三维立体测图法，主要包括数据采集和数据编辑两大主要工序。

5.3.8.1 数据采集

数据采集可采用先外业调绘、后内业测图，或先内业测图、后外业调绘再编绘成图的方式，在立体模型上进行的数据采集，应保证所采要素的数学精度，对要素实体进行图形采集的同时，应按照设定的属性表赋相应的要素代码及属性信息。

对于海岸带陆部地形测绘，在内业测图中，需准确可靠地判读海岸带附近的岸线、港口设施、方位物、助航标志、海上碍航物等海图要素。

1. 岸线的判读和采集

海岸按性质区分为：岩石岸、磊石岸、砾质岸、沙质岸、陡岸、岩石陡岸、加固岸、垄岸等。岩石岸、沙质岸、加固岸差异明显，内业很容易判别，对影像分辨率要求不高，而岩石岸和磊石岸、砾质岸和沙质岸差异不明显，内业判别比较困难，需要高分辨率影像或外业调绘实地判别。

岸线采集主要是确定岸线的平面走势和岸线高。人工岸线在影像上的判断比较简单，自然岸线高度的采集有两种方案：(1)在影像上明显的岸线分界线上多处采集岸线高，通过比对，确定这一测区的平均岸线高；(2)通过潮汐数据、1985 国家高程基准、当地平均海面的关系推算测区岸线高。

岸线测定时，可根据海岸的植被边线、土壤和植被的颜色、湿度、硬度及流木、水草、贝壳等冲积物来确定其位置，在高分辨率彩色影像上，自然岸线的判读特征比较明显；结合岸线高，通过立体测图也能准确地采集岸线信息。

2. 港口设施

码头、海堤、船坞、起重机等设施可以通过影像准确地采集它们的矢量信息，并判断属性。警示标志(水下管线、海底电缆)和禁锚标志通过影像也能准确判绘位置，其类别不能判定，需外业调绘或参考海图资料来确定。

3. 方位物

一类方位物为地面上比较突出的目标，基于立体像对能清楚判定目标的存在和性质，其位置和高程的采集相对准确。二类方位物主要为地物交叉点、拐弯处等显著的地物角和曲折处，在影像上基本能判读出来。

4. 助航标志

在高分辨率影像上，灯桩、灯塔、灯浮的位置信息能被准确地采集。灯浮的高度不做要求，在现有的影像分辨率下，空旷海面下灯桩和灯浮容易混淆，可结合海图或外业调绘成果确定。灯桩和灯塔的高程要求比较特殊，需注记发光体在平均大潮高潮面上的高度。灯桩和灯塔的高程一般情形下应实地测量，高程计算至灯光中心。

5. 碍航物

在沿岸地形测量中，碍航物主要有海上渔栅、渔堰、渔网、干出礁、明礁、滩涂等。除了明礁不受潮汐影响外，其他目标需要在低潮时的像片上判读，一般需要参考海图等其他资料或以外业调绘成果作为补充。

6. 其他地形、地物的数据采集

按照一般的航测项目进行，还应符合下列要求：

（1）地物与地貌元素应参照调绘底图，根据立体模型仔细辨认和测绘，不应错漏、移位和变形。

（2）描绘房屋和街区轮廓时，应以测标中心切准房角或轮廓拐角，然后再打点连线。道路、管线、沟堤等应跟迹描绘，走向明确，衔接合理。用符号表示的各种地物，其定位点或定位线应描绘准确。

（3）补测地物时，新增的、无影像的或阴影遮盖的地物，应根据调绘时附有实测尺寸的底图，按相对位置尺寸依比例尺进行编绘，不应按模型上的影像判绘。

（4）等高线宜采用测标切准模型描绘。宜先测注记点高程，0.5m 基本等高距测区应注至 0.01m，大于 0.5m 基本等高距测区可注至 0.1m。在等倾斜地段，当计曲线间距小于 5mm 时，可只测计曲线，并插绘首曲线。等高线亦可通过相应格网间距的 DEM 内插生成；有植被覆盖的地表，宜切准地面描绘，当只能沿植被表面描绘，则应加植被高度改正。在树林密集隐蔽地区，按调绘时量注的平均树高进行改正；等高线描绘误差，平地、丘陵地不应大于 1/5 基本等高距，山地、高山地不应大于 1/3 基本等高距。

（5）当模型影像清晰、定向精度良好时，像片测图范围超出像片上定向点连线不应大于 1cm，超出部分离像片边缘不应小于 1cm。

（6）数据采集应依据相应比例尺图式的要求进行，层次符号应正确。

（7）像对之间的数据应在测图过程中进行连接与接边。像对间地物接边差要小于地物点平面位置中误差的 2 倍。等高线接边差要小于 1 个基本等高距，山地、高山地可适当放宽，按地物接边限差要求执行。

5.3.8.2 数据编辑

1. 要素属性要求

（1）要素的层、色、线型、单元名称、编码正确。

（2）建筑物楼层、水系名称、道路名称、立交桥名、公路桥名、铁路桥名、道路性质等属性信息应正确赋值。

（3）高程点、等高线，加赋正确的高程值。

（4）点、线状注记的文本属性信息正确。

2. 要素几何拓扑要求

（1）要素的几何类型和空间拓扑关系应正确。

（2）1∶500、1∶1000、1∶2000 数字线划图要求房屋必须构面，1∶5000、1∶10000 数字线划图要求房屋、道路、水系、植被四类要素构面。面状要素应严格封闭，不应有悬挂点；相邻面要素的边线应重合；同一面层各要素之间及各面层的要素之间不应有重叠。

（3）线状要素不应自重叠、自相交，也不应互相重叠；构成几何网络的线状要素应保证节点的相交性、连通性。

（4）不应存在细碎多边形、细碎小短线。

3. 图幅接边要求

（1）一般约定作业员对自己所负责的图幅的西、北接边。

（2）在几何图形方面，图幅之间应实现无缝接边，接边要素应自然连接。

（3）接边地物要素属性保持一致。

（4）公共图廓边完全重合。

5.3.9　DEM 的制作

DEM 是用一组有序数值阵列形式表示地面高程的一种实体地面模型，是数字地形模型（Digital Terrain Model，DTM）的一个分支。DEM 的表示形式主要有规则矩形格网 DEM 和不规则三角形 TIN 两种。规则矩形格网 DEM 的数据量很小，便于数据处理和管理，运用广泛；缺点是有时不能准确地表示地形的结构与细部，因此，基于 DEM 描绘的等高线不能准确地表示地貌。为克服其缺点，可采用附加地形特征数据，如地形特征点、线等，从而构建完整的 DEM。TIN 则是按地形特征采集高程点，将这些点按一定规则连接成覆盖整个区域且互不重叠的许多三角形，用这个不规则三角网来表示数字高程模型。TIN 能较好地顾及地貌特征点、线，表示复杂地形比矩形格网更精确，因而在实际生产中通常采用该方法。其缺点是数据量较大，数据结构较复杂，使用与管理也较复杂。

在航测法海岸带陆部地形测绘中，利用数字摄影测量系统，在恢复影像立体模型的基础上，将影像上的规则格网与数字影像匹配，按照一定的密度采集特征点和线，通过这些点和线构建 TIN，在 TIN 的基础上再通过线性和双线性曲面内插建立 DEM。

5.3.10　DOM 的制作

DOM 是利用航空像片或遥感影像，经像元纠正，按图幅范围裁切生成的影像数据，具有信息丰富直观、判读性和量测性好的特点，从中可直接获取自然地理和社会经济信息。

海岸带陆部航空影像 DOM 的制作，是利用海岸带航空摄影影像资料、控制成果、DEM 成果，采用数字摄影测量立体建模微分纠正方法或单片微分纠正模式进行作业，叠加地名注记、境界等信息，经图面整饰制作 DOM，其主要工作包括：

（1）设置正射影像参数。设置影像地面分辨率、成图比例尺，选择影像重采样方法，一般采用双三次卷积内插法。

（2）正射纠正。基于共线方程，利用像片内外方位元素定向参数及 DEM，对数字航空影像(或核线影像)进行微分纠正重采样，依次完成图幅范围内所有像片的正射纠正。

(3)单片正射影像镶嵌。按图幅范围选取所有需要进行镶嵌的正射影像，在相邻影像之间选择镶嵌线，按镶嵌线对单片正射影像进行裁切，自动完成单片正射影像之间的镶嵌。

(4)图幅正射影像裁切。按照内图廓线最小外接矩形范围、根据设计要求外扩一排或多排栅格点影像进行裁切，裁切后生成正射影像文件。

航空摄影时，受摄影时间、光照条件以及其他内外部因素的影响，会出现单幅影像内部和区域范围内多幅影像之间的色彩存在不同程度的差异，这种差异会不同程度地影响到后续数字正射影像的生产，需要对这两种情况进行色彩平衡处理，即匀光处理。传统的匀光处理主要是手工方式，利用图像处理工具软件及其相关功能进行处理，由于色彩处理的主观性比较强，当处理的区域涉及多幅影像时，就很难把握整体效果。目前，对影像的自动匀光处理方法已有较好应用，代表性的是用数学模型模拟影像亮度变化，再对影像不同部分进行不同程度的补偿，从而获得亮度、反差均匀的影像。

5.4 三维激光扫描技术

三维激光扫描技术是 20 世纪 90 年代中期激光应用研究的又一项重大突破，被誉为"继 GPS 技术以来测绘领域的又一次技术革命"。它利用激光测距的原理，通过记录被测物体表面大量密集点的三维坐标、反射率和纹理等信息，快速复建出被测目标的三维模型及线、面、体等各种图件数据，是从单点测量进化到面测量的革命性技术突破，具有高效率、高精度、全数字化、测量方式灵活等特点，能够快速、精确、无接触、实时、动态地完成对复杂危险的局部地区的实景复制。三维激光扫描系统包含数据采集的硬件部分和数据处理的软件部分。按照承载平台的不同，三维激光扫描系统又可分为机载、车载、船载、地面和手持型几类。在海岸带地形测绘中，最常用到的主要是机载、车载、地面和船载三维激光扫描系统，机载、车载三维激光扫描通常与航空摄影、地面摄影相结合，其数据处理遵循摄影测量原理，前面已有介绍，下面分别介绍地面和船载三维激光扫描系统(图 5.5、图 5.6)。

图 5.5　地面三维激光扫描系统

图 5.6 船载三维激光扫描系统

5.4.1 地面三维激光扫描

5.4.1.1 基本原理

地面三维激光扫描仪是无合作目标激光测距仪与角度测量系统组合的自动化快速测量系统，在复杂的现场和空间对被测物体进行快速扫描测量，直接获得激光点所接触的物体表面的水平方向、天顶距、斜距和反射强度，自动存储并计算，获得点云数据。最远测量距离一千多米，最高扫描频率可达每秒几十万个点，纵向扫描角 θ 接近 90°，横向可绕仪器竖轴进行 360° 全圆扫描，扫描数据可通过 TCP/IP 协议自动传输到计算机，外置数码相机拍摄的场景图像可通过 USB 数据线同时传输到电脑中。点云数据经过计算机处理后，结合 CAD 可快速重构出被测物体的三维模型及线、面、体、空间等各种制图数据。

点云坐标测量原理如图 5.7 所示。地面三维激光扫描测量一般使用仪器内部的坐标系统，以仪器为坐标原点，XOY 面为横向扫描面，X 轴在横向扫描面内，Y 轴在横向扫描面内与 X 轴垂直，Z 轴与横向扫描面垂直，则被测云点 P 在仪器左手坐标系统中的三维坐标为 (X, Y, Z)。

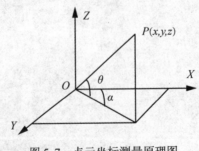

图 5.7 点云坐标测量原理图

一个地面三维激光扫描测量系统由三维激光扫描测量仪集成内置数码相机、后处理软件、电源以及附属设备构成，其中地面三维激光扫描测量仪主要由激光发射器、接收器、时间计数器、由马达控制且可旋转的滤光镜、彩色 CCD 相机、控制电路板、微电脑和软件等组成。其工作原理如图 5.8 所示。

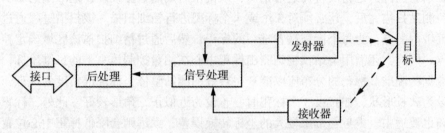

图 5.8　地面三维激光扫描仪工作原理图

激光脉冲发射器周期性地驱动一激光二极管发射激光脉冲，然后由接收透镜接收目标表面后向反射信号，产生一接收信号，利用一个稳定的石英时钟对发射与接收时间差作计数，最后由微电脑通过软件按照算法处理原始数据，从中计算出采样点的空间距离 S。精密时钟控制编码器同步测量每个激光脉冲横向扫描角度观测值 α 和纵向扫描角度观测值 θ。因此任意一个被测云点 P 在扫描仪坐标系中的三维坐标为

$$\left. \begin{array}{l} X = S\cos\theta\cos\alpha \\ Y = S\cos\theta\sin\alpha \\ Z = S\sin\theta \end{array} \right\} \tag{5-13}$$

激光扫描系统的原始观测数据除了两个角度值和一个距离值，还有扫描点的反射强度 I，用于给反射点匹配颜色。拼接不同站点的扫描数据时，需用公共点进行变换，以统一到一个坐标系中。数码相机的功能是提供对应扫描点云数据的纹理信息和实体的边缘信息。点云数据以某种内部格式存储，需要厂家专门的软件来读取和处理。

5.4.1.2　地形测绘

基于地面三维激光扫描技术地形测绘的主要作业流程包括外业数据采集、点云数据配准、地物的提取与绘制、非地貌数据的剔除、等高线的生成和地物与地貌的叠加编辑等几个步骤，作业流程如图 5.9 所示。

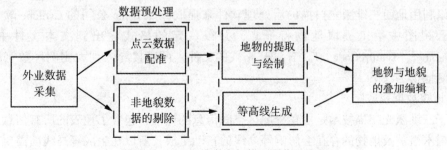

图 5.9　地面三维激光扫描测图作业流程

1. 外业数据采集

首先对测区周围环境进行考察，确定扫描仪和标靶的位置。一要保证各扫描站最终获取的数据能代表完整的测量区域；二要选择尽量少的测站，以减少原始数据量。扫描同时，还必须对测区的地物及特殊地形拍照，以便于后期的数据处理、地形图的编辑修改。

每一测站扫描完后，还必须对 3 个或 4 个标靶进行精细扫描。该扫描过程通过选取控制标靶区域内的点，为每个标靶设置唯一的标识，然后通过精细扫描该区域确定控制标靶的中心点。同时，还需用全站仪精确测出标靶中心在测量控制体系下的三维坐标，用于后续多站数据的配准。标靶的分布应以能获得较好的测站整体坐标配准精度为标准，应尽量避免布设为狭长形状，如布设 3 个标靶时，布设为近似正三角形较好，此外，标靶离扫描仪的距离也要适中，太近会带来较大的坐标转换误差，太远则会降低标靶中心位置的识别精度。

2. 点云数据配准

地面三维激光扫描仪每次扫描只能得到测区局部的数据，为了得到测区完整的三维数据，往往需要从不同的位置进行多次扫描，每次扫描得到的数据都处在以当前测站为原点定义的一个局部坐标系中。因此，需要在扫描区域中设置一些控制标靶，从而使得相邻的扫描点云图有 3 个或 3 个以上的同名控制标靶，通过同名控制标靶将扫描点云数据统一到同一个坐标系下，这一步叫点云数据的"配准"。

配准的基本方式有两种：

(1) 相对方式，该方式以某一扫描站的坐标系为基准，其他各站的坐标系统都转换到该站的坐标系统下，相对方式扫描时只需要在不同站之间共有 3 个以上同名标靶即可实现坐标统一，它不需要测量标靶的绝对坐标，其统一后的坐标是在某一扫描站坐标系统下的坐标，但如果连续传递的站数较多，则容易产生较大的传递误差。

(2) 绝对方式，该方式是一种将扫描仪和常规测量相结合的方式，其每站的标靶坐标是通过全站仪或其他仪器精确测量，直接获得标靶的绝对坐标。配准时，各测站都直接转换到统一的绝对坐标系中。这种方式不存在多站坐标转换的传递误差，其整体精度均匀。在地形测绘中，一般采用绝对方式配准，也可以将两者结合起来使用，小范围的相邻站采用相对方式配准，达到一定范围后，再采用绝对方式统一到绝对坐标系中。

3. 地物的提取与绘制

地物特征点的提取是在配准好的点云数据中手工提取的，如房屋角点、电线杆中心点等。可以利用地面三维激光扫描的后处理软件来提取，如 Leica 公司的 Cyclone 软件，可以在点云视图中手工提取地物特征点，并以一定的格式输出到文本文件中。如："PointNumber, TeatureCode, E, N, H"格式的文件，可直接导入到大比例尺数字测图软件中绘制地物。

4. 地貌数据获取

由于三维激光扫描技术是对整个测区空间信息的扫描，包含了地表的所有信息。地形表面的树木植被及地物的存在会影响等高线的自动生成，所以在生成等高线前需要将非地貌部分的点云数据剔除，此部分目前还没有相应的软件能实现自动化的剔除。可采用 Trimble 的 Real Works Survey 软件或 Leica 的 Cyclone 软件人工剔除非地貌点云数据。

5. 等高线生成

地面三维激光扫描时，为获得详细的地面信息，一般扫描密度较大，相对地形测绘来讲，其点位太密，且分布不均匀。直接利用扫描点来构建三角网追踪等值线，由于其细节信息过多，会导致等高线紊乱。因此，一般将剔除非地貌因素后的点云数据按地形测绘要求的密度进行抽稀。最后将数据导入到大比例尺数字测图软件中，自动生成等高线。

6. 地形图编辑

将地物图形与等高线图形进行叠加和编辑，同时由于切除了地物部分的数据，会造成生成的等高线局部缺失、扭曲、不光滑等，这时需要对照照片及点云数据，手动进行修改。最后加上高程注记，生成图廓，进行局部的整饰。

5.4.1.3 在海岸带陆部地形测量中的应用

地面三维激光扫描测量系统能够快速高密度地获取实体表面的"点云"数据，可以快速、准确地在计算机中建立起以"点云"表达的详细地形场景模型，再在虚拟的"点云"地形场景模型中进行地形图测绘。地面三维激光扫描测量系统不需要与被测物体接触，其数据可以方便地与其他软件进行交互，在海岸带陆部地形测量中，可以进行陡崖、峡谷、淤泥滩、沼泽地等危险地形的精细测绘，具有传统测量方法所不可比拟的优势，能有效解决海岸带陆部人机不能到达区域的地形测量。

5.4.2 船载三维激光扫描

船载三维激光扫描系统集激光扫描、定位定向系统(简称 POS，通常是 GNSS+IMU 的组合)、全景摄影和计算机等技术于一体，是以船为承载平台的激光扫描测量系统，在海岸带陆部地形测量的数据采集方面具有测绘速度快、方便灵活性、可靠性和自动化程度高、运行成本低廉等特点，是传统人工测量与航空摄影测量方法的有效补充，是海岸带沿海洋向陆地进行地形测量的重要方法，为海洋地理信息数据采集开辟了一条快速高效的新途径。如果在船上同时集成单波束、多波束等测深仪器，还可同步进行水深测量，这部分的内容详见第 5.6 节。

5.4.2.1 系统组成

船载三维激光扫描系统的组成主要包括激光扫描仪、定位定向系统、全景相机等，如图 5.10 所示。

系统的核心传感器之一是激光扫描仪，它可以在高速运转条件下精确测量到被测目标物体的角度和距离值，从而获取大量的目标点坐标数据。

IMU 姿态测量系统，由陀螺仪和加速计高速采集载体在 3 个坐标轴分量上的角速度和加速度量，然后对这些做积分计算得到载体的运动姿态信息。

GNSS 导航定位系统，可以获得激光扫描仪的实时位置。

其中，IMU 姿态测量系统和 GNSS 导航定位系统构成了 POS 系统，POS 是一种位置姿态系统，通过联合处理 GNSS 数据和 IMU 数据，可以提供精确的位置信息(经纬度、海拔高)、定向信息(横摇、纵摇、航向)、速度信息以及各数据的质量情况。

全景相机，用来获取测量范围内目标物的影像数据，后期可以与点云数据融合生成彩色点云，也可以辅助激光数据进行数据分类。

图 5.10　船载三维激光扫描系统

1. 工作原理

船载激光扫描系统将激光扫描仪、定位定向系统等多传感器建立协同连接，多传感器的协同主要是将用于测量的多个传感器纳入统一坐标系和时间基准下，实现同步控制测量与解算，船载测量设备是在运动中测量，不同时刻，测量的基准点不同，因此，需要统一的时间基准，确保每个传感器的测量时刻控制在允许的误差范围内。大型测量系统中，一般使用 GNSS 授时时钟作为时间基准，分频后满足多个传感器不同的时钟频率需求。

系统工作时，由激光扫描仪记录激光扫描中心到被测目标物体的角度、距离信息，以此推算被测目标在激光坐标系下的坐标。而激光扫描中心与 POS 之间的空间位置关系已经提前检校好，且激光扫描仪与 POS 之间通过 GNSS 时间进行精确时间同步，POS 获取的是大地坐标信息，所以实测目标物体便可以大地坐标的形式被定位，从而实现动态获得三维激光扫描点云数据。

各个传感器之间坐标系统的转换关系是实现船载激光扫描移动测量系统需要解决的一个重要问题，主要有激光设备坐标系、POS 系统坐标系、大地坐标系三种主要坐标系统，激光测得的目标物最终要转换到大地坐标系下，如图 5.11 所示。

2. 数据组成及数据处理流程

船载三维扫描技术获取的数据由 3 部分组成：原始定位定向数据：来自船载 GNSS 及 IMU；原始激光数据：来自激光扫描仪；原始数字相片数据：来自数码相机。船载三维扫描系统数据处理流程图如图 5.12 所示。

1）数据预处理

船载三维激光扫描系统数据预处理的目的在于给原始激光数据以及原始数字相片数据添加上地理信息，预处理过程主要包括定位定向数据处理过程及加载地理定位信息过程。

定位定向数据处理分为 3 步：首先进行数据分离，其主要目的在于分离出 GNSS 数据和 IMU 数据；其次进行 GNSS 差分解算，将地面基站 GNSS 数据与船载 GNSS 数据进行动

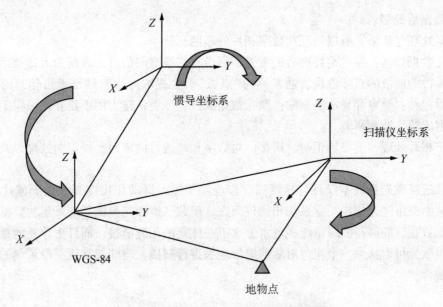

图 5.11 船载三维激光扫描技术坐标系融合

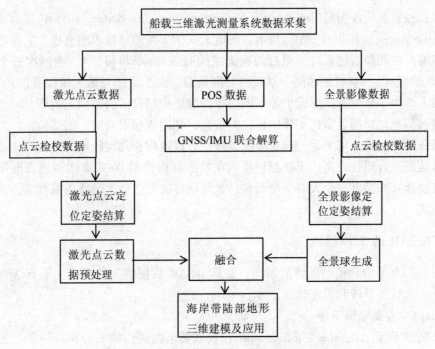

图 5.12 船载三维扫描系统数据处理流程图

态差分，重采样得到离散的船载 GNSS 定位数据；最后将差分解算后的船载 GNSS 数据与 IMU 数据进行融合。得到的结果一方面提供给激光数据计算各测点的 (X, Y, Z) 三维坐标，另一方面提供给数字相片，确定每张相片的外方位元素。

2）数据后处理

数据处理包括激光数据处理和数字相片处理两部分。

激光数据处理：经过预处理后的激光数据带有三维空间信息，表现为大量悬浮在空中的没有属性的离散的点阵数据，通常称为"点云"。在提取海岸带陆部地形信息时，主要处理过程包括：噪声和异常值剔除；激光数据滤波、分类；输出用于建立地面模型的点云数据，生成数字地面模型。

数字相片处理：主要是正射、拼接，对数字相片进行内定向、外定向处理以及空中三角测量。

船载三维激光系统不仅具有精度高、作业周期短、自动化程度高、全天候作业等优势，与地面三维激光扫描测量系统相比较而言，船载三维激光扫描系统采集的数据是连续的不间断数据，能够与测深系统实现水上水下一体化的无缝衔接；而且更重要的是，通过船载三维激光可以从另一个视角对陆部地形地貌进行扫描，与陆部其他手段采集的数据实现有机融合。

5.5　合成孔径雷达干涉测量技术

合成孔径雷达干涉测量（Interferometric Synthetic Aperture Radar，InSAR）是合成孔径雷达（Synthetic Aperture Radar，SAR）技术与射电天文学干涉测量技术的合成。它使用卫星或飞机搭载的合成孔径雷达系统，通过两副天线同时观测（单轨模式），或两次近平行的观测（重复轨道模式），获取地面同一景观的复影像对。由于目标与两天线位置的几何关系，在复图像上产生了相位差，形成干涉纹图。干涉纹图中包含了斜距向上的点与两天线位置之差的精确信息。根据复雷达图像的相位差信息，利用传感器高度、雷达波长、波束视向及天线基线距之间的几何关系，通过影像处理、数据处理和几何转换等来提取地面目标地形的三维信息。合成孔径雷达干涉测量技术在数字高程模型 DEM 重建和地表形变监测等方面具有快速、高精度、全天时、全天候、大区域等突出优势，已成为最具潜力的对地观测新技术之一。

5.5.1　InSAR 的干涉模式

根据 InSAR 平台和使用条件的不同，获取 InSAR 数据的干涉模式主要有 3 种：交叉轨道干涉、沿轨道干涉和重复轨道干涉。

5.5.1.1　交叉轨道干涉

交叉轨道干涉（Acrosstrack Interferometry）模式要求两副天线安装在同一平台上同时获取数据，因此目前只用于机载 SAR 系统。但人们正在研究在将来的卫星上实现这种方法，它的优势在于精度高而且机动性能好。其干涉几何原理图如图 5.13 所示，从图中可以看出，两副天线的安装位置与飞行方向垂直。在该模式下，干涉相位差是由于地面目标的高度变化引起的，所以主要用于地形制图和形变监测。但这种干涉形式的计算方法难以区分因区域坡度影响产生的误差与飞机滚动产生的误差。

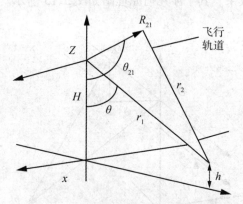

图 5.13　交叉轨道干涉模式几何原理图

5.5.1.2　沿轨道干涉

沿轨道干涉(Alongtrack Interferometry)模式与交叉轨道干涉模式一样,都要求两副天线安装在同一平台上,因此目前也只适用于机载 SAR 系统。其干涉几何原理图如图 5.14所示,此时两副天线沿飞行向相隔一段距离。采用该模式得到的相应像素的相位差是由于测量时物体的运动产生的,因此它适用于对运动的目标进行监测,如海洋制图、波浪谱测量等。

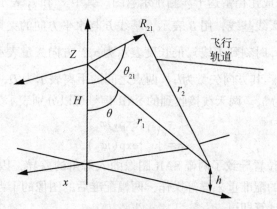

图 5.14　沿轨道干涉模式几何原理图

5.5.1.3　重复轨道干涉

重复轨道干涉(Repeatpass Interferometry)模式只要求安装一副天线,它采用经过几乎相同的轨道以微小的几何视差对同一地区成像两次的方法来获取数据,因此需要对飞行轨道进行精确定位。由于受大气的影响较小,卫星比飞机具有更准确、稳定的飞行轨道,因此该模式最适合星载 SAR 的干涉,它的优势在于能够快速获取大范围或全球范围的干涉数据。目前此方法已被成功地应用于欧空局的 ERS-1 和 ERS-2 上装载的 SAR,日本 JERS-1 装载的 SAR 和航天飞机上的 SIR-C/X-SAR 也成功地运用该方法进行 InSAR 技术的应用研究，并取得了很好的效果。其干涉几何原理图如图 5.15 所示。

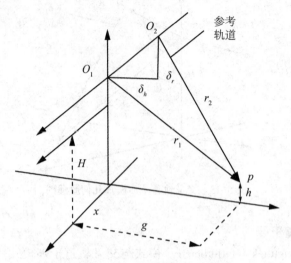

图 5.15　重复轨道干涉模式几何原理

5.5.2　InSAR 工作原理

图 5.16 所示为合成孔径雷达干涉测量示意图。其中 s_1 和 s_2 表示了两个天线的位置，天线之间的距离称为天线基线，用 B 表示，基线 B 与水平方向的夹角为 α。雷达位置的高度为 H，地面点 P 和 t_1 时刻到天线 s_1 的长度表示为 ρ_1，方向矢量表示为 $\vec{l_1}$，P' 在 t_2 时刻到天线 s_2 的长度表示 ρ_2，其方向矢量为 $\vec{l_2}$。两点之间的距离表示为 D，p_0 是 p 在参考椭球面上的投影，p 的高度为 h_g。两天线接收到的 SAR 信号可以分别表示为：

$$s_1 = |s_1| \exp(j\varphi_1) \tag{5-14}$$
$$s_2 = |s_2| \exp(j\varphi_2) \tag{5-15}$$

SAR 系统的不同位置导致了两幅 SAR 图像的入射角的差异，因此在干涉处理前，一般需要进行两幅影像的配准重采样等操作，两幅配准后的图像的干涉处理只需将两幅复数图像进行复共轭相乘计算即可。

$$s_1 s_2^* = |s_1||s_2| \exp[j(\varphi_1 - \varphi_2)] \tag{5-16}$$

干涉相位 ϕ 可以表示成为：

$$\phi = \varphi_1 - \varphi_2 = \frac{4\pi}{\lambda}(\rho_2 - \rho_1) + (\varphi_{scat1} - \varphi_{scat2}) \tag{5-17}$$

如果采用重复轨道测量的方式进行两次成像，那么可以认为在两个时刻的地面的散射特性相同，即 $\varphi_{scat_1} = \varphi_{scat_2}$，那么可以将上式进行简化，即：

$$\phi = \varphi_1 - \varphi_2 = \frac{4\pi}{\lambda}(\rho_2 - \rho_1) \tag{5-18}$$

于是有

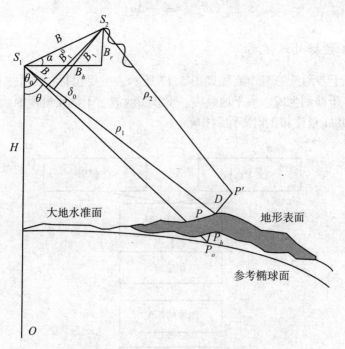

图 5.16　InSAR 干涉测量示意图

$$\phi \approx -\frac{4\pi}{\lambda}(\vec{B} \cdot \vec{l_1} - \vec{D} \cdot \vec{l_1}) = -\frac{4\pi}{\lambda}[B\sin(\theta - \alpha) - \Delta\rho] \tag{5-19}$$

将空间基线在视线向方向(line of sight，LOS)上进行分解，分解为两部分，一部分为平行于视线向的分量 $B_\parallel$，另一部分为垂直于视线向的分量 $B_\perp$，分别表示为：

$$B_\parallel = B\sin(\theta - \alpha) \tag{5-20}$$

$$B_\perp = B\cos(\theta - \alpha) \tag{5-21}$$

计算得到 InSAR 的一般表达式为：

$$\phi = -\frac{4\pi}{\lambda}\left(B_\parallel + \frac{B_1}{\rho_1 \sin(\theta_0)}h - \Delta\rho\right) \tag{5-22}$$

上式中可以看出，干涉相位可以分为三部分组成，可以表示为：

$$\phi = \phi_{ref} + \phi_{topo} + \phi_{defo} \tag{5-23}$$

其中，ϕ_{ref} 称为参考相位(reference phase)，是由于地球曲率所产生的系统性的相位；ϕ_{topo} 称为地形相位(topographic phase)，是由于地形起伏所形成的相位；ϕ_{defo} 则是形变相位(deformation phase)，是由于两次成像过程中地形起伏的变化(即地表形变)引起的。它们可以分别表示成：

$$\phi_{ref} = -\frac{4\pi}{\lambda}B_\parallel \tag{5-24}$$

$$\phi_{topo} = -\frac{4\pi}{\lambda}\frac{B_\perp}{\rho_1 \sin(\theta_0)}h \tag{5-25}$$

$$\phi_{\mathrm{defo}} = -\frac{4\pi}{\lambda}\Delta\rho \qquad\qquad (5\text{-}26)$$

5.5.3　InSAR 数据处理流程

　　InSAR 技术干涉测量的工作流程如图 5.17 所示，主要包括：SLC 主辅图像匹配、主辅图像预滤波、干涉图生成、去平地效应、干涉图滤波、干涉质量评价、相位解缠、基线估计、干出滩 DEM 重建和正射影像制作等。

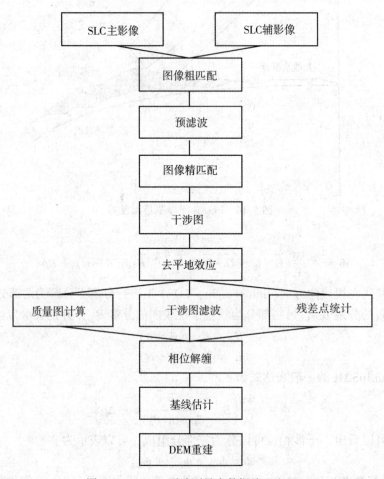

图 5.17　InSAR 干涉测量中数据处理流程

5.5.3.1　SLC 主辅图像匹配

　　主辅图像匹配是 InSAR 干涉处理最基础的一步，为了得到高质量的干涉图，必须对主辅图像进行子像元级的匹配处理，以获取可靠的干涉相位。由于 SLC 图像中既含有图像的强度信息，又含有图像的相位信息，因此主辅图像的匹配方法很多，既可以复数图像的相干系数为测度进行匹配，又可以强度图像的相关系数为测度进行匹配，还可以相位差的平方和最小为测度进行匹配。对于星载重复轨道 SLC 主辅图像和机载双天线 SLC 主辅图像，又可根据其特点，采用不同的匹配策略和匹配流程。对于星载重复轨道 SLC 主辅图像的匹配，由于主辅图像之间的相对偏移量未知，一般采用粗匹配、像元级匹配、子像元级匹配和匹配模型计算四步来完成匹配任务；而对于机载双天线 SLC 主辅图像的匹配，由于图像之间的相对偏移量较小且可以进行预先估计，可以只采用像元级匹配、子像元级匹配和匹配模型计算三步来完成匹配任务。

5.5.3.2 SLC 主辅图像预滤波

由于基线和多普勒参数等因素的影响，InSAR 主辅图像在距离向和方位向存在频谱偏移，从而引起干涉图中的相位噪声。为了提高主辅图像精匹配的精度和干涉图获取的质量，可在距离向和方位向进行预滤波处理。预滤波不是干涉处理的必需步骤，可根据频谱偏移量的大小决定是否进行预滤波处理。

5.5.3.3 干涉图生成

计算出匹配模型后，对主、辅图像的复数值进行重采样，并将主、辅图像相应像元的复数值进行共扼相乘，计算干涉图。通常把主辅图像相应像元共扼相乘所得复数的模称为干涉强度图，把所得复数的相位称为干涉相位图或干涉图。为了表示干涉图，通常把计算出的干涉相位规划到区间 10~255 范围内，进行图像显示。

5.5.3.4 去平地效应

平坦地区的干涉相位随距离和方位的变化而有规律的变化，称为平地效应。对于平行轨道或双天线情况，平坦地区的干涉条纹沿方位表现为一系列竖直的平行条纹。为了降低干涉图的条纹频率，减小干涉图滤波和相位解缠的难度，可进行平地效应去除工作。去平地效应不是干涉处理的必需步骤。对于去平地效应的干涉图，可以依据一定的数学公式由解缠相位直接计算地面高程。

5.5.3.5 干涉图滤波

由于地面散射特性变化、匹配误差、系统热噪声等因素的影响，干涉图中存在大量相位噪声，影响了干涉图质量，增加了相位解缠难度。为了减少干涉图中的相位噪声，降低相位解缠的难度，需要对干涉图进行有效的滤波处理。理论和实验均表明，传统光学图像等标量图像采用的滤波方法不适合于干涉图的滤波处理，因此需要根据干涉图的自身特点，采用新的滤波方法。

5.5.3.6 质量图计算

为了评价干涉质量的好坏，并为干涉图滤波及相位解缠提供参考依据，可以计算相干图、伪相干图等干涉质量图。

5.5.3.7 相位解缠

由于干涉图中的相位值为干涉相位的主值，为了利用干涉图获取地面的高程信息，必须对其进行相位解缠处理，确定各像元之间的真实干涉相位差。

5.5.3.8 基线估计

为了利用解缠后的干涉相位计算出相应地面点的高程信息，需要进行基线参数估计。由于高程精度受基线参数影响较大，一般情况下，基线参数估计误差将引起 DEM 中明显的"斜坡"效应，因此需要采用较合适的基线估计方法来精确估计基线参数或采用解缠相位与高程转换的新模型替代传统的基线估计及其高程计算过程。

5.5.3.9　DEM 重建和正射影像制作

获得了地面点的高程信息之后，可根据主(辅)图像中的像点坐标及定向参数，由 SAR 图像的构像模型，进行 DEM 重建和正射影像制作。DEM 重建及正射影像制作方法包括直接法和间接法两种方法。

利用机载 InSAR 图像探测海岸带陆部地形，InSAR 图像与其他遥感图像相比较，对于海岸带地形要素的区分更为有利，对海岸带要素识别更为明显，可对海岸带陆部进行快速、高效的探测，并根据地形、地貌的直接相关性来探测浅海水深和水下地形。由于海岸带地形变化很快，可以用 InSAR 技术快速将各种细微的变化反映出来，监视海岸和近海的各种变化，为海岸带利用和开发提供技术保障，是一种很有潜力的新技术。目前，虽然利用机载 InSAR 图像测绘地形图的技术方法和应用系统已经研制成功，但其探测海岸带地形图水深信息的实用系统尚未研发，因此应加强综合探测海岸带陆海信息的技术研究和应用开发，加强新技术向生产实践的转化。

5.6　水上水下一体化测量

水上水下一体化测量技术集成了激光扫描仪、多波束测深仪、POS 系统与硬件同步控制器等多传感器，实现多传感器协同信息采集、显示与融合，能同时获取浅水区海底地形及近岸水上地形，解决了海岛礁周边、淤泥滩等行人、行船困难区域的实测问题，提升了海岛礁、海岸和滩涂地形测量技术水平和效率，为我国海洋测绘工作提供较为全面的技术保障。

5.6.1　系统组成

系统主要由 POS 系统、激光扫描仪、多波束测深仪等组成。

船载激光扫描仪已在第 5.4.2 节中详细介绍，在此不再赘述。

船载水下测量使用多波束测深仪，具有较高分辨率、数据精度以及图像质量。在测量过程中，可以根据实际环境调整系统频率，从而达到最佳的量程和条带覆盖宽度效果。多波束测深仪由船舷安装的发射换能器模块、接收换能器模块以及舱室安装的声呐接口单元(SIM)组成。当选择一个较窄的覆盖扇区时，所有的声学水深点集中在这个窄条带内以增加系统的分辨率，检测细小的水底特性。

船载姿态和位置系统使用 SPAN-LCI 分体式闭环光纤组合导航系统。IMU 测量数据从 IMU-LCI 发送到 GNSS 接收机，接收机通过处理后，可提供融合后的载体位置、速率、姿态信息。

5.6.2　系统数据处理

5.6.2.1　组合导航数据处理获取 POS 数据

GNSS 数据和 INS 数据联合进行紧组合解算，得到当前时间点处惯导中心的位置和姿态。然后利用专用软件，进行数据解算，解算过程包括原始数据转换、GNSS 解算、TC 解算、GPS/INS 组合解算、平滑处理、数据分析等。

5.6.2.2 激光扫描仪、多波束测深仪与 POS 融合

GPS/INS 组合导航提供扫描仪运动轨迹与姿态参数，利用这些参数可对激光扫描仪、多波束测深仪数据进行匹配与融合，从而计算目标点的三维坐标，这一过程即为数据预处理。数据预处理主要是对 POS 数据进行内插处理，利用同步信息获取激光扫描仪、多波束测深仪位置与姿态参数。最后对以上数据进行空间整合、时间整合、姿态改正等解算目标点坐标。

数据融合过程中坐标转换流程如下：

1. 传感器坐标系到惯导坐标系

根据标定的公共点计算传感器坐标系向惯导坐标系转换的 6 参数：ΔX、ΔY、ΔZ、ω_Y、ω_X、ω_Z。设扫描点坐标为$(X, Y, Z)_V$，在惯导坐标系下的坐标为$(X, Y, Z)_{IMU}$，则有，

$$\begin{pmatrix} X \\ Y \\ Z \end{pmatrix}_{IMU}^{T} = \begin{pmatrix} X_V - \Delta X \\ Y_V - \Delta Y \\ Z_V - \Delta Z \end{pmatrix}^{T} R_Y R_X R_Z = \begin{pmatrix} X_V - \Delta X \\ Y_V - \Delta Y \\ Z_V - \Delta Z \end{pmatrix}^{T} R_1 \tag{5-27}$$

其中，

$$R_1 = R_Y R_X R_Z = \begin{pmatrix} \cos\omega_Y & 0 & -\sin\omega_Y \\ 0 & 1 & 0 \\ \sin\omega_Y & 0 & \cos\omega_Y \end{pmatrix}\begin{pmatrix} 1 & 0 & 0 \\ 0 & \cos\omega_X & -\sin\omega_X \\ 0 & \sin\omega_X & \cos\omega_X \end{pmatrix}\begin{pmatrix} \cos\omega_Z & -\sin\omega_Z & 0 \\ \sin\omega_Z & \cos\omega_Z & 0 \\ 0 & 0 & 1 \end{pmatrix}$$

$$= \begin{pmatrix} \cos\omega_Y\cos\omega_Z - \sin\omega_Y\sin\omega_X\sin\omega_Z & -\cos\omega_Y\sin\omega_Z - \sin\omega_Y\sin\omega_X\cos\omega_Z & -\sin\omega_Y\cos\omega_X \\ \cos\omega_X\sin\omega_Z & \cos\omega_X\cos\omega_Z & -\sin\omega_X \\ \sin\omega_Y\cos\omega_Z + \cos\omega_Y\sin\omega_X\sin\omega_Z & -\sin\omega_Y\sin\omega_Z + \cos\omega_Y\sin\omega_X\cos\omega_Z & \cos\omega_Y\cos\omega_X \end{pmatrix}$$

2. 惯导坐标系到当地水平坐标系

惯导坐标系前进方向为 y 轴、向右为 x 轴、向上为 z 轴。惯导记录姿态角。

①侧滚角 Roll：惯导 x 轴与水平方向之间的夹角，船右侧向下为正；

②俯仰角 Pitch：惯导 y 轴与水平方向之间的夹角，船头向上为正；

③偏航角 Heading：惯导前进方向(xy 平面)与正北方向之间的夹角，顺时针为正。

设 Roll、Pitch、Heading 分别为 φ、ω、κ。设扫描点在当地水平坐标系下的坐标为$(X, Y, Z)_{Local}$，惯导坐标系下的坐标转换为当地水平坐标系下的坐标：

①先绕 y 轴旋转 φ；

②再绕 x 轴旋转 ω；

③最后绕 z 轴旋转 κ。

则有

$$\begin{pmatrix} X \\ Y \\ Z \end{pmatrix}_{Local}^{T} = \begin{pmatrix} X \\ Y \\ Z \end{pmatrix}_{IMU}^{T} R_y R_x R_z = \begin{pmatrix} X \\ Y \\ Z \end{pmatrix}_{IMU}^{T} R_2 \tag{5-28}$$

其中，

$$R_2 = R_y R_x R_z = \begin{pmatrix} \cos\varphi & 0 & -\sin\varphi \\ 0 & 1 & 0 \\ \sin\varphi & 0 & \cos\varphi \end{pmatrix} \begin{pmatrix} 1 & 0 & 0 \\ 0 & \cos\omega & \sin\omega \\ 0 & -\sin\omega & \cos\omega \end{pmatrix} \begin{pmatrix} \cos\kappa & -\sin\kappa & 0 \\ \sin\kappa & \cos\kappa & 0 \\ 0 & 0 & 1 \end{pmatrix}$$

$$= \begin{pmatrix} \cos\varphi\cos\kappa + \sin\varphi\sin\omega\sin\kappa & -\cos\varphi\sin\kappa + \sin\varphi\sin\omega\cos\kappa & -\sin\varphi\cos\omega \\ \cos\omega\sin\kappa & \cos\omega\cos\kappa & \sin\omega \\ \sin\varphi\cos\kappa - \cos\varphi\sin\omega\sin\kappa & -\sin\varphi\sin\kappa - \cos\varphi\sin\omega\cos\kappa & \cos\varphi\cos\omega \end{pmatrix}$$

3. 当地水平坐标系到 WGS84 坐标系

当地水平坐标系原点在 WGS84 坐标系下的大地坐标为 $(B,\ L,\ H)$。设扫描点在 WGS84 坐标系下的坐标为 $(X,\ Y,\ Z)_{\text{WGS84}}$，当地水平坐标系下的坐标转换为 WGS84 坐标系下的坐标：

①先绕 x 轴旋转 $90° - B$；

②再绕 z 轴旋转 $90° + L$；

③最后将当地水平坐标系原点平移到 WGS84 坐标系原点。

则有

$$\begin{pmatrix} X \\ Y \\ Z \end{pmatrix}_{\text{WGS84}}^{\text{T}} = \begin{pmatrix} X \\ Y \\ Z \end{pmatrix}_{\text{Local}}^{\text{T}} R_x R_z + \begin{pmatrix} X \\ Y \\ Z \end{pmatrix}_{O} = \begin{pmatrix} X \\ Y \\ Z \end{pmatrix}_{\text{Local}}^{\text{T}} R_3 + \begin{pmatrix} X \\ Y \\ Z \end{pmatrix}_{O}^{\text{T}} \tag{5-29}$$

其中，

$$R_3 = R_x R_z = \begin{pmatrix} 1 & 0 & 0 \\ 0 & \cos(90° - B) & \sin(90° - B) \\ 0 & -\sin(90° - B) & \cos(90° - B) \end{pmatrix} \begin{pmatrix} \cos(90° + L) & \sin(90° + L) & 0 \\ -\sin(90° + L) & \cos(90° + L) & 0 \\ 0 & 0 & 1 \end{pmatrix}$$

$$= \begin{pmatrix} -\sin L & \cos L & 0 \\ -\sin B\cos L & -\sin B\sin L & \cos B \\ \cos B\cos L & \cos B\sin L & \sin B \end{pmatrix}$$

$(X,\ Y,\ Z)_O$ 为当地水平坐标系原点在 WGS84 坐标系下的空间直角坐标。

扫描点 $(X,\ Y,\ Z)_V$ 在 WGS84 坐标系下的坐标 $(X,\ Y,\ Z)_{\text{WGS84}}$：

$$\begin{pmatrix} X \\ Y \\ Z \end{pmatrix}_{\text{WGS84}}^{\text{T}} = \begin{pmatrix} X_V - \Delta X \\ Y_V - \Delta Y \\ Z_V - \Delta Z \end{pmatrix}^{\text{T}} R_1 R_2 R_3 + \begin{pmatrix} X \\ Y \\ Z \end{pmatrix}_{O}^{\text{T}} \tag{5-30}$$

5.6.2.3　点云数据处理

利用水上水下一体化测量系统后处理软件，对点云数据进行筛选、剔除，提取地物特征点，如房屋角点、电线杆中心点等。以一定的格式输出到文本文件中，导入绘图软件进行制图。

船载多传感器水上水下一体化测量系统集成多波束测深仪、激光扫描仪、姿态及位置等多传感器技术，实现船载多波束测深系统和激光扫描系统的协同信息采集，可用于海岛礁周边、海岸带、航道及滨海等复杂地区的地理信息获取，解决了登岛、登岸和行船测量困难的问题，有效提升了我国海岛礁、海岸带、航道和滩涂地形测量技术水平和效率，在海岸带快速测量、海岛礁测绘、大型海岸工程建设中有巨大的应用价值。

第6章　水下地形测量

6.1　概述

通常采用陆地地形测量与水下地形测量相结合的方式完成海岸带地形图测量。海岸带水下地形测量是测量沿岸狭长地带海底起伏形态和地物的工作,是陆地地形测量向海洋的延伸。其主要测量内容包括滩涂地形和水下地形,这里的滩涂地形主要是指涨潮时被水淹没而低潮时露出水面的可测量区域,其测量要素包括海岸线、海底地形、地貌、各种水下工程建筑、底质、沉积物厚度、沉船等障碍物、海洋生物分布区界和水文要素等。水下地形测量任务可划分为科学性任务和生产性任务,科学性任务主要是满足科研需求而进行的,如地球形状,海底地质的构造运动、大地水准面的确定,以及水域环境、海、河道演变分析等方面的研究;生产性任务是为满足实际工程需要而进行的水下测量工作,如国土、规划、近海航行、登陆作战、航海、航运、渔业、海洋工程、海上划界等生产项目。

水下地形测量,其主要任务是测出水体的深度,提供海底地形基础图件与地貌资料。所谓水深,是指固定地点从海平面至海底的垂直距离,分为现场水深(即瞬时水深)和海图水深。现场水深是指现场测得的自海面至海底的铅直距离;海图水深是从深度基准面起算到海底的水深。我国是采用“理论最低潮面”来作为海图起算面的。水深测量一般利用测深杆法、测量锤法和回声测深仪等获取该平面位置处的水深,水深瞬时值受到仪器、潮汐等因素的影响,在数据后处理中加入相关改正,并归算至统一的深度或高程基准面。为了与陆上地形图实现拼接,水下地形图宜采用与陆地统一的垂直基准,为航海服务的海图通常采用理论最低潮面,而陆地涉海工程时也采用 1985 国家高程基准;海、陆基础地形图测绘时,需要两种基准统一到同一幅图上进行表达。

水下地形测量与陆地测量相比,有诸多特点:

(1)陆地测量是测量某一物体的空间位置,水下地形测量是定位与测深的结合。在水面以上,位置的测量是用无线电定位方法;在水下,水深的测量是通过声波的方法。

(2)水下地形测量是在测量船上这一动态环境下施测的,受风浪、涌浪和潮汐等因素的影响,没有严格意义上的重复观测,精确测量难度大。因此,在前期准备和技术设计以及后期数据处理上,要考虑多方面因素才可以有效地削弱测量误差。水下地形地貌测量已经发展为空间、海面以及水下的立体测量。

(3)水下地形测量成果只能精确反映施测当时的地形情况,相比陆地地形的变化相对较慢的特点,水下地形受到潮流、径流、风浪、海蚀等影响,变化速度远远快于内陆区域,有时,一场大的风暴潮之后,由于波浪扰动力及其扰动范围的变化,水下地形会发生显著变化。

（4）水下地形测量误差源复杂，潮汐因素、气象因素、海况因素、声速误差、仪器系统误差、潮汐测量和模型、船只姿态因素、数据处理等内外业工作的各个环节都有可能引起测量误差，因此必须系统地考虑。

6.2　潮位测量

潮位测量，又称水位观测，也称验潮，就是测量某固定点的水位随时间的变化，实际上就是测量该点在某一时段的瞬时水深变化。其目的是为了保证将所测的水深改正至规定的深度基准面，一般通过长期验潮站或临时验潮站来完成。潮位测量也是建立全国高程基准的基础，在大地测量中占有重要地位。

6.2.1　海水运动现象

海洋是位于地球表面的庞大水体，受各种作用力的驱动而产生运动，具有复杂多样的运动形式。海水运动最显著的现象是海浪、海流和潮汐运动。

6.2.1.1　海浪

海水是流体，最为人熟知的运动形式是海浪，人们对海面状况（即海况）的判断主要依据海浪的大小。在海洋调查规范中，就规定了海况与海浪的关系，见表6.1。

表6.1　　　　　　　　　　　　　　海况与海浪

海况等级	浪高范围	海 面 特 征
0级	0m	海面光滑如镜或仅有涌浪存在
1级	0~0.1m	波纹或涌浪和波纹同时存在
2级	0.1~0.5m	波浪很小，波峰开始破裂，浪花不显白色而呈玻璃色
3级	0.5~1.25m	波浪不大，但很触目，波峰破裂，其中有些地方形成白色浪花——白浪
4级	1.25~2.5m	波浪具有明显的形状，到处形成白浪
5级	2.5~4m	出现高大的波峰，浪花占了波峰上很大面积，风开始削去波峰上的浪花
6级	4~6m	波峰上被风削去的浪花，开始沿着波浪斜面伸长成带状，有时波峰出现风暴波的长波形状
7级	6~9m	风削去的浪花带布满了波浪斜面，并且有些地方到达波谷，波峰上布满了浪花层
8级	9~14m	稠密的浪花布满了波浪斜面，海面变成白色，只有波谷内某些地方没有浪花
9级	>14m	整个海面布满了稠密的浪花层，空气中充满了水滴和飞沫，能见度显著降低

海洋中任何地方，任何时刻均可产生海浪。在海面、江面和大型水库的水面都能见到波浪现象。从波浪理论分析，这种振荡起伏属于谐振运动，当每一波浪通过时，水分子作

上下圆周运动，实际水体很少前进，其向前传播的仅是波的形状。由于各种原因，使海水面形成周期性起伏，波浪向前传播。波浪形成的主要原因与风关系密切，所谓"无风不起浪"、"风平浪静"，都表明了浪与风的关系。一般来说，在风的扰动下，海面上会产生微波，或称毛细波、涟漪、表面张力波，其恢复力是表面张力。如果风继续吹，就形成风浪。风浪与风速大小、风向、风作用时间长短、风作用空间范围大小有关。风速越大，风作用时间越长，风作用空间范围越大，产生的海浪波高越大。但是，随着风作用时间的继续延长，波高不会一直增加下去，而是保持一个定常状态，这时的风浪称为充分成长的风浪。当风停止时，海面不会马上静止下来，而是会继续存在浪，并向周围传播开来，这就产生涌浪，也称为涌。海面上还有"无风三尺浪"的说法，指的就是这种情形。

由当地风引起，且直到观测时仍处于风力作用下的海面波浪，称为风浪，它取决于风速、风区和风时。风浪离开风的作用区域后，在风力甚小或无风水域中，依靠惯性维持的波浪统称为涌浪，其外形比较规则，波面比较光滑，周期大于原来风浪的周期，且随传播距离增加而逐渐增大。

此外，海水还存在密度垂直变化时产生海流剪切、海面扰动的内波，海底或海岸地震而引起的海啸，风应力、大气压强的变化等引起的表面重力波，科氏力作用引起的随时间变化的大尺度长周期的罗斯贝波或行星波，以及由日月引潮力作用而产生的波，等等。

6.2.1.2 海流

海水具有一定速度和方向的大规模流动，称为海流。按引起海流的原因不同，海流可分为风生流和密度流；按其空间分布，可分为表层环流、中层环流、深层环流和底层环流。表层环流主要是风生环流，而中层环流、深层环流和底层环流则为密度环流。海流对海上航行、海底地质过程、海岸工程建设、海底矿产资源开发和全球气温变化等都有着直接影响和重要意义。

风生流，包括由全球大气环流作用在海面的风应力和水平湍流压力的合力与地转偏向力平衡后而形成大洋中的风生环流，以及主要受季风影响的沿岸风生漂流。密度流是由于全球热辐射不均和盐度分布不均所产生的水平压强梯度力与水平地转偏向力平衡时而形成的海流。

海流有暖流和寒流之分。若海流的水温高于所流经海域的水温，称为暖流，著名的有日本海的黑潮和美洲的墨西哥湾流等；若海流的水温低于所流经海域的水温，称为寒流，如格陵兰海流等。暖流、寒流对邻近陆地气候会产生影响，同时直接影响海洋渔业资源的分布。海流是海洋中的"河流"，是指在一段较长的时间内(一个月、一个季节、一年或长期)，具有大体固定路径、较大规模的海水运动，但不包括波浪或潮汐导致的海水周期性运动。海流流速通常在每秒几厘米至几米之间，宽度可达数百公里。影响我国海域的著名海流是黑潮，它发端于太平洋北赤道海区，主轴经台湾东面，至琉球群岛一带，进入日本海。内波是发生在几十米至几百米深处的海洋波动现象。内波比海面的波浪波高更大，波长更长，会破坏海洋工程设施，影响施工安全。

6.2.1.3 潮汐

潮汐是海水受日、月引潮力作用而产生的周期性上升和下降运动。它在垂直方向上表现为潮位升降现象，在水平方向上表现为潮流的进退现象。主要是由于天体对地球表面海水的引力作用产生的，这种引力主要来自月球和太阳。如果在海边观察数小时，就能看到海面有周期性的升降变化，这就是潮汐的表现形式。与海浪不同，潮汐不是由近处的风引起，而是由遥远的天体所引起的。根据牛顿万有引力定律，任意天体之间存在引力，引力大小与距离平方成反比。海洋是一个庞大的水体，不同地方的海水与月球、太阳等天体的距离不同，受到的引力也不同，这就造成引力分布不均，从而引起海水受力不平衡，产生海面升降变化。

海水面上升到最高时，称为高潮；海水面降低到最低时，称为低潮。高潮发生时刻每天推迟的时间间隔，称为高潮间隙。高潮和低潮之差称为潮差。潮差与月球运动有关，与月球距地球的远近有关。新月和满月时潮差最大，形成大潮；上弦和下弦时潮差最小，形成小潮。

同一天中，相邻两次高潮(或低潮)的高度不相等，或相邻两次高潮(或低潮)的时间间隔不一样的现象，称为日潮不等现象，主要是由于半日潮和全日潮相叠加而引起的。所谓半日潮，是指一天两次高潮和两次低潮的潮汐；所谓全日潮，是指一天一次高潮和一次低潮的潮汐。月球在赤道附近时日潮不等小，离赤道较远时日潮不等大。

潮汐除了引起海面的上下起伏外，还通过波动的形式向周围海区传播，这种波动称为潮波。潮波通常与海浪叠加在一起，需要通过计算才能将其区分开来。我国近海大陆架宽广，局部地区的天体引潮力引起的潮汐分量较小。

6.2.2　验潮站布设

验潮站分为长期验潮站与短期验潮站、临时验潮站和海上定点验潮站。长期验潮站是测区潮位控制的基础，它主要用于计算平均海面和深度基准面，计算平均海面要求有两年以上连续观测的水位资料。短期验潮站用于补充长期验潮站的不足，它与长期验潮站共同推算确定区域的深度基准面，一般要求连续30天的潮位观测。临时验潮站在水深测量作业期间设置，要求最少与长期验潮站或短期验潮站同步观测3天，以便联测平均海面或深度基准面，测深期间用于观测瞬时潮位，进行潮位改正。海上定点验潮，最少在大潮期间与长期或短期站同步观测3次24h，用以推算平均海面、深度基准面和预报瞬时潮位。

验潮站有效距离的计算是海洋测量中的一个重要课题。1957年以后，我国海道测量工作者开始认识到中国沿海划分验潮站有效范围的意义，并在实践中不断认识并利用中国沿海的潮汐规律。验潮站的有效范围取决于深度测量的精度、验潮站与深度点上瞬时(同一时间)的最大潮高差。根据测深区附近的已有两个验潮站的潮汐调和常数计算其间的瞬时最大潮高差，并按两个验潮站的距离计算测深精度相对应的距离，即为按测深精度要求的验潮站所允许的控制范围，称为有效距离。当超过这个距离时，深度测量的潮位改正要加密验潮站或者采用潮汐分带，使瞬时潮位值的改正符合深度点的实际。这是确保测深质量的关键环节之一。

海道测量中验潮站的有效距离按下式计算：

$$d = \frac{\delta_z S}{\Delta h_{max}} \tag{6-1}$$

式中，d 为验潮站有效距离(km)；δ_z 为测深精度(cm)；S 为两站之间的距离(km)，Δh_{max}

为两站在同一时间的最大可能潮高差(cm)。在上式中，δ_z、S 为已知值，我们只要计算 $\Delta h_{\max}$ 值，便可求得验潮站的有效距离。

对于不正规半日(或不正规日潮)、半日潮港、日潮港等的验潮站，$\Delta h_{\max}$ 值确定方法不一致，需要综合考虑不同验潮站潮汐特点和潮汐调和常数，通过不同的潮汐调和常数数学模型确定，数学模型的公式可以参考相关文献。《海道测量规范》(GB 12327)中规定相邻验潮站之间的距离应满足最大潮高差不大于 1 m、最大潮时差不大于 2h、潮汐性质基本相同。对于潮时差和潮高差变化较大的海区，除布设长期站或短期站外，也可在湾顶、河口外、水道口和无潮点处增设临时验潮站。《海洋工程地形测量规范》(GB/T 17501)中规定，相邻验潮站之间的距离应满足最大潮高差小于等于 0.4m，最大潮时差不大于 1h，且潮汐性质应基本相同。因此，需要根据海岸带地形测量工程实际，综合考虑测区潮汐特点，合理布设验潮站，使得验潮站的密度应能控制全测区的潮汐变化。

6.2.3　潮位观测

对于实际水深测量而言，总是希望得到一个稳定的基准面，如平均海面，并在此基础上反算出海底点相对于该不变面的深度或高程。

由于潮汐和波浪的作用，会使海平面发生瞬时的变化。对于这两个因素，潮汐的影响表现为较强的规律性，为长周期项(一般至少为 1h)，潮汐的变化相对平稳而有规律。同时，由于对潮汐的受力因素已经研究比较彻底，可通过潮汐预报和分析的方法获得潮汐值；波浪对瞬时海面的影响表现为较强的随机统计性，为短周期项(0~30s)，可看做对瞬时海面的扰动因素。

$$H(t) = T(t) + w(t)$$

$$T(t) = \mathrm{MSL}_0 + \sum_{i=1}^{n} f_i H_i \cos(q_i t + G(V_0 + u) - g_i) \tag{6-2}$$

$$w(t) = \sum_{i=1}^{n} (a_i \cos\varpi_i t + b_i \cos\varpi_i t)$$

式中，波浪 $w(t)$ 在不同的测区，由于自然、水文等影响因素的不同，波浪的变化表现出较大的差异。在实际测量过程中，可通过姿态测定获得波浪对深度测量的影响，从而间接地剔除了它对瞬时海面的影响。根据式(6-2)，如果能获得该时刻测区的潮汐影响 $T(t)$，经过潮汐改正，便可获得测点相对于平均海面的高程。

对于近岸作业而言，$T(t)$ 一般通过验潮站获得，但验潮站观测的仅仅是瞬时海面相对于某一高程基准的变化，但这一变化包含了波浪的影响，为了得到验潮站控制区的准确潮位，几乎所有的验潮方法都试图尽可能地消除或削弱波浪的扰动影响。

海面的周期变化如图 6.1 所示。其波形的瞬时变化实际上反映的是潮汐和波浪瞬时振幅的叠加。根据上一节的介绍和图 6.1、图 6.2 可以看出，潮汐是海面地形变化的长波项，而波浪是扰动项，且它们之间的周期差异较大。目前常用的两种滤波方法有人工滤波和数字化滤波，下面介绍它们的基本原理。

首先对式(6-2)两边取积分：

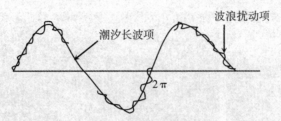

图 6.1　海面变化示意图

$$\frac{1}{\Delta t}\int_0^{\Delta t} H(t)\,\mathrm{d}t = \frac{1}{\Delta t}\int_0^{\Delta t} T(t)\,\mathrm{d}t + \frac{1}{\Delta t}\int_0^{\Delta t} w(t)\,\mathrm{d}t \tag{6-3}$$

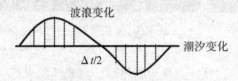

图 6.2　波浪周期示意图

考虑波浪属于高频、短周期扰动波，只要选择适当的 Δt（波浪周期），便可利用下式实现波浪的滤除：

$$\frac{1}{\Delta t}\int_0^{\Delta t} w(t)\,\mathrm{d}t = 0$$

$$\frac{1}{\Delta t}\int_0^{\Delta t} H(t)\,\mathrm{d}t = \frac{1}{\Delta t}\int_0^{\Delta t} T(t)\,\mathrm{d}t \tag{6-4}$$

根据上式，只要选择一个合适的 Δt，便可实现扰动项的滤除。

6.2.3.1　水尺验潮

利用水尺观测潮汐的变化以获得瞬时海面高程的过程，称为水尺验潮。水尺验潮是最古老而又最简易的验潮方法，同时也是短期、临时性质验潮中普遍采用的方法（图 6.3）。

潮位在水尺上的变化通常是采用人工观测的方法获得的。某一瞬间连续读取 2~3 个水位数据，然后简单地取平均获得该时刻的潮位值。

利用这种方法，潮位值的获得是通过简单平均得到的，在一定程度上也达到了对波浪的过滤作用。但是，由于观测时间间隔小、数据量少，这种滤波显得非常粗糙，所得潮汐值中渗入了波浪的影响量，同时考虑人为因素的影响，当海面起伏较剧烈时，水尺潮汐观测误差将大大增加。为此，需要采用更先进的观测手段，以提高潮位观测精度。

6.2.3.2　井式验潮

井式验潮方法一般适合固定于岸边（港口、码头等）的观测站进行长期潮位观测。其主要结构由验潮井、浮筒、记录装置组成。

工作原理如下：通过在水面上随井内水面起伏的浮筒带动上面的记录滚筒转动，使得记录针在装有记录纸的记录滚筒上画线，来记录水面的变化情况，达到自动记录潮位的目

图 6.3　水尺验潮

的。井式验潮结构见图 6.4，其特点是坚固耐用、滤波性能良好，其缺点是连通导管易堵塞、成本高、机动性差。

图 6.4　井式验潮站

目前，这种通过机械运动获得潮位的过程可以通过数字记录仪来完成。井式自记验潮仪一般包括浮子式验潮仪与引压钟式验潮仪两种。国内的长期验潮站大多采用这两种设备。浮子式验潮仪是利用一漂浮于海面的浮子，它随海面而上下浮动，其随动机构将浮子的上下运动转换为记录纸滚轴的旋转，记录笔则在记录纸上留下潮汐变化的曲线。引压钟式验潮仪是将引压钟放置于水底，将海水压力通过管路引到海面以上，由自动记录器进行记录。为了消除波浪的影响，需在水中建立验潮井，即从海底竖一井至海面，其井底留有小孔与井外的海水相通，采用这种"小孔滤波"的方法，将滤除海水的波动，这样，井外的海水在涌浪的作用下起伏变化，而由于小孔的"阻挡"作用，使井内的海面几乎不受影响，它只随着潮汐而变。井上一般要建屋，以保证设备的工作环境。这两种验潮仪由于安装复杂，需打井建站，适用于岸边的长期定点验潮。其特点是精度较高，维护方便，但一次性投入费用较高，不机动灵活，对环境要求高(如供电、防风防雨等)。

井式自记验潮仪的滤波方法属于机械性滤波(即利用硬件设备实现滤波)，即采用小孔阻尼滤波或长管阻尼滤波。

井式验潮是利用同海水相连接的浮子随海水面高度的变化进行验潮的。海水面上升或降低会引起浮子的升降，从而会带动记录滚筒的滚动，并在记录纸上反映出潮汐的变化。

井式验潮的水面状况不同于水尺验潮的水面状况，水尺验潮一般暴露在自然海况下进行，而井式验潮的浮子浮于壁上有许多小孔的圆桶围起来的海水上。小孔面积 S_h 同圆桶的截面积 S_b 成一定的比例，对于我国而言，该比例为 $1:500$。圆桶的这种设计目的在于，利用小孔减缓海水进入圆桶的速度，产生水位变化时延，以实现对波浪进行机械性滤波。

6.2.3.3 压力式验潮

压力式验潮仪是一种较新型的验潮设备，目前已逐步成为常用的验潮设备，它是将验潮仪安置于水下固定位置，通过检测海水的压力变化而推算出海面的起伏变化。压力式验潮仪利用测压原理测定潮位。

压力式验潮仪按结构可以分机械式水压验潮仪和电子式水压验潮仪。机械式水压验潮仪主要由水压钟、橡皮管、U 形水银管和自动记录装置组成。电子式水压验潮仪主要由水下机、水上机、电缆、数据链等部分组成。

压力式验潮仪适用范围较前几种验潮仪要广，不需要打井建站，无需海岸作依托，不但适用于沿岸、码头，而且对于远离岸边及较深的海域的验潮同样能胜任。同时，这种验潮仪轻便灵活，适用于验潮作业机动、灵活，且时间较短(一般为一两个月)的应用场合。当在较深水域验潮时，可使验潮仪工作在自容状态，按预置的时间间隔定时启动工作，测得的潮汐数据记在仪器内部的存储器中，待测量任务结束后，由潜水员将设备捞出，再通过接口读出所记的潮汐数据。在水深过深，潜水员无法打捞的水域，可在验潮仪上加装声学释放器，测量任务结束要打捞时，通过声代码发射接收机，向验潮仪发出声指令，验潮仪在接到指令后，控制声学释放器释放，自动脱钩上浮到海面。其缺点是，当设备工作于自容方式时，设备没有电缆通到水上，因此其供电只能靠电池，由于其有水密要求，因此更换电池不方便，并且这种验潮仪较声学式验潮仪成本高。压力式验潮仪数据在计算时如果已进行了联测，即找到了验潮仪零点与大地基准面的关系，就可直接将潮汐数据归算到任一已知基准面(如 1985 国家高程基准)。如果布放点水深较深，无法进行联测，则验潮仪的工作时间应长一些，一般为半个月或一个月，甚至更长时间，对长时间的潮汐数据进行处理，算出调和常数，找出整个测量期间的平均海面，以此面作为基准面给出潮汐数据。

压力式验潮仪所采用的测压部件——压力传感器又分为表压型和绝压型两种，其工作

原理略有不同，但其基本测量原理是一样的，即检测出海水的静压力，将压力换算成水位。其公式为

$$h = \frac{p}{g\rho} \qquad (6\text{-}5)$$

式中，h 为水深(cm)；p 为海水静压力(g/cm)；ρ 为海水的密度(g/cm^3)，它是海水温度、盐度的函数。

　　验潮仪以一定的时间间隔定时启动工作，由此可测出不同时刻的水位，这些不同时刻的水位值就是潮汐数据。但对于不同类型的传感器，具体计算方法也有所不同，表压型传感器由于直接测出海水的静压力，因此水位可直接按上式计算，而绝压型传感器所测压力并非海水静压力，而是海水与大气压的合成压力，因此其计算公式应为

$$h = \frac{p - p_0}{g\rho} \qquad (6\text{-}6)$$

式中，h 为水深；p 为检测压力；p_0 为检测点检测时的大气压；ρ 为海水的密度。

　　其潮位的计算模型为：

$$H^T = h_0 + \frac{p - p_0}{g\rho} \qquad (6\text{-}7)$$

式中，h_0 为测压器测压界面距离深度基准面(或其他基准面)的高度；p 为检测压力；p_0 为海面大气压；g 为局部重力加速度；ρ 为海水的密度。

　　压力式验潮仪采用计算机处理水位信号的滤波方法。它在仪器内部设计了一个低通滤波器，将一定观测时间内(如 40s 或 60s)所得的原始数据进行信号处理，滤除波浪影响的高频部分，保留潮汐影响的低频部分，从而获得准确潮汐观测值(图 6.5)。理论和实践均证明，这种方法是一种比较理想的滤波方法。

图 6.5　压力式验潮仪

6.2.3.4　超声波验潮

　　超声波潮汐计主要由探头、声管、计算机等部分组成。其主要特点是利用声学测距原理进行非接触式潮位测量。基本工作原理是：通过固定在潮位计顶端的声学换能器向下发

射声信号，信号遇到声管的校准空和水面分别产生回波，同时记录发射接收的时间差，进而求得水面高度(图6.6)。超声波换能器安装在海面上一定高度的固定框架上(一般为铁架)，安装换能器时，要保持换能器面同水平面平行，从而保证所发射的波束同垂直方向平行。如图6.6所示。

设超声波往返换能器面与瞬时水面的时间为$t(\mathrm{s})$，声速为$C(\mathrm{m/s})$，h为换能器面在深度基准面上的高度，则潮高H^T为：

$$H^T = h - \frac{Ct}{2} \tag{6-8}$$

其中，声速C严密的公式为：

$$C = 331.2\left[1 + 0.97\frac{U}{P} + 1.9 \times 10^{-3}T\right] \tag{6-9}$$

式中，P为大气压；T为气温；U为相对湿度。

超声波验潮的精度模型可表达为

$$\Delta H^T = \Delta h - \frac{C\Delta t}{2} - \frac{t\Delta C}{2} + \Delta_{fw}$$

$$\Delta C = 331.2\left[\frac{0.97\Delta U}{P} - \frac{0.97U}{P^2} + 1.9 \times 10^{-3}\Delta T\right] \tag{6-10}$$

其中，Δ_{fw}代表滤波精度。

图6.6　超声波验潮仪

6.2.3.5　GNSS 验潮

GNSS 验潮是随着 GNSS 差分定位技术的不断成熟和发展而逐步发展起来的新技术，它是目前 GNSS 技术发展方向之一，它应用了 GNSS 载波相位差分技术（Real Time Kinematic，RTK），是 GNSS 测量技术与数据传输技术相结合而构成的潮位观测系统。其工作原理是：在基准站安置一台 GNSS 接收机，对所有可见 GNSS 卫星进行连续观测，并将其观测数据通过无线电传输设备实时地发送给用户观测站。用户 GNSS 接收机在接收

GNSS 卫星信号的同时，通过无线电接收设备，接收基准站传输的数据，然后根据 GNSS 相对定位的原理，实时地计算并显示用户站的三维坐标。

GNSS 验潮分为静态与动态验潮。静态验潮是将 GNSS 验潮站的 GNSS 接收天线安置在靠近岸边或海上固定处的浮筒或测量船上，与岸上 GNSS 接收机实施动态载波相位差分测量，求得 GNSS 验潮站瞬时海面高度的一种验潮方法。动态验潮是将 GNSS 验潮站的 GNSS 接收天线安置在测量船上，与岸上 GNSS 接收机实施动态载波相位差分测量，求得测量船所处瞬时海面高度的一种验潮方法，通常用作无验潮水深测量。

无验潮水深测量方法摒弃了传统水下地形测量对潮位观测的严格需求，直接获得海底地面高程，操作和实施方便、快捷。但存在着船体姿态对测量成果精度的影响，在水面条件平稳情况下，姿态对测量精度影响较小；反之，影响较大时，必须进行测量和补偿。

船载 GNSS 确定潮位建立在如下假设的基础上：

$$H_g^r - h_d^r - h_r = H_g^k - h_d^k$$
$$h_d^r - h_M^r = h_d^k - h_M^k$$

(6-11)

式中，r、k、T 分别代表基准站、流动站和验潮站；下脚标 M、d、g 分别代表大地水准面、深度基准面和 WGS84 或 CGCS2000 椭球面；H_g 为大地高（相对于椭球面），h_d 为深度基准面以上的高度，h_M 为平均大地深度基准面以上的高度，h_r 为基准站天线高度。

假设基准站天线高为 h_r，则天线几何中心相对平均大地水准面和深度基准面的高程为

$$h_M^{ra} = h_M^r + h_r, \qquad h_d^{ra} = h_d^r + h$$

(6-12)

当基准站和流动站间距离不是很大（<15kM）时，考虑两站的垂线偏差非常小，则下列假设成立：

$$\Delta H_g^{rk} = \Delta h_M^{rk} = H_g^r - H_g^k = h_M^{ra} - h_M^k$$
$$\Delta H_g^{rk} = \Delta h_d^{rk} = H_g^r - H_g^k = h_d^{ra} - h_d^k$$

(6-13)

又：
$$h_M^k = T_M + h_k \quad 或 \quad h_d^k = T_d + h_k$$

(6-14)

则瞬时海面相对于平均大地水准面的高程为

$$T_M = h_M^k - h_k$$

(6-15)

瞬时海面相对于深度基准面的高程为

$$T = h_o - h_M^0$$

(6-16)

上述介绍了船载 GNSS 验潮的基本模型，但同样存在一个不容回避的问题，即波浪对潮位观测的影响，主要表现为对船体姿态的影响（图 6.7）。如果测定了它的影响量并对 GNSS 观测的高程结果进行修正，便可消除波浪对潮位观测的影响。这样，滤除波浪影响的工作便转化为对船体姿态的确定。

6.2.3.6　卫星潮汐遥感

潮汐遥感测量是指利用卫星的雷达高度计来测量由潮汐和波浪引起海面的起伏变化。卫星测高技术可提供全球，特别是偏远地区的海面高资料，从而获得该地区的潮汐资料，其特点是速度快、经济，但精度较低。它可检测全球的海洋潮汐，因此，为建立全球海洋潮汐模型提供了依据。其测高原理是：雷达高度计向海面发射极短的雷达脉冲，测量该脉

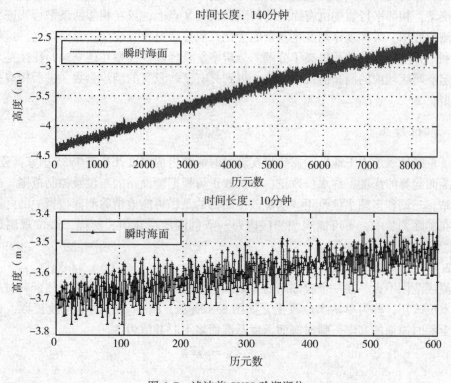

图 6.7 滤波前 GNSS 验潮潮位

冲从高度计传输到海面的往返时间，通过必要的改正，便可求出卫星到海面的距离，如果卫星轨道为已知，那么即可得知海面的高度。

利用卫星测高确定潮位的模型为

$$\zeta_s = \zeta_e - N_s$$

$$\zeta_e = h_{SP'} - h_n = h_{SQ}\cos\theta - h_n = \left(\frac{\sqrt{x_S^2 + y_S^2}}{\cos B_Q} - r\right)\cos\theta - h_n \tag{6-17}$$

$$N_s = N_0 + \frac{GM}{R\gamma}\sum_{n=0}^{n'}\sum_{m=0}^{n} T_{anm} S_{anm}, \qquad N_0 = \frac{T_0}{\gamma}$$

式中，ζ_s 为海面地形，ζ_e 为瞬时海面到达椭球面的垂距，N_s 为海洋大地水准面的差距，$h_{SP'}$ 为卫星到平均椭球面的垂距，h_{SQ} 为卫星到平均椭球面的法线距离，θ 为法线与垂线的夹角，h_n 为卫星到达瞬时海面的垂距，r 为 Q 点的卯酉圈曲率半径，γ 为正常重力，T_{anm}、S_{anm} 分别为扰动位球谐系数和符号。

卫星测量的海面数据几乎分布于整个海域。对于执行重复轨迹的测高卫星来说，上升和下降弧段海面轨迹上的某一固定点均可视为"验潮站"，其数据采样间隔为轨道的重复周期，这一周期远大于潮汐周期(半日、全日、四分之一日)。在这样的采样规律下，潮汐信号将被折叠到频率较低的混叠频率上，对应的周期为混叠周期。在此情况下，分潮之间的可分辨性必须通过其折叠信号上是否满足一定准则来考察，一般的混叠会使分潮分离时间延长。等时间间隔采样的混叠周期已在大量的文献中进行了论述，但考虑到海面测高轨迹的交叉，相邻平行轨迹也有固定的间隔，在交叉点上，或在相邻两条平行轨迹平均意义上的测量数据，采样规律则发生复杂的变化，混叠状况也有改变。总而言之，这种混叠现象有利于分潮分离，从而提高了分潮的分辨率。全球潮汐模型在建立时，往往是采用洋域内一定空间区域内的测高值或内插值，得到具有平均意义的潮汐参数，进而构造更大范围的模型。

6.2.4 水位改正

为了正确地表示水下地形，需要将在瞬时海面测得的深度计算至 1985 国家高程基准、深度基准面起算的深度，称水位改正。水位改正可根据验潮站的布设及控制范围，分为单站、两站、三站和多站水位改正。水位改正的目的是尽可能地消除测深数据中的海洋潮汐影响，在实际测量中，不可能观测测区内每一点的潮汐变化值，所以，潮位观测通常以"点"代"面"的改正方法。

6.2.4.1 单站水位改正

当测区范围不大，在一个验潮站的有效控制范围内，用该站的水位观测资料对所测水深进行水位改正，称为单站水位改正，如图 6.8 所示，图中 $\Delta Z_水$ 为水位改正数，也是自基准面至瞬时海面的高度，瞬时海面深度基准面之上时其值为负。

$$Z_时 = Z_测 - \Delta Z_水 \tag{6-18}$$

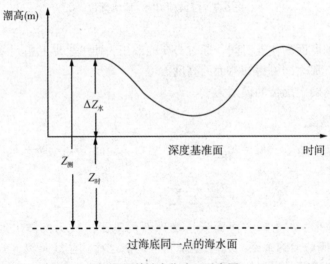

图 6.8 单站水位改正示意图

为求得任一时刻的水位改正数，需根据水位观测资料绘制水位曲线图，横坐标表示时间，纵坐标表示水位改正数，由图可求得任意时刻的水位改正数。此为图解法。

除此而外，还可用解析方法进行水位改正。解析法是用插值的方法，根据验潮站的整点或半点水位观测资料，内插出任意时刻的水位改正数或求出一定间隔的水位改正数，一般可以利用计算机完成。

6.2.4.2 两站水位改正

当测区范围较大，用一个站的水位不能控制整个测区时，可采用两个站的水位资料进行水位分带改正(图6.9和图6.10)。

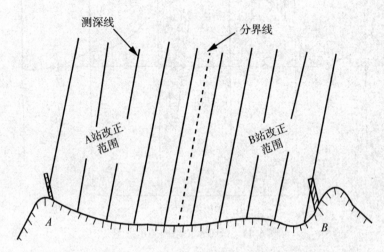

图6.9 两站水位改正示意图

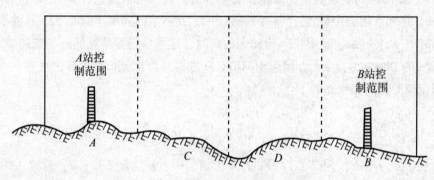

图6.10 两站分带改正示意图

图6.10为测区位于A、B站控制不到的C、D区，可在一定条件下，根据A、B站的观测资料内插出C、D的水位资料。

这种分带改正的前提是两验潮站的潮波传播是均匀的，即两站间的同相潮时和同相潮高的变化与其距离成比例，这样就可在两验潮站的连线上内插出若干个区域，根据两验潮站的水位内插进行水位改正。分带的多少取决于两验潮站从深度基准面起算的瞬时海面的最大差值$\Delta h_{\max}$和测深精度δ，可按下式求分带数：

$$N = \frac{2\Delta h_{\max}}{\delta_z} \tag{6-19}$$

计算出N值后，即可将A、B站连线等分内插N等份，等分点就是内插站位置，当$N > 10$时，要加密布设验潮站。面分带的界线一般与潮波传播方向垂直。图6.11表示各内插水位站的水位曲线可根据A、B验潮站的水位曲线在同相潮波点连线上等分内插求出来。两站分带的水位改正除用图解法外，还可以用解析法求得。

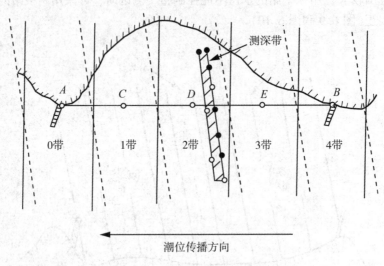

图 6.11　分带水位站内插示意图

输入 A、B 两站同步观测水位资料，利用插值公式，可以通过计算机求出相同时刻海面高差 Δh，进而求得分带数 N，同时还可算出 A、B 两站的同相潮时差 Δt，从而得到两站的同相潮时 $t'_{B_i} = t_{A_i} + \Delta t$，其中，$t_{A_i}$ 为输入的潮时，还可以得到两站的同相潮高 Z'_{B_i}，它根据 t'_{B_i} 和输入的 B 站的潮高 Z_{B_i}，用潮汐插值公式求得。由此，可根据分带原理，求得各内插带的同相潮时和同相潮高如下：

$$tp_i = t_{A_i} + \Delta t / K \cdot P$$
$$Z_{P_i} = Z_{A_i} + (Z_{B_i} - Z_{A_i}) / K \cdot P$$

（6-20）

式中，$i = 0, 1, \cdots, N$，为节点序号；$P = 0, 1, \cdots, K$，为带号；Z_{A_i} 为输入的 A 站的潮高。

6.2.4.3　三站水位改正(三角分带法)

当测区离岸较远时，就可能出现两站控制不到的问题。为此，应采用三个站的水位分带法进行改正(又称三角分带法)。从多年的海道测量实践看，三角分带法是一个比较理想的潮位改正方法。

三角分带带数的计算与两站分带基本相同，然后在分带求得三边内插站的水位曲线的基础上再分区，并划定各区改正的范围。水位改正的方法与两站的方法相同。如图 6.12 所示。

下面着重讨论三站水位改正的解析法。我们已经知道，水位分带的理论是视同相潮波点的集合为一空间平面，那么我们可以过已知三站的空间直角坐标 (x, y, z) 建立一个平面方程。其中，x, y 为平面坐标，z 是从深度基准面起算的同相潮高。于是，P 点 (x_P, y_P, z_P) 应在这个平面内。z_P 就是我们要求的同相潮高。其计算公式如下：

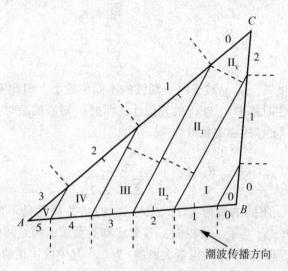

图 6.12　三站分带示意图

$$z_p = z + |(x_P - x_A)[(y_C - y_A)(z_B - z_A) - (y_B - y_A)(z_C - z_A)]|$$
$$+ |(y_P - y_A)[(x_B - x_A)(z_C - z_A) - (x_C - x_A)(z_B - z_A)]|$$
$$\div [(x_B - x_A)(y_C - y_A) - (y_B - y_A)(x_C - x_A)] \tag{6-21}$$

同时，可得同相潮时公式：

$$t_p = t_A + |(x_P - x_A)[(y_C - y_A)(t_B - t_A) - (y_B - y_A)(t_C - t_A)]|$$
$$+ |(y_P - y_A)[(x_B - x_A)(t_C - t_A) - (x_C - x_A)(t_B - t_A)]|$$
$$\div [(x_B - x_A)(y_C - y_A) - (y_B - y_A)(x_C - x_A)] \tag{6-22}$$

以上两个公式，即为三站求水位改正的基本公式。设定时刻为 t_p，则公式(6-22)可求出 A 站的同相潮 t_{A_i} 时，则 B、C 站的同相潮时 t_{B_i}、t_{C_i} 为

$$\left. \begin{array}{l} t_{B_i} = t_{A_i} + (t_B - t_A) \\ t_{C_i} = t_{A_i} + (t_C - t_A) \end{array} \right\} \tag{6-23}$$

用 t_{A_i}、t_{B_i}、t_{C_i} 代入潮汐插值公式，可求出三个站同相潮高 z_{A_i}、z_{B_i}、z_{C_i}，代入式(6-21)即可求得定位时刻的同相潮高 z_{P_i}，自然也就求得水位改正数。

6.2.4.4　时差法水位改正

时差法水位改正与两站分带的条件大致相同，即要求两验潮站间的潮时和潮高的变化与其距离成比例。

先讨论在两个验潮站 x，y 之间水位改正的问题。为了求得 x，y 验潮站之间的潮时差，需要首先研究两站在时间区间 $(N_1 \leqslant n \leqslant N_2)$ 内同步观测的水位值 x_n，$y_n (n = 1, 2, \cdots, n)$ 的相关性。我们通过分析两站水位信号波形，根据求误差能量 Q 为最小，得到 x_n 与 y_n 在时间区间 $[N_1, N_2]$ 内的相关系数为

$$R_{x, y}(N_1, N_2) = \frac{\sum_{n=N_1}^{N_2} x_n y_n}{\sqrt{\sum_{n=N_1}^{N_2} x_n^2 \sum_{n=N_1}^{N_2} y_n^2}} \qquad (6\text{-}24)$$

从潮波传播的角度看，x，y 站于同一潮波的不同位置上，因此不仅要考虑 x_n、y_n 的相关系数，还要考虑在时移中 x_n 与 y_n 的相似性，即把 y_n 对应的潮时 t_n 都加上一个潮时差 r，所对应的水位 $y_{n\tau}$ 与 x_n 的相关系数为

$$R_{x, y}(\tau) = \frac{\sum x_n y_{n\tau}}{\sqrt{\sum x_n^2 \sum y_{n\tau}^2}} \qquad (6\text{-}25)$$

从上式可以看出，不同的潮时差 r，x_n 与 $y_{n\tau}$ 的相关程度是不同的。当 $t = t_0$ 时，$|R_{x, y}(\tau)|$ 达到最大值，x_n 与 $y_{n\tau 0}$ 最相似，那么 t_0 即为要求的两站间的潮时差。可用逐步试验比对法具体求 t_0，取 $|R_{x, y}(\tau)|$ 值最大者的 t 为 t_0，其中应注意的问题是，计算步长不应大于 $3\min$。

有了 t_0，再求得定位时刻的 t_p 与 x，y 两站同时相潮时(方法参见两站水位改正)，就可以利用两站同步观测资料求两站间任意地点、任意时刻的水位改正数了。

6.2.5 潮位插值

在验潮站的作用范围内，瞬时水面的潮汐可通过主验潮站的潮位观测值内插获得，即潮位内插。常用的插值方法有线性插值、二次样条插值、抛物线插值等，这里仅介绍潮汐内插中常用线性内插、最小二乘法(回归内插)方法。

6.2.5.1 线性内插法

线性内插是实际野外数据处理中最为常用的一种潮汐内插方法。假设海面潮汐在潮汐观测间隔 Δt 范围内线性变化，对于 $t \in ((n-1)\Delta t, n\Delta t)$ 时刻的海面潮汐线形内插模型可总结为。

$$\Delta T = T_{n\Delta t} - T_{(n-1)\Delta t} \qquad T_t = T_{(n-1)\Delta t} + \frac{\Delta T}{\Delta t}[t - (n-1)\Delta t] \qquad (6\text{-}26)$$

式中，ΔT 为潮位差，T_t 为 t 时刻对应的潮位值，Δt 为时间间隔，n 为时间间隔数。

6.2.5.2 最小二乘法

回归法内插潮汐实质上是将潮汐的瞬时变化看作时间的多项式函数 $T(t)$，利用 N 个观测间隔为 Δt 的潮位观测值内插出 $N_{\Delta t}$ 时段的潮汐变化曲线，该曲线即反映了该时段潮汐变化的特征。回归法的思想可表达为：

$$T(t) = b_0 + b_1 t + b_2 t^2 + b_3 t^3 + \cdots \qquad (6\text{-}27)$$

在 $\sum_{i=1}^{N} (T(t) - T_{i\Delta t})^2 = \min$ 原则下：

$$T = B\delta_x + V$$
$$B = (1, t, t^2, t^3, t^4, \cdots) \quad \delta_x = (b_0, b_1, b_2, b_3, b_4, \cdots) \quad p_i = 1 \qquad (6\text{-}28)$$

$$\delta_x = (B^{\mathrm{T}}B)^{-1}B^{\mathrm{T}}T$$

则

$$Q_{xx} = (B^{\mathrm{T}}B)^{-1} \quad \sigma_0 = \sqrt{\sum_{i=1}^{N} \frac{v^{\mathrm{T}}v}{N-1}}$$

(6-29)

6.3 回声测深原理

6.3.1 声波

我们看到的光波、听到的声波、手机接收到的电磁波，它们是不同性质的波。其中声波是弹性波，是在弹性介质中传播的波。声波是一种机械波，人耳能感觉到的声波频率范围为 20~20000Hz。频率范围小于 20Hz 称作次声波，频率范围小于 20kHz 称作超声波。

声波的传播具有以下特性：

(1)声波不能在真空中传播；

(2)气体、液体和固体的振动均能产生声波；

(3)声波是纵波，传播方向与介质振动方向相同；

(4)声波传播速度与介质的性质和状态有关。

这些特点为声波在海洋水深测量提供了依据和极好的条件。

6.3.2 声波的传播特点

海水的物理性质主要包括海水的机械运动和海水的温度、盐度、密度等，这些对海洋测量都有直接或间接影响。水下测量多数要用声波作为手段，而不是光波，这就需要了解声波在海水中的传播速度特征。

声波在不同介质中的传播速度取决于介质的弹性模量和密度。声波在各种介质中的传播速度不同，如表 6.2 所示。

表 6.2 声波在各种介质中的传播速度(温度 0℃)

介质	速度(m/s)	介质	速度(m/s)
空气	331	铁	5830
氢气	965	玻璃	5660
石油	1315	砂石	3700~4900
淡水	1493	地壳(100kM)	8000
海水	1460~1540	地壳(1000kM)	12000
铜	4750		

声波的传播速度可以用以下近似公式表示：

123

$$c = \sqrt{\frac{E}{\rho}} \tag{6-30}$$

式中, E 和 ρ 分别为介质的弹性模量和密度, 对于海水而言, 试验表明: 在 20℃ 的情况下, 当 $E = 2.28 \times 10^9 N/m^3$, $\rho = 1023.4 kg/m^3$ 时, 则 $c = 1492.6$ m/s。而海水的弹性模量和密度随温度、盐度、静水压力而变化, 实际工作中常用以下经验公式:

$$c = 1449.2 + 4.6T - 0.055T^2 + 0.00029T^3 + (1.34 - 0.010T)(s - 35) + 0.168P \tag{6-31}$$

式中, T 为温度(℃), s 为盐度(‰), P 为静水压力(标准大气压数)。海水声速随海水的温度、盐度、静水压力的增加而变大, 如图 6.13、图 6.14 所示。

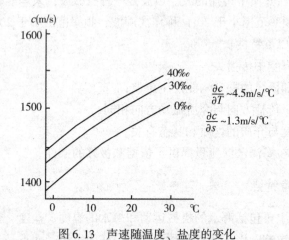

图 6.13　声速随温度、盐度的变化

声波在海水中的传播速度是海水温度、盐度、深度的函数。图 6.13、图 6.14 表明了声速与温度、盐度、静水压力的关系: 温度变化对声速的影响最大, 盐度、静水压力的影

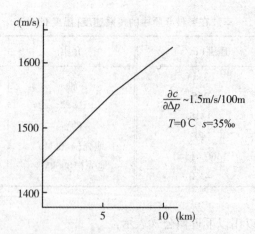

图 6.14　声速随深度(静水压力)的变化

响相对较小，但温度、盐度随海区、深度、时间和季节而变化。声波传播速度因素的影响情况如表 6.3 所示。当海水温度在 0 ~ 17℃ 范围内时，温度每升高 1℃，声速约增加 4.21m/s。当海水盐度增加 1‰时，声速约增加 1.14m/s。当深度增加 100m 时，声速约增加 1.75m/s。这三个因素中，温度变化的影响最为显著，其次是水深，而盐度的影响多数情况下可以忽略不计。

表 6.3　　　　　　　　　　　　　　　影响声波传播速度因素的情况

因　素	典　型　值	对声速的影响
盐　度 温　度 静水压力 （深　度）	34 ‰~ 35 ‰ 0~17℃ 在 0~200m 的大陆架上 或在 0~5km 的海洋中	盐度每增加 1‰，声速约增加 1.14m/s 温度每升高 1 ℃，声速约增加 4.21m/s 深度每增加 100m，声速约增加 1.75m/s

声波的折射导致在传播中总是向声速低的界面弯曲。海洋垂直剖面中存在一个声速最小的深度，称为声道轴，沿声道轴附近声波聚集在一个薄层内，就好像在两层硬壁中传播一样按柱面扩散，而不是按球面扩散，所以在水中传播很远。声波的午后效应也与声波的折射紧密相关。白天由于太阳照射，在午后表面水温增加到最高值，此时，水温随深度增加而下降，因此声速也随之下降，导致声波向下折射，大大影响声波的正常工作。声波的散射主要由生物和气泡引起。大洋中的深海散射层由大量浮游生物、游泳生物组成，一般在清晨潜入深海，黄昏浮至浅层。

其他影响声波性质的还有：海水中的硫酸镁等化学成分对声波有强烈吸收，内波会引起声波振幅和相位的起伏，海面和海底对声波有反射和散射作用，海洋混响对声波产生干扰，等等。

6.3.3　回声测深

回声测深是利用声波在水中的传播特性测量水体深度的技术。声波在均匀介质中作匀速直线传播，在不同界面上产生反射，利用这一原理选择对水的穿透能力最佳频率，即在 1500 Hz 附近的超声波，在海面垂直向海底发射声信号，并记录从声波发射到信号由水底返回的时间间隔，通过模拟或直接计算水体的深度。如图 6.15 所示，安装在测量船底下的发射机换能器，垂直向水下发射一定频率的声波脉冲，以声速 C 在水中传播到水底，经反射或散射返回后后被接收机换能器所接收。设自发射脉冲声波的瞬时起至接收换能器收到水底回波时间为 t，换能器的吃水深度为 D，则水深 H 为

$$H = Z + D = \frac{1}{2}Ct + D \tag{6-32}$$

利用水声换能器垂直向下发射声波并接收水底回波，根据回波时间和声速来确定被测点的水深，通过水深的变化就可以了解水下地形的情况。

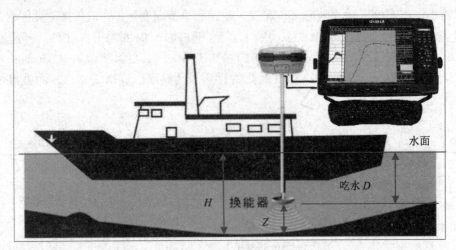

图 6.15   回声测深原理图

6.4   单波束测深

水下地形测量的发展是与测深手段的不断完善紧密相连的。在回声测深仪问世之前,主要的测深工具是测深铅锤和测深杆。这种测深方法不仅精度很低、费时费力,而且对于测量现场的要求很高,例如,为了保证精度测量的水深不能过深,测量只能在测船停泊的时候进行定点测量,风浪对测量精度的影响非常大。自 20 世纪初回声测深仪出现后,当测船在水面航行时,可测得一条连续的水深线,便可以绘制出水下地形地貌,使得水下地形测量进入了新时代,从此便有了测深的连续记录,使得对海域进行全覆盖探测,确保详细测定测图比例尺所能显示的各种地物及微地貌成为可能。

6.4.1   回声测深仪

根据海水的物理特性,一般采用从船上发射声波,使其传递到海底再反射回来,在船上接收,以获得测量成果,这种仪器称为回声测深仪。它可以每秒测深数次,这样在船的航行过程中可以测出航线下海底地形剖面。

回声测深仪主要由发射机、接收机、发射换能器、接收换能器、显示设备、电源等部分组成。安装在船舷或固定安装在船底的发射机换能器,在沿测深线航行中,向水下发射一定频率的声波脉冲,以速度 C 在水中传播到水底,经过反射或者散射返回,被接收机换能器接收,则换能器表面至水底的距离(水深)H 为

$$H = \frac{1}{2}\sqrt{(Ct)^2 - l^2} \tag{6-33}$$

式中,H 为测深仪所在位置水深;C 为声波在介质(水)中的传播速度;t 为发射机发射声波脉冲开始,到传播至水底并且反射被接收机所接收的时间;l 为两换能器之间的距离。

其中声波水中的速度 C 与水介质的体积弹性模量及密度有关,而体积弹性模量和密度

又是随着温度、盐度及静水压力变化而变化的。在实际工作中，通常是经过实验假设一个平均速度。因为在不同深度，测量和改正实际的变化是很困难的。使用声速剖面仪就可以直接测量各层水体的声速，与测深仪的设计声速比较后可以求得改正数。在使用声速仪测定测深仪声速改正数的过程中，求取水深处理可以直接采用声速改正数文件。

回声测深仪按照频率分为单频测深仪和双频测深仪。单频测深仪换能器仅发射一个频率的超声波，以测量海面到海底表面之间的垂直距离，即水深。双频测深仪换能器向水下发射高、低频声脉冲，由于低频声脉冲具有较强的穿透性，因而可以获取海底硬质层的深度；高频声脉冲仅能获得海底沉积物表层深度，两个脉冲所得深度之差便是淤泥的厚度。根据换能器的发射声波个数、声波发射方向以及换能器安置方式的不同，测深仪可以分为单波束测深仪(图6.16)、四波束测深仪、多波束测深仪、侧扫声呐等类型。

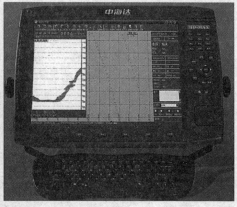

图 6.16　单波束测深仪外观图

6.4.2　单波束测深改正

单波束测深仪测得的水深值是换能器至水底的深度值。由于回声测深仪设计转速、声速与实际的转速、声速不同，以及换能器安装等原因，需要对其改正。回声测深仪的总改正数的求取方法主要有校对法和水文资料法，前者适用于水深小于 20m 的水深测量，后者适用于水深大于 20m 的水深测量。

6.4.2.1　吃水改正

测深仪换能器安装有两种安装方式，一种是固定式安装，即将体积较大的换能器固定安装在船底；另外一种是便携式安装，即将体积较小的换能器进行悬挂式安装。无论哪种换能器，都要安装在水面下一定的距离，由水面到换能器底面的垂直距离，称为换能器吃水改正数 ΔH_b。

6.4.2.2　转速改正

机械式测探仪，转速改正是由于测深仪的实际转速 n_s 不等于设计转速 n_0 造成的，记录器记录的水深是由记录针移动的速度与回波时间所决定的。当转速变化时，则记录的水

深也将随着改变，从而产生转速误差，转速改正数为

$$\Delta H_n = H_s\left(\frac{n_0}{n_s} - 1\right) \tag{6-34}$$

式中，H_s 为换能器底面到水底的深度。

6.4.2.3　声速改正

声速改正是因为测深仪中设置声速 C_m 不等于实际声速 C_0 造成测深误差，声速改正数为

$$\Delta H_c = H_s\left(\frac{C_0}{C_m} - 1\right) \tag{6-35}$$

式中，ΔH_c 为声速改正数，H_s 为换能器底面到水底的深度。

水下地形测量中，声速主要测量方法有以下三种：

1. 校对法

校对法就是用检查板、金属杆、水听器等，置于换能器下方一定深度处（如 5m、10m、15m、20m）实测其准确深度（绳索一般使用带有深度记号的不锈钢铰链等），如图 6.17 所示。声速检查板，也称声速比对盘，一般用钢质或铁质材料制成，如图 6.18 所示。根据实际测量的准确深度，调试测深仪的声速值，使得测深仪测得的深度等于准确深度，这样就可以获得准确的声速值。

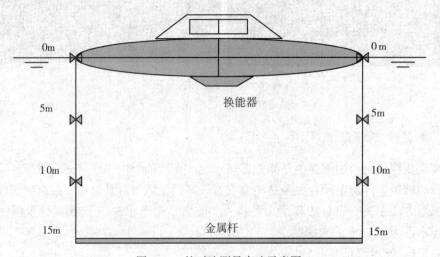

图 6.17　校对法测量声速示意图

2. 声速计法

声波速度计，简称声速计，是一种声学仪器，在已知长度的发射器和接收器之间测量短声脉冲传播的时间，计算声波的传播速度。声波速度计可以直接测定水深任意一点的声速值。如图 6.19 所示，如果声速计分别放置在水面某点下方的几个已知深度的点上（Z_1，…，Z_n），那么每点可以测得一个声速值，则水柱的平均声速就可以按分段测量法计算：

图 6.18　声速比对盘

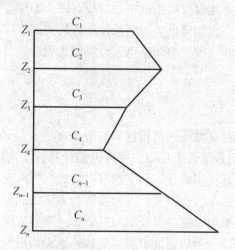

图 6.19　声速计测量声速示意图

分段测量法:

$$C_m = \frac{\sum \frac{1}{2}(C_i + C_{i+1})(Z_{i+1} - Z_i)}{Z_n - Z_1} \tag{6-36}$$

式中, C_m 为 m 点的声速值, C_n 为已知深度点 Z_n 处的声速值。

3. 水文资料法

由于声速是温度、盐度和静水压力的函数:

$$C_m = f(T, P, S\text{‰}) \tag{6-37}$$

许多学者通过试验发表了不同的经验公式, 我国一般利用经验公式(6-31)。实际工作中, 一般根据温度的变化把水柱分成不同的水层, 利用加权平均值进行计算。例如, 一个

160m 的水柱，按照温度变化分成 3 层，计算过程见表 6.4，结果为 $C_m = 1475\text{m/s}$。

表 6.4　　　　　　　　　　　**160m 水柱声速加权平均值表**

层次	水柱长度(m)	温度(℃)	盐度($^0/_{00}$)	声速(m/s)
0~10	10	18	30	1507.4
10~40	30	12	31	1489.0
40~160	120	6	33	1468.8
加权平均值	$\dfrac{(1507.4 \times 10) + (1489.0 \times 30) + (1468.8 \times 120)}{160} = 1475\text{m/s}$			

综上所述，测深仪的总改正数为

$$\Delta H = \Delta H_b + \Delta H_n + \Delta H_c \tag{6-38}$$

在上式的三项改正中，声速改正数对总改正影响最大。

浅海区适宜用校对法求测深仪的总改正数。校对法，即深度比对法，是用检查板、水听器等，置于换能器下方一定深度处，与测深仪即时的实测深度作比较，其差值即为测深仪的总改正数，一般通过在测深仪中调整声速设置值达到改正目的。

6.5　多波束测深

多波束测深是一种具有高效率、高精度和高分辨率的海底地形测量新技术。自 20 世纪 70 年代问世以来，特别是最近十几年，在高性能计算机、高精度定位和各种精密数字化传感器以及其他相关高新技术的介入和支撑下，代表当代海底地形地貌勘测最新研究成就的多波束测深技术不断变革，获得了极大的发展。多波束测深是一种条带测深技术。多波束测深系统采用单一换能器，能一次获取与航行方向垂直方向上几十个甚至几百个海底点的水深和水平位置数据值，所以它能够精确、快速地测出沿航线一定宽度内水下目标的大小、形状和高度变化，从而比较可靠地绘制出海底地貌的精细特征。多波束具有测量范围大、测量效率高、高精度、高密度等优点，把测深技术从原先的点、线测量方式扩展到面状方式的测量，现代计算机技术可辅助其进一步达到立体测深和成图，极大地缩短了从探测到成图的作业时间。

与传统的单波束测深仪相比较，多波束测深系统具有测量范围大、速度快、精度高、记录数字化以及成图自动化等诸多优点，它把测深技术从原先的点线状扩展到面状，并进一步发展到立体测图和自动成图，从而使海底地形测量技术发展到一个较高的水平。

6.5.1　多波束数据采集系统基本构成

多波束系统是由多个子系统组成的复杂系统，如图 6.20 所示。对于不同的多波束系统，虽然单元组成不同，但大体上可将系统分为多波束声学系统(MBES)、多波束数据采集系统(MCS)、数据处理系统、外围辅助传感器和成果输出系统。

　　换能器为多波束的声学系统，负责波束的发射和接收。常用的换能器有三种：磁致伸缩型换能器、压电单品型换能器和铁电陶瓷型换能器。20 世纪 50 年代以前，声呐换能器多采用前两种类型；20 世纪 60 年代以来，广泛采用铁电陶瓷型换能器。大部分多元声呐基阵都采用纵向振子基元，这是一种单端活塞式辐射器。这种基元适用于数千赫至数百千赫的频带，为现代多用途声呐所采用，不仅用于发射，也用于接收。频率低于 1000Hz 的发射基元不宜采用这种纵向振子，可采用弯曲振动换能器。

　　换能器基阵是由多个换能器基元组成的，其目的是产生一定的方向性，多波束测深系统基本采用这种基阵换能器。发射基阵可以使声能集中，而接收基阵可以抑制干扰。常用的基阵换能器大多为圆柱形或环形。圆柱形基阵在水平面内用电子电路提供均匀的辐射，而环形基阵则在各个方向上都提供均匀的辐射。

　　多波束换能器基阵尺寸一般在数十厘米至数米，其对应的工作频率为数十千赫至数千千赫。除了圆柱形基阵和环形基阵外，多波束换能器还采用平面阵或共形阵。为了减少水动力端流附面层噪声，基阵多装在导流罩中。

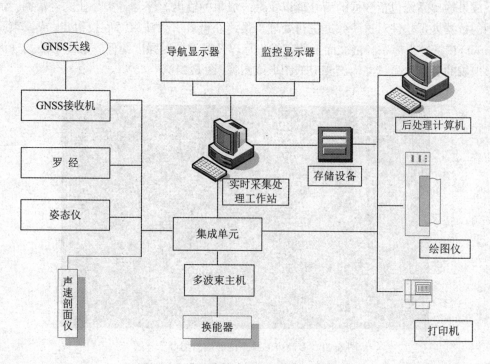

图 6.20　典型多波束测深系统基本组成图

　　多波束数据采集系统完成波束的形成，将接收到的声波信号转换为数字信号，并反算其测量距离或记录其往返程时间。通常，多波束数据采集系统包括用于底部波束检测的操作和检测单元、用于实时数据处理的工作站、数据存储器、声呐影像记录单元以及导航和显示单元。操作和检测单元主要完成波束的发送、接收以及有效波束的获取，是多波束测量的基本单元，也是测量成果质量控制的第一环节。数据存储器、声呐影像记录单元主要完成各种多波束测量数据的收集和记录工作，包括外围辅助设备的测量数据。导航单元主要确保测量船沿着设计航线完成数据的采集，显示单元是根据实测的多波束每 Ping 的测量数据，通过简单的一级近似计算，显示每 Ping 测量断面的波束情况，是监测实时测量成果、根据实际情况适时调整测量参数、确保数据采集质量的一个重要环节。

外围设备主要包括定位传感器、姿态传感器（如姿态仪）、声速剖面仪和电罗经。定位传感器多采用 GNSS，主要用于多波束测量时的实时导航和定位，定位数据将形成单独的文件，以便用于后续多波束的数据处理。姿态传感器（motion reference unit，MRU）主要负责纵摇（pitch）、横摇（roll）以及升沉（heave）参数的采集，以反映实时的船体姿态变换，用于后续的波束姿态补偿。电罗经主要提供船体在地理坐标系下的航向（heading），以用于后续的波束归位计算（即将相对船体坐标系下的声线跟踪结果转换到地理坐标系下）。声速剖面仪用于获取测量水域声速的空间变化结构，即声速剖面（sound velocity profile，SVP）。声速剖面测量在多波束测量中是一项非常关键的工作，它直接影响着最终测量成果的精度。

成果输出系统包括数据的后处理以及最终成果的输出。综合各类外业测量数据，通过专用的数据处理软件对这些数据进行处理，最终获得各有效波束海底投射点（或波束脚印 footprint）在指定坐标系和基准面下的三维坐标以及回波散射强度图像，最终形成描述海底地形地貌的各类产品，并输出相应的图形或图像（图 6.21）。

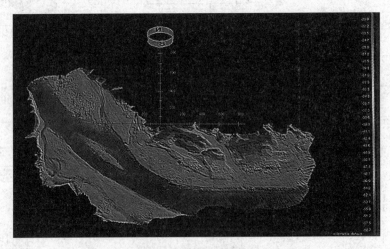

图 6.21　多波束测深系统形成的图像示意图

多波束换能器以一个较大的开角（如 120°）向水下发射声波，同时接收几十束或上百束声波（如 101 束），那么每发出一个声波，便可在垂直于航线上得到一组水深数据。当测船连续航行时，便可得到一个宽带的水下地形资料。

6.5.2　多波束测深系统的特点

一个高性能的多波束测深系统具备以下特点：

（1）覆盖宽度大（100m 水深一次可覆盖 750m）；

（2）测深精度高（0~30m 水深，误差小于 0.3m；大于 30m 水深，误差不超过 0.5%）；

（3）性能稳定；

（4）自动化程度强；

（5）处理速度快；

（6）后处理成果丰富。

多波束测深的重要特点是可以发射多个波束，呈扇状排列扫过海底，并携带反射强度信号回到发射点。决定扇状波束的覆盖宽度和精度的主要参数是发射角宽和波束数。目前的多波束测深仪的发射角宽已经可以达到120°，甚至150°，波束数已经可以达到上百个，从而大大提高了测深效率和测量精度。如图 6.22 所示。

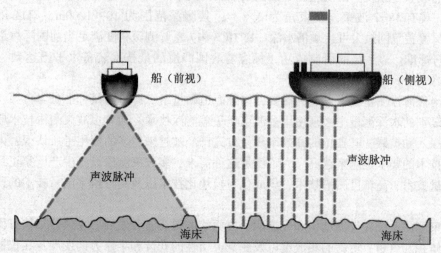

图 6.22　多波束测深系统正面和侧面图景

6.5.3　多波束测深系统的主要误差

多波束测深系统的主要误差有安装误差、系统误差、运动误差、声速误差、近场误差和偶然误差等。

（1）安装误差：安装多波束换能器、GNSS 流动站天线和运动传感器时的位置、角度不正确而产生测量误差。

（2）系统误差：系统主要设备和辅助设备本身的误差。

（3）运动误差：船舶航行、转向、变速和颠簸引起的测量误差。

（4）声速误差：水体物理性质的变化，主要是水温、盐度、浑浊度的变化造成水体密度变化而引起声波传播速度变化的误差。

（5）近场误差：由于声波反射点距离发射源很近而产生混响，造成信号和噪音难以辨认的误差。

（6）偶然误差：定位数据突然尖跳，或测深数据偶然漂移等产生的误差。

6.5.4　我国多波束测深系统研制

我国从 20 世纪 90 年代开始陆续从国外引进多套多波束测深系统，分别应用于海道测量、海洋工程测量、海洋划界测量、海洋资源调查、港口维护、地质灾害监测以及水下考古等多个领域，在国民经济建设中发挥了重要作用。实际上，我国早在 20 世纪 80 年代中期就开始致力于多波束测深系统的研制与开发工作，由于资金和某些技术上的原因，当时只研制出了一套系统样机，进行了一些必要的原理性试验。

直到 20 世纪 90 年代初期，我国才开始投资研制实用型多波束测深系统，H/HCS-017 型多波束测深系统于 1997 年研制成功，并于次年投入使用。该系统主要由换能器阵、发射子系统、接收子系统、海底检测单元以及数据传送单元几大部分组成。系统的工作频率为 45kHz，具有 48 个波束，波束角为 $2° \times 3°$，其测深范围为 10 ~ 1000m，扇区开角为 120°，测深覆盖范围最大可达 4 倍水深。H/HCS-017 系统测深精度满足当前国际海道测量组织(IHO)标准。该系统的研制成功，标志着我国海道测量技术装备水平已达到一定的高度。

根据当代海洋测量技术发展的需要，国际海道测量组织海道测量标准(S-44)第 4 版规定，在高级别的水深测量中必须使用多波束全覆盖测深技术。随着多波束测深技术应用范围的不断深入和扩展，其独特的高效率测量方式已经被越来越多的使用者所认识，人们对这种测深技术的要求也越来越高。为了满足这种需求，多波束测深设备生产厂家正致力于全海深测量技术、高精度测量技术、集成化与模块化技术以及高分辨率测量技术的开发与应用研究。

多波束测深系统在仪器结构和性能两个方面均取得突破和发展。在仪器结构方面，将向更小的体积和重量、更高的集成度以及更具灵活性的安装和维修方向发展；在仪器性能方面，将向更完备的功能、更高的测量精度以及更加简便的操作使用方向发展。多波束测深技术经过 20 多年特别是最近几年的飞速发展，其仪器设备不论是结构设计还是观测精度，都已经达到相当成熟和相对稳定的阶段，不同仪器之间的性能差异也越来越小。

6.6　机载激光测深

浅水区域的水下地形测量，除了最常见的水深测量技术外，还有航空摄影测量、卫星遥感水深测量和机载激光测深等技术方法，其中航空摄影测量虽具有对测区 100% 的覆盖、节约经费、节省时间和沿海水域同陆地可以连接等优点，但由于摄影光束对水的穿透能力有限，该方法目前仅限于深度小于 3m 的沿海混浊水域，以及深度小于 25m 的清澈水域，其精度为 0.4m。利用机载激光仪器和导航定位设备等组成的系统所进行的水深测量，称为机载激光测深。机载激光测深是一种主动式遥测技术，利用的是光在海水中的传播特性，是一项近二三十年发展起来的较先进的海洋测深技术，具有覆盖面积广、测点密度高、测量周期短、成本低、高机动性、空中遥测、对海底的覆盖宽度、仅与飞机的航高有关等特点，因此特别适合于沿岸浅水区的全覆盖水深测量工作。另外，机载激光测深系统的激光束方向性强、分辨率高，与飞机速度快的优势相结合，使得机载激光测深系统成了多波束测深系统之外最为有效的全覆盖测深系统。机载激光系统仍然是一种光学方法，也受到对水的穿透能力的限制，它目前可测深度最大为 50m。美国、俄罗斯、澳大利亚、加拿大、瑞典、中国等都先后对机载激光测深技术进行了研究。目前我国有关单位已在多个海区进行这一系统的试验工作。

6.6.1 激光测深基本原理

海水组成成分复杂，主要有可溶有机物、悬移质、浮游生物等，这些物质一方面影响了海水的透明度，使得海水的透明度从零米到几十米，这其中影响海水透明度最大的因素是泥沙含量；另一方面这些物质对光的吸收和散射作用很强，这导致光波在海水中的衰减较大，传播距离非常短。

通过对光在海水中的辐射、散射、透射等性能的研究，人们发现海水中存在一个类似于大气的透光窗口，在该窗口内，光波在海水中具有较好的传播特性，尤其是波长为 $0.47 \sim 0.58 \mu m$ 之间的蓝绿光表现出了衰减系数最小的特性。利用这一特性，人们研制开发了利用蓝绿激光进行水深测量的机载激光测深系统。

激光作为一种新型的探测光源，具有单色性高、方向性强、相干性好、强度大等特点。利用绿光或蓝绿光易穿透海水，而红外光不易穿透海水的特点，用光激射器、光接收机、微机控制、采集、显示、存储及辅助设备组成机载激光海洋测深系统。在飞机平台上安装光激射器向海面发射两种不同波长的激光，一种为波长 1064nm 的红外光，另一种为波长 532nm 的绿光。红外光被海面完全反射和散射，而绿光则能够透射至海水中，到达海底被反射回来。这样，就可以得到两束反射光被接收的时间差，从而计算出海面到海底的距离，即水深。考虑海水折射率后，激光测深的公式为

$$H = \frac{1}{2} C \cdot \frac{\Delta t}{n} \tag{6-39}$$

式中，C 为光速；n 为海水折射率（近似值为 1.33，随海水的温度、盐度不同略有变化）；Δt 为所接收的海面回波与海底回波的时间间隔（所接收的红外光和绿光的时间差）。

不同激光测深系统所发射的红外激光和绿光的波长稍不相同，如澳大利亚的 LADS II 型系统的红外波长为 1064nm，绿光为 532nm，美国的 HALS 系统则相应为 1060nm。在 $520 \sim 535nm$ 的绿光波段，海水对这一波段的光吸收最弱，因此，这一波段被称为"海洋光学窗口"。

但是，海表面的波浪、潮汐、水体中悬浮物的类型数量、底质的反射散射特性、入射角和强度、光接收机的时间分辨率、飞机的姿态特征等因素及它们的相互作用，会直接影响最大测量水深和测深精度。因此，研究激光在海水中的传播特性和激光在不同底质中反射和散射特性，研究海水表面因素的影响，消除动态因素影响等，是保证系统有足够的测量精度和最大测量水深的关键技术难题。机载激光测深系统目前测深能力在 50m 左右，其测深精度在 0.3m 左右。

6.6.2 机载激光测深系统构成

机载激光探测系统是以飞机作为激光探测仪器和定位设备的载体，利用蓝绿激光较易

直接穿透海水而红外光不易穿透海水的特点，通过专门的扫描装置同时对陆地(海面)测高和海底测深，结合定位和姿态控制，并通过数据处理与分析来测绘海岸带(包括沿岸和浅水海域)地形图。机载激光测深系统主要由机载系统和地面系统两部分组成。

6.6.2.1　机载系统

机载系统主要完成飞机位置的确定和海水深度的探测。它由卫星定位接收机、惯性导航系统、姿态传感器、激光发射器、扫描装置、光学接收机、数据采集和控制系统以及实时显示分系统等组成。为了实时监测海面过往船只、岸线地形，以及养殖场、井架等情况，还可配备 CCD 数字摄像机。

6.6.2.2　地面系统

地面系统主要完成数据后处理与成图，由数据处理工作站、打印机、绘图仪等设备组成。其功能包括深度信息处理、飞机姿态校正、折射改正、波浪改正、水位改正、粗差剔除、条带拼接等，最终获得海底地形数字成果，绘制高精度海底地形图。

6.6.3　机载激光测深系统发展

机载激光测深技术的出现始于 20 世纪 60 年代后期。1968 年，美国 Syracuse 大学的 Hickman 和 Hogg 建立了第一个激光海水测量系统，首次验证了用激光进行水深测量的可行性。之后，加拿大、澳大利亚、瑞典等多个国家也先后开展了机载激光海洋测深系统的研究和开发工作。由于它的灵活机动性、高效率以及管理和使用上的方便性，这一新技术被认为是当今快速完成浅水测深最具发展潜力的手段之一。

我国在 20 世纪 80 年代中期就进行过机载激光测深原理性试验，但直到 90 年代中期才进入实质性研制阶段。2001 年，"机载海洋测深系统"在上海研制成功，这一系统主要由激光测深子系统、动态定位子系统、数据采集与控制子系统、地面数据分析和处理子系统以及飞行保障子系统五大部分组成。目前，中国科学家正致力于提高激光器发射频率和最浅测深能力的研究工作，力争使激光器重复频率提高到 1000Hz，最浅测深能力提高到 0.3m。机载海洋测深系统的推广和应用，标志着我国在未来将更加重视航空遥感测量技术在海洋测量领域的应用和发展。

目前世界上具有代表性的机载激光测深系统主要有以下几种：

(1) EAARL(Experimental Advanced Airborne Research LiDAR)系统。该系统是美国 NASA 研制的一种实验室产品，可用于测量沿岸水深、水下植被、珊瑚礁和沙质海滩，于 2001 年首次投入使用。该系统仅采用 532nm 单色绿波段激光脉冲进行水深探测，能无缝测量水下和沿岸地形。与传统的机载测深 LiDAR 相比，EAARL 系统发射的单波段激光脉冲能量更低，脉冲宽度更短(一个脉冲仅持续 1.2ns)，能有效提高测距精度和浅水区域的测深能力。另外，其激光回波接收视域(FOV)较窄，能有效削弱阳光反射及水体散射对激光回波波形的影响，更加精确地测定浅水水深。

(2) SHOALS(Scanning Hydrographic Operational Airborne LiDAR System)系统。加拿大 Optech 公司经过 30 多年的研究，相继研制了多个型号的 SHOALS 测深系统。其中以 SHOALS1000 和 SHOALS3000 最为知名。SHOALS3000T 作为该系列最具代表性的型号，是已成功定型的商业机载激光测深系统，具有水深、海底地形同步测量功能。此外，为了提高测深精度，SHOALS 系统还增加了第三个光通道，利用 647nm 红光的拉曼后向散射进行海面检测，以对海面和陆地加以区分。

（3）Hawk Eye 系统。2005 年，瑞典的 AHAB（Airborne Hydrography AB）公司成功研制了 Hawk Eye Ⅱ 测深系统，主要发射 1064nm 红外激光和 532 nm 绿色激光，具有很高的测深密度，可以在同一参考框架下同时采集水深和地形数据，实现浅海与陆地的无缝测量。此外，该系统还设有与激光发射器同轴的高分辨率数码相机，可用于辅助激光点云数据分类以及为数字地面模型（DTM）提供纹理。当前最新的是 Hawk Eye III 系列。

（4）LADS（Laser Airborne Depth Sounder）系统。该系统最初是由澳大利亚国防部为其皇家海军开发研制的一套水深测量系统。2011 年，Fugro 公司推出了 LADS 系列的最新型号 LADS Mk 3 系统。该系统适应能力更强，能在各种环境条件下对沿海区域进行快速测量，效率更高，数据质量更好。它最大的特点体现在其浅水测深功能更加强大，可通过分析海底反射率来进行目标探测和海床分类，此外，还可同时获取高光谱影像，使其数据源更加丰富。

（5）Aquarius 系统。该系统是 Optech 公司在 2011 年推出的产品，曾获 MAPPS 颁布的地球空间技术创新优秀奖。它可与测量地面的 ALTM Gemini 机载激光系统协同使用，有时也被称为 ALTM Aquarius 系统。Aquarius 系统可同时测量陆地和浅水区域，以获取海岸线两侧的完整数据集。由于该系统的激光频率很高，对于水深在 10 m 以内的浅水区域可获得亚米级分辨率的海底地形，有利于实现陆海地形无缝测图。

（6）RIEGL VQ_ 820_ G 系统。该系统由 Riegl 激光测量系统公司和 Innsbruck 大学联合制造，于 2011 年进行了首次测深试验。目前，该系统多用于河流、湖泊等区域的测深和地形探测，也可用于水下考古和历史遗迹探测等方面。

（7）CZMIL（Coastal Zone Mapping and Imaging LiDAR）系统。该系统是加拿大 Optech 公司为美国军方定制的机载激光测深系统，于 2012 年交付使用。CZMIL 在浅层浑浊的水域优势明显，它的测深雷达集成了高光谱成像系统和数码相机，可同时获取三维点云数据和海岸线两侧的影像数据，有利于区分陆地、海水及提取沿岸地形。利用 Optech 公司开发的一款强大的终端到终端的软件套装 HydroFusion，可对从 3 个传感器传来的雷达和图像数据进行融合处理。此外，该系统还具有光学孔径大、空间分辨率高、适合较差水质等特点，是新一代的水深和沿岸地形测量系统。

（8）Chiroptera 系统。2012 年，AHAB 公司研制出了最新的 Chiroptera 系统。该系统可对浅海区域进行高精度、高密度的测量。它使用独特的倾斜 LiDAR 技术，从多个角度对地物进行测量，可有效减少数据中的阴影和漏洞，在水上、水下目标探测方面优势明显，也有利于后期的三维显示。此外，该系统运用最先进的回波信号实时数字化技术，旨在减少数据后处理的时间。

6.6.4 机载激光测深系统的应用

机载激光测深系统虽然受到海水透明度、天气和大气物理异常、强烈海面波动和小目标探测能力较弱的限制，但由于其快速机动、高效、全覆盖的优势，在沿岸浅水区测量时成了回声测深系统的最有效补充。尤其在水质较为清澈的沿岸浅水区，机载激光测深系统的测深效率远远高出回声测深系统的测深效率。正是由于这些优势，使得机载激光测深系统在很多方面得到了应用，或者具有应用的潜力。

6.6.4.1　沿岸浅水区水深测量

由于多波束测深系统的海底覆盖宽度与水深有关，因此在浅水区应用多波束测深系统进行全覆盖测量时的效率是非常低的。机载激光测深系统的海底覆盖宽度与水深无关，而仅仅与航高有关，因而采用机载激光测深系统进行沿岸浅水区的全覆盖水深测量是最为有利的。同时，出于安全考虑，测量船只无法到达大陆沿岸和岛屿周边的很多浅水区域，诸如珊瑚礁区、疑存雷区、岩礁浅滩等，这时，机载激光测深系统的机动性得到了充分体现。目前，我国的沿岸水深测量仍然采用回声测深仪，一旦将机载激光测深系统应用于沿岸浅水区域的测量，必将大大提高海底地形的现势性，缩短海图的更新周期，提升海洋基础测绘服务于社会的能力。

6.6.4.2　障碍物探测

正常的飞行条件下，机载激光测深系统的测点密度可达到 2m×2m，如果采取更低的飞行高度和更慢的飞行速度，则可获得更高分辨率的测点密度。这对于探测海底障碍物是非常有效的。就目前机载激光测深系统达到的分辨率而言，对于探测失事飞机、沉船、铁锚等是很合适的，完全可以与侧扫声呐的图像探测相媲美。

6.6.4.3　近岸工程建设

机载激光测深系统的高分辨率全覆盖特性使得其在近岸工程建设中具有重要的应用。港口建设、码头维护、水下管线敷设、钻井平台选址安装、航道疏浚与维护等对海底地形的需求都可以得到很好的满足。

6.6.4.4　海岸带管理

机载激光测深系统由于在海岸线附近可同时进行水深和岸线地形的测量，因此其快速机动、高精度、全覆盖、水陆无缝探测的优点在海岸带管理中得到了很好的应用。它可以为海底沉积物变化、海岸侵蚀、滩涂变化等提供实时性强、准确度高的海底地形数据和海岸线附近的陆地地形数据，从而在测绘学、地质学、矿产学等方面得到应用。

6.7　测线布设

测深线是测量仪器及测量载体的探测路线，分为计划测线和实际测线。一般情况下的海上测量是在导航定位仪器的引导下，测量仪器及其载体按照计划实施测量。由于海底地形的不可见性，其测量不能像在陆地上一样选择地形特征点进行测绘，因此只能用测深线法或散点法均匀地布设测点。

6.7.1　测线布设的目的与形式

水下地形测量测线布设的主要目的是实施测量前制订工作计划，尽可能使所获得的水深测量数据能够完整地反映测区海底地形、地貌起伏状况，发现海底特殊目标(如礁石、沉船等)以及提高实际作业效率。

有别于陆地测量，在实际水下地形测量前，设计布设的海上测线一般都是直线形式。

海上测线又称测深线。测深线主要分为主测深线、检查线两类。主测深线是计划实施测量的主要路线，担负着探明整个测区海底地形的任务；检查线主要是为了对主测深线的测量结果质量进行检核而布设的测线，其方向应尽量与主测线垂直，分布均匀，能普遍检查主测深线，以保证水深测量的精度。

6.7.2 测线布设

水深测量工作设计时，布设测深线主要考虑测线间隔和测线方向两个因素。

6.7.2.1 测线间隔

测深密度是指同一测深线上水深点之间所取的间隔，它对反映海底地形有极其密切的关系，一般而言，密度越大，海底地形显示得越完善、越准确。测深线的间隔主要是根据对所测海区的需求，海区的水深、底质、地貌起伏的状况以及测深仪器的覆盖范围而定。国内外具体处理方法一般有两种：一种是规定图上主测深线的间隔为10mm的情况下，根据上述原则确定海区的测图比例尺；另一种是根据上述原则先确定实地上主测深线的间隔，再取其图上相应的间隔，如6mm、8mm、10mm，最后确定测图比例尺。我国采用前者，规定如下：港池以及一些面积较小但较重要的岛屿周围，以1:5000比例尺施测；港湾、锚地、狭窄水道、岛屿附近及其他有较大军事价值的海区，以1:10 000比例尺施测；开阔的港湾、地貌较复杂的沿岸海区及多岛屿海区，以1:25 000比例尺施测。随着测绘技术发展，目前基本实现了海陆一体测图，海岸带水下地形图测量比例尺逐渐与陆地基础地形图测绘比例尺保持统一。

测深线间隔的确定应顾及海区的重要性、海底地貌特征和海水的深度变化等因素。我国的多个海洋标准规范中对不同海区情况下的测线间隔给出了详细的要求：

《海道测量规范》GB12327中规定，一般情况下，主测线间隔为图上10mm。对于需要详细勘测的重要海区和海底地貌比较复杂的海区，主测深线间隔应适当缩小或放大比例尺施测。螺旋形主测线间隔一般为图上25mm，辐射形主测深线间隔最大为图上10mm，最小为图上2.5mm。在一些复杂海区和使用者有特殊的要求下，有时还要布设密于测深线间隔的测深线，即加密测深线。加密测深线的间隔一般为主测深线间隔的二分之一或四分之一。布设加密测深线的目的在于详细探测狭窄航道、码头附近和复杂海区的地形地貌以及障碍物。

《海洋工程地形测量规范》GB/T17501中规定，单波束测深时，原则上主测深线图上间隔为1~2cm；螺旋形测深线图上间隔一般为0.25cm；辐射线的图上间隔最大为1cm，最小为0.25cm。使用多波束全覆盖测深时，应根据水深、仪器性能，保证测线间不小于10%的重叠来布设测线。测点间距一般为图上1cm。海底地形变化显著地段应适当加密，海底平坦或水深超过20m的水域可适当放宽。

《1:5000、1:10000、1:25000海岸带地形图测绘规范》CH/T7001中的规定为，原则上主测深线间隔为图上1cm，对于需要详细探测的重要海区和海底地貌复杂的海区，测深线间隔应适当缩小。螺旋形测深线间隔一般为图上0.25cm，辐射线的间隔最大为图上1cm，最小为图上0.25cm。

6.7.2.2 测线方向

测深线方向是测深线布设所要考虑的另一个重要因素，测深线方向选取的优劣会直接影响测量仪器的探测质量。选择测深线布设方向的基本原则如下：

1. 有利于完善地表达海底地貌

近岸海区海底地貌的基本形态是陆地地貌的延伸，加上受波浪、河流、沉积物等的影响，一般垂直海岸方向的坡度大、地貌变化复杂；而平行海岸方向的坡度小、地貌变化简单。因此，应选择坡度大的方向布设测深线。在平直开阔的海岸，测深线方向应垂直等深线或海岸的总方向。

2. 有利于发现航行障碍物

在平直开阔的海岸，测深线垂直海岸总方向，减小波束角效应，有利于发现水下沙洲、浅滩等航行障碍物；在小岛、山嘴、礁石附近，等深线往往平行于小岛、山嘴的轮廓线，该区布设辐射状的测深线为宜；锯齿形海岸，一般取与海岸总方向约成 45° 的方向布设测深线。

3. 有利于工作

在海底平坦的海区，可根据工作上的方便选择测深线的方向，以利于船艇锚泊与比对，减少航渡时间。此外，在可能的条件下，测深线不要过短，也不要经常变换测深线的方向。

以上测线布设方向的基本原则大多是针对单波束测深，对多波束测深、机载激光测深以及其他扫海系统，还要考虑载体的机动性、安全性、最少的测量时间等问题，同时参照上述原则，选择最佳的测线方向，例如多波束测深一般选择平行于测深线的布设原则，有利于探测海底地貌和提高作业效率。

6.8 单波束水下地形测量流程

6.8.1 单波束水深数据采集

单波束水深测量是当前沿岸水下地形测绘常用的基本手段，图 6.23 为单波束水下地形测量大到流程图。基本作业流程简介如下：

6.8.1.1 测区划分与测线布设

根据沿海自然地理概况和潮汐特点，同时考虑人力资源与设备配备情况，结合项目专题特色、作业范围、工期进度等，进行测区划分，由不同作业班组分别承担作业，以便于项目的高效组织管理和质量控制，同时保证测区间具备有效的接边检核，提高数据成果的可信度。结合测区海岸线形状、概略水下地形地貌特征以及测量需求，合理布设计划测线，准确反映水下地形。

6.8.1.2 测量船只选择

在沿海水下地形测量工作中，测深船的大小与船型的选择很重要。如果船只过大，在近岸工作易搁浅；且船只吃水较深，测不到应测量的浅水地带。船体过长，船只运动的灵活性受影响，难以按照理想的设计测线进行测量。船体短，船只回旋半径小，调头、拐弯

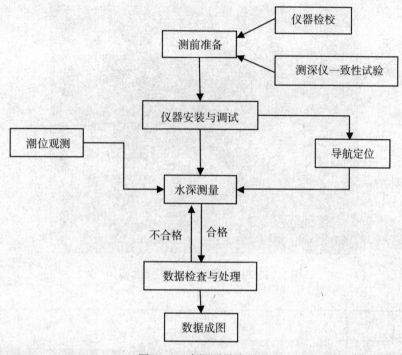

图 6.23　水深测量流程图

更为灵活。近些年来，海洋近岸水域多为人工养殖和海上活动十分频繁的海域，测量期间，船只航行随时都必须注意躲避障碍物，因此，近岸水深测量工作使用的船只要适宜、灵活，这是做好外业工作的基本保证。

6.8.1.3　仪器设备检查

测量作业开始前期，对水深测量相关的验潮仪、测深仪器、GNSS 定位设备等仪器设备进行检定或检验。国家强制检定的设备需要取得检定证书，其他设备需要进行检验或自检。

采用 RBN/DGNSS 定位时，在测区内进行定点准确度对比试验及稳定性试验。在作业前，在测区附近已知控制点上，连续观测一定时长的数据，计算每组数据与真值间的互差，根据互差值判断设备是否稳定，绘制互差值散点图，如图 6.24 所示。

使用 GNSS RTK 设备时，测量前和测量期间，在测区附近检核已知点，比对坐标，确保所有设备工作正常、测量参数设置正确。

测深仪一致性检查时，测深作业前，将多台测深仪的换能器固定于海底平坦的海区，统计各台测深仪测量结果的差值，对测深仪进行一致性检验。

作业时，将测深仪换能器安装在船舶中舷处，以减少测深过程中船速对吃水的影响。单波束测深系统安装如图 6.25 所示，GNSS 天线需高出船体，且与金属绝缘，与测深仪换能器安置在同一铅垂线上，使得定位中心与测深中心一致。

在设备检验合格的基础上，对所有设备进行软、硬件集成调试，主要检验系统接口数

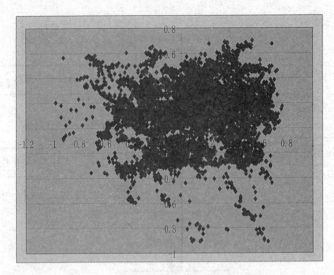

图 6.24　RBN/DGNSS 定位检验散点图

图 6.25　单波束测深系统工作图

据通信的正确性，以及全系统工作的稳定性和可靠性。当测深仪换能器安装后或变换位置时，都应进行航行试验，试验时，选择水深变化较大的海区，检验测深仪在不同深度和不同航速下工作是否正常。仪器设备检验合格后，方可使用并按要求作业。

6.8.1.4　验潮站布设与潮位观测

验潮站布设的密度应符合控制全测区的潮汐变化，且潮汐性质基本相同的要求，达到合理控制潮位，准确传递高程基准的目的。作业前期，可根据测区潮汐特点，结合历史潮位资料或预报潮位，合理布设验潮站，必要时，应进行多站同步验潮验证。

在水深测量过程中，同步进行潮位观测，并对观测数据进行处理，剔除潮汐的影响。采用自动验潮仪观测水位时，设置合适的数据采样间隔，同时可采用人工进行潮位同步观测，将两者结果进行数据比对，统计精度，保证潮位的准确性。

6.8.1.5　水深测量

水深测量实施过程中，根据仪器配备情况选择导航定位软件和定位方式。如图 6.26 所示为某导航定位软件界面。

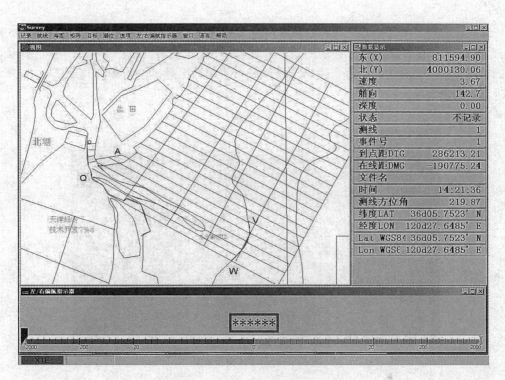

图 6.26　某导航定位软件界面

测深设备安装调试完毕后，将测深仪输出接口、GNSS 定位输出接口同时与计算机连接，调整系统时间，实现验潮、定位与测深的时间同步。打开导航定位软件，选择当天的工作目录，以测区名称、日期等命名文件名建立作业文件；正确设置测量参数以及声速改正、吃水改正等测深改正数。

调入计划测线文件，对平面位置、深度数据进行实时采集，采样率一般设置为 1Hz，并按等距方式记录；每一测点记录的数据项包括线号、点号、日期、时间、经度、纬度、北坐标、东坐标、水深等信息，实时记录测深模拟图像数据。

测深作业应选择风浪较小的海况下进行，每天上线和下线时在测区选择水深大于 5m 的地方，对测深仪测深的正确性进行检查并保存记录，检查定位中心与测深中心是否保持一致、相互关系是否发生变化。

测深时，实时进行定位和水深数据的综合采集与记录，导航员、测深员观察仪器设备运行和记录情况，实时监控测线航迹状态，确保施测的测线间隔满足要求。保证测量船匀速前进，保持船体的平衡，减少作业时不必要的人员走动，杜绝船体发生倾斜。遇到突发情况，应立即定位或停船，检查测深模拟图像，合理修正并记录。实时拍摄现场数码照片、填写导航记录表、测深记录表。

　　每天应及时备份原始数据，处理测深资料，绘制水深图，检查获取数据的完整性；比较主、检查线重合点水深数据，统计精度；对当天最新获取数据与已有数据的一致性进行检查；对不同时期、不同作业班组和不同设备施测的相邻图幅之间进行水深测量拼接检查。

　　在礁石沿岸、海岛周边等海区，常常有大面积的礁石分布，可采用当地熟悉海况、吃水在 30cm 以内的小型渔船，作为测量船。结合潮汐表和验潮资料，乘大潮作业，保证测量的精度和密度。测量船不能到达的区域，采用陆地人工登礁测量的方式。图 6.27 所示为礁石区测量现场。

图 6.27　礁石区测量现场

　　在海湾、沿岸区域等海区有大范围养殖区，养殖区缆绳密布、海况复杂，测量船不能按照正常测线行驶，区域内情况复杂，经常出现测船被养殖绳索缠摆等问题，可聘请当地熟悉海况的渔民作为船长，不但可提高测量效率，而且可以保障测量人员的安全。根据现场情况穿插测量，并保证测点均匀分布。图 6.28 所示为养殖区测量现场。

图 6.28　养殖区测量现场

6.8.2 水深测量数据处理

水深测量数据处理是整个水深测量过程中的一个重要环节，测量数据处理技术和方法直接影响成果的质量。

6.8.2.1 资料准备

1. 外业资料的检查

在数据处理开始前，需要对外业资料进行检查，主要包括：测区范围是否合适，记录是否完整，外业要做的相应校准和改正(深度比对、吃水改正、声速改正等)是否已按照相关要求进行等。

2. 潮位资料准备

水位改正对于测深精度有着很大的影响，根据测区的位置和测量时间整理相应的水位资料。要保证水位能够满足规范要求的精度，设立多个验潮站的，要进行水位分带改正，以保证水深的精度。整理完毕后，绘制水位曲线图，通过图像曲线是否平滑可进一步检查水位观测数据的正确与否，如图 6.29 所示。

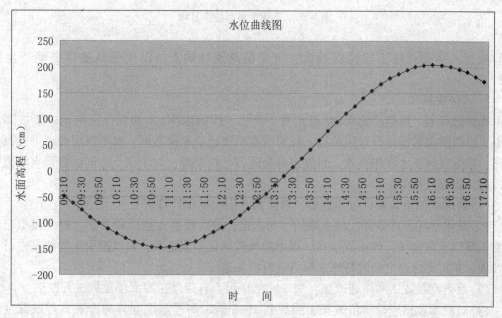

图 6.29　水位曲线图

3. 绘制航迹图

根据定位资料绘制航迹图，沿测深线起点按水深点连线直至终点，测深点用直径相同的圆圈表示并加注记，在测深线的两端要加注箭头表示测量船行进方向，如图 6.30 所示。

6.8.2.2 数据处理

1. 定位数据

在水深测量数据处理时，根据作业范围以及航迹状态，将外业资料对照航迹图进行全

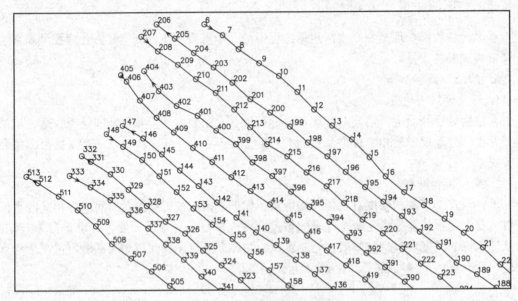

图 6.30　水深测量航迹示意图

面的检查，剔除或修正定位误差大、明显偏离测线的点，以及受到船体晃动产生的"飞"点。

2. 水深数据

先根据点号，将电子记录（记录点号、坐标、原始水深）和测深仪模拟记录纸或测深仪电子模拟图像数据进行对照检查，校对所有测线记录水深数据，对不匹配的点进行检查核实，剔除或修正水深粗差点，对波浪部分进行平滑处理，对个别点之间的特殊水深值量取内插。处理过程如下：

（1）测深仪原始数据经过检查后，拷贝到专用的工作计算机上；

（2）采用水深处理软件，导入原始水深数据，进行粗差点剔除和修正。对照模拟记录和断面窗口水深曲线，改正假信号、误跟踪等数字化错误记录，对波浪引起的粗差进行平滑处理，并对定位点之间的特殊水深点进行添加选取；

（3）检查吃水改正和声速改正，对未在测深仪上直接改正的水深数据进行改正；

（4）对测深数据进行水位改正，换算到 1985 国家高程基准起算的海底高程或深度基准面起算的深度。

（5）制作水深图，对水深图上的交叉点进行比对，如果水深差超过规范要求，则应查明原因并进行改正，在没有交叉点的位置，从图上直观地检查是否有不合适的水深值，这种不合适的水深值一般指与周围水深相差太大的水深值，需要对比记录纸，是真实地形还是错误水深。

（6）检查数据无误后，导出水深数据。

（7）评价水深测量精度。

第7章 海域使用测量

7.1 概述

7.1.1 海域使用

在人类文明漫长历史演化过程的很长一段时间里，人类对海洋的利用主要是基于整个海洋的船舶航行和渔业捕捞，没有明确的固定区域和活动界线，如人类的渔业捕捞，纯粹是跟随自然鱼类资源(如鱼汛)进行的，哪里有鱼就到哪里捕捞，不构成对特定海洋区域的排他性支配，是对鱼类资源等的自然利用。随着人口的增加和生产力的发展，人类对海洋的利用技术和方式都产生了极大变化，在发展经济的利益驱动下，首先，在海洋沿岸的部分海域出现了固化兼具排他使用的现象。特别是海洋养殖业和海洋采矿业的发展，导致人们对海洋的一部分即海域的排他性使用逐渐普遍化。从事海洋养殖业，如养殖鱼类、藻类、虾蟹类、贝类等，需要长期稳定占有并使用特定的海域；从事海洋采矿业，如海上开采石油天然气，需要在采矿区建筑钻井平台或采油平台，这也要长期稳定占有并使用特定的海域；另外，在离开海岸的水中修筑建筑物或游乐设施，划出一定海域作为旅游业者经营的游览观光区或休闲游乐区等，也需要长期稳定占有并使用特定的海域。人类对海洋的利用由无特定目的和区域的自然利用转向怀有特定目的和区域的排他性使用，边界性和专属性明显。

此外，由于沿岸海域是全球海洋邻接陆地的浅海部分，独特的区位优势决定了它与人类的关系最为密切，从古至今都是人类开发利用海洋的主要区域，是沿海经济与社会发展的可扩展和延伸区域，是海洋中经济与社会价值极高的海区，人类活动对其影响也最大。长期以来，人们对海洋认识不足，缺乏统一管理，一直是野蛮开发、无序利用，使得该区域海洋资源日益枯竭、环境恶化，甚至在有些海区呈现生态失衡、海域使用纠纷不断，严重影响了经济社会发展，海域使用已成为全球热点问题。

对固定海域的排他性使用以及因使用权而引起的海洋纠纷，为各海洋国家海域使用的立法提供了现实物质条件，则为海域使用立法管理提出了迫切要求。

7.1.2 我国的海域使用管理

根据《联合国海洋法公约》的规定和我国政府的主张，我国可以管辖的海域达 300 多万平方公里，其中领海和内水面积约 38 万平方公里；同时，还拥有 32000 多公里的大陆与海岛岸线，沿海海域广阔，资源丰富，开发利用区位优势明显。对如此大面积的管辖海域的使用，长期以来，我国并没有一部专门的法律进行管理。改革开放以来，在发展海洋经济政策的推动下，各地掀起了海洋开发热潮，海域开发利用活动频繁，海洋空间利用范围扩大，导致海域使用纠纷频发、海洋环境恶化、生态失衡、资源枯竭等问题日益突出，为了加强海域使用管理，规范海域开发利用活动，实现海洋经济的可持续发展，2001 年 10 月 27 日，第九届全国人大常委会第二十四次会议通过了《中华人民共和国海域使用管理法》（以下简称《海域使用法》），对海洋功能区划、海域使用的申请与审批、海域使用权、海域使用金、海域使用监督检查等作出了规定，从国家层面上立法建立了我国的海域使用管理制度，开创了海域使用管理的新时期。

海域使用管理是我国近期建立的一项海洋管理制度，通过海域使用调查，为海域使用申请人颁发海域使用权证，建立海域使用登记簿册，调整海域使用关系，维护国家海域所有权和海域使用权人的合法权益，促进海域的合理开发和可持续利用，是我国海域使用立法管理的核心目的。海域使用调查是海域使用管理的依据和基础，其主要工作包括海域使用权属调查和海域使用测量，海域使用测量是海域使用管理最基本的技术手段，其测绘成果是国家海域使用管理的基本图件和权属认证资料。

7.1.3　基本概念

1. 海域

海域是"海的区域"的简称，指一定界限范围内的海的区域，是一个包括该区域的海表层、水体、海床与底土的立体区域。如在一国领海基线向陆地一侧至海岸线的海域，称为内海；从领海基线向外延伸一定宽度的海域，称为领海；从一国领海的外边缘延伸到他国领海为止的海域，称为公海。其概念的有关范围示意如图 7.1 所示。

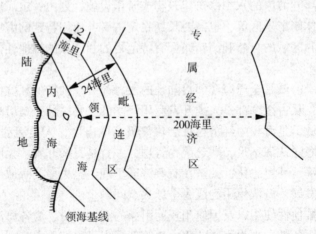

图 7.1　海域及有关概念示意图

我国《海域使用法》所称海域，是指中华人民共和国内水、领海的水面、水体、海床和底土。其中，内水，是指中华人民共和国领海基线向陆地一侧至海岸线的海域。

2. 海域使用

海域使用是指人类根据海域的区位、资源与环境等自然特点，按照一定的经济、社会目的，采取一系列生物、技术手段，对海域进行长期性或周期性经营管理和治理改造所开展的占有、使用等一切活动。我国《海域使用法》所称海域使用是指在中华人民共和国内水、领海持续使用特定海域 3 个月以上的排他性用海活动。

3. 海域使用权

海域使用权是指单位和个人在法律范围内对海域占有、使用、收益和部分处分的权利。海域使用权是一定法定的用益物权，是不完全的物权，它派生于国家海域所有权，是国家作为所有人通过法定程序允许单位或个人占有、使用、收益和部分处分特定海域的权利。县级以上人民政府依法向海域使用申请人颁发权属证书，海域使用申请人自领取海域使用权证书之日起，取得海域使用权。

4. 宗海

宗海是被权属界址线所封闭的一个用海单元。宗海是海域使用调查的基本单元，同一权属不同用海类型的用海单元应独立分宗。

7.2 海域使用调查

7.2.1 概念

海域使用调查又称海籍调查，是指依照国家规定，通过海域使用权属调查和海域使用测量，查清宗海的位置、界址、权属、面积、用途和用海年限等基本情况、海域使用与海洋功能区划的一致性以及海域使用金征收情况等，形成的数据、图件、表册等调查资料，为国家实施海洋功能区划制度、海域权属管理制度和海域有偿使用制度提供基础依据的一项技术性工作。海域使用调查，是海域使用登记(不动产登记的内容之一)的基础工作，其资料成果经海域使用登记后，具有法律效力，以其为基础登记的海域使用权受国家法律保护。

海籍是指国家用于海域使用管理而建立的记载各项目用海的位置、界址、权属、面积、类型、用途、用海方式、使用期限、海域等级、海域使用金征收标准等基本情况的簿册和图件。为权利人项目用海建立海籍，是国家推行海籍管理制度、保护权利人合法权益、加强海域使用管理的基本举措。

海域使用调查，根据其工作的主要内容，可概括为海域使用权属调查和海域使用测量，其中，海域使用测量又称海籍测量。海域使用权属调查是指通过对海域使用权属及其权利所及的界线的调查，在本宗海的申请人和相邻宗海业主的参与下，现场标定海域使用权属界址点、线，绘制宗海草图，查清每宗海的位置、权属、界址、用海类型、用海方式、使用年限等，记录于海籍调查表，为海域使用登记的权属审核提供法律意义的调查文书凭证。海域使用权属调查的基本单元是宗海。

海域使用测量是在海域使用权调查的基础上，借助仪器，以科学的方法，在一定区域内，以统一的尺度和标准，测量宗海的使用权属界址点、线等，计算面积，测绘海籍图和宗海图，编制宗海位置图等，为海域使用登记、发证提供依据。

海域使用权属调查和海域使用测量有着密切的联系，但也存在着质的区别。海域使用权调查主要是遵循规定的法律程序，根据有关政策，利用行政手段，调查核实海域使用权利状况，确定界址点和权属界线的行政性工作，权属调查工作主要是定性的；海域使用测量则是测量、计算海籍要素的技术性工作，其工作主要是定量的。海域使用权属调查主要用文字并配以表格、草图来描述记载海域使用权利主客体因素，海域使用测量则是主、客体因素的统一定量描述。海域使用权属调查必须要求权利申请人参加，海域使用测量则是在权属调查的基础上进行的，它不要求权利申请人的现场参与。

海域使用调查分初始海籍调查和变更海籍调查。初始海籍调查在海域使用申请批准前进行，变更海籍调查在海域使用权变更申请批准前进行。

7.2.2 海域分类

由于具体海域所处环境和地域的不同，它们在水温、水深、盐度、资源丰度、海岸形态、海底质地、离岸距离、周边社会经济发展状况等方面千差万别，加之人类生活、生产对海域的需求和施加的影响，导致了海域生产能力和利用方式上的差异。为了掌握海域使用状况，科学利用海域资源，提高海域产能，并对其实施有效管理、加以保护，制定一个科学、全国统一、实用性强的海域分类体系十分必要，海域分类是对海域使用状况进行调查统计、制定海域政策并对不同海域实施差异化管理和利用的基础和前提。

7.2.2.1 海域分类体系

海域分类就是指按照一定的分类标志(指标)，根据统一的原则，将海域划分成若干类型；将上述分类海域有规律、分层次地排列组合在一起，就构成了海域分类体系。海域具有自然特性和社会经济特性。根据海域的特性及人们对海域使用的目的和要求不同，就形成了不同的分类体系。常用的海域分类体系大致有以下三种：

(1)海域自然分类体系，指主要依据海域的自然属性对海域进行分类，一般将海域的水温、盐度、水深、资源丰度、海底质地等自然属性作为具体标志进行分类，这种分类可以解释海域类型的分异和演替规律，遵循海域构成要素的自然规律，可最佳、最有效地挖掘海域生产潜能。

(2)海域评价分类体系，指主要依据海域的经济特性对海域进行分类，一般将海域收益状况、海域生产力水平、生产潜力及生产适宜性等作为具体指标进行分类，这种分类体系能够统计分析海域生产条件和生产适宜性，为实现海域资源最佳配置服务。海域评价分类系统是评价划分海域经济质量等级的基础，主要用于生产管理和征收海域使用金等。

(3)海域综合分类体系，指主要依据海域的自然特性和社会经济特性、管理特性及其他因素对海域进行综合分类。海域使用分类是海域综合分类的主要形式。海域使用分类是指按照一定的原则，将海域使用现状、用海方式、海域用途、经营特点、利用效果等作为具体指标划分海域使用类型。其目的是了解海域使用现状，反映国家各项管理措施的执行情况和效果，为国家和地区对海域使用和发展海洋经济的宏观管理和调控服务。

在这三种分类体系中，海域使用分类是海域管理工作中最常见、采用最多的海域基础分类，它是掌握海域使用现状、科学制定海域管理政策、合理利用海域资源、保护海洋环境的重要基础工作。我国目前的海域管理工作，采用的就是海域使用分类体系，根据海域使用类型、用海方式建立了两个互相补充而又各自独立的海域分类体系。

我国的海域使用分类体系适用于海域使用权取得、登记、发证、海域使用金征缴、海域使用执法监察以及海籍调查、统计分析、海域使用论证、海域评估、海域管理信息系统建设等工作对海域使用类型和用海方式的界定。

7.2.2.2　海域使用类型分类体系

该分类体系以海域用途为分类依据，遵循对海域使用类型的一般认识，并与海洋功能区划、海洋及相关产业等的分类相协调，根据海域用途的差异性，将海域划分为渔业、工业、交通运输、旅游娱乐、海底工程、排污倾倒、造地工程、特殊用海和其他用海九大类。

1. 渔业用海

渔业用海，是指为开发利用渔业资源、开展海洋渔业生产所使用的海域。渔业用海包括渔业基础设施用海、养殖用海、增殖用海等。近年来，通过构筑人工渔礁、围堰等设施养殖海珍品，已成为海水养殖的热点。

1）渔业基础设施用海

渔业基础设施用海，是指用于渔船停靠、进行装卸作业和避风，以及用于繁殖重要苗种的海域，包括渔业码头、引桥、堤坝、渔港港池（含开敞式码头前沿船舶靠泊和回旋水域）、渔港航道、附属的仓储地、重要苗种繁殖场所及陆上海水养殖场延伸入海的取排水口等所使用的海域。

2）养殖用海

养殖用海，是指人工培育和饲养具有经济价值生物物种所使用的海域，包括围海养殖用海、开放式养殖用海、人工渔礁用海等类型。

围海养殖用海又称围堰养殖用海，是指筑堤围割海域进行封闭或半封闭式养殖生产的海域，所围水体通过预留通道随涨落潮与围堰外海水进行交换。

开放式养殖用海，是指无需筑堤围割海域，在开敞条件下进行养殖生产所使用的海域，包括筏式养殖、网箱养殖及无人工设施的人工投苗或自然增殖生产等所使用的海域。

人工渔礁用海，是指通过构筑人工渔礁进行养殖生产的海域。人工渔礁一般是把碎石、混凝土预制块、沉船、废旧轮胎等物体堆放在海底，根据养殖生物的生活习性，渔礁顶面在海面下深度是不同的。目前，人工渔礁多用于海珍品的养殖。

3）增殖用海

增殖用海，是指通过繁殖保护措施来增加和补充某些有经济价值生物群体数量所使用的海域。

2. 工业用海

工业用海，是指开展工业生产所使用的海域，主要包括盐业用海、固体矿产开采用海、油气开采用海、船舶工业用海、电力工业用海、海水综合利用用海和其他工业用海等。

1）盐业用海

盐业用海，是指用于盐业生产的海域，包括抽取海水的泵站、海水循环蒸发池、晒盐池、堆场及配套设施（包括盐业码头、引桥、船舶靠泊和回旋水域等）等所使用的海域。

2）固体矿产开采用海

固体矿产开采用海，是指开采海砂及其他固体矿产资源所使用的海域，包括海上以及通过陆地挖至海底进行固体矿产开采所使用的海域。

3）油气开采用海

油气开采用海，是指开采油气资源所使用的海域，包括海上平台、栈桥、浮式储油装置、输油管道、油气开采用人工岛及其连陆或连岛道路等所使用的海域。

海上平台，是指为从事海上油气钻探、开发和储存所建造的海上孤立建筑物，一般有固定平台和移动式平台两种类型。

人工岛是建在水中露出水面的构筑物（大多建在浅海滩涂），是为资源开发和某些特殊观测实验服务的海上人工构筑物。人工岛主要由混凝土防浪墙、抛石护岸或桩基础及上部结构等组成。

4）船舶工业用海

船舶工业用海，是指船舶（含渔船）制造、修理、拆解等所使用的海域，包括船厂的厂区、码头、引桥、平台、船坞、滑道、堤坝、港池（含开敞式码头前沿船舶靠泊和回旋水域，船坞、滑道等的前沿水域）及其他设施等所使用的海域。

5）电力工业用海

电力工业用海，是指电力生产所使用的海域，包括电厂、核电站、风电场、潮汐及波浪发电站等的厂区、码头、引桥、平台、港池（含开敞式码头前沿船舶靠泊和回旋水域）、堤坝、风机座墩和塔架、水下发电设施、取排水口、蓄水池、沉淀池及温排水区等所使用的海域。

6）海水综合利用用海

海水综合利用用海，是指开展海水淡化和海水化学资源综合利用等所使用的海域，包括海水淡化厂、制碱厂及其他海水综合利用工厂的厂区、取排水口、蓄水池及沉淀池等所使用的海域。

7）其他工业用海

上述工业用海以外的工业用海，还包括水产品加工厂、化工厂、钢铁厂等的厂区、企业专用码头、引桥、平台、港池（含开敞式码头前沿船舶靠泊和回旋水域）、堤坝、取排水口、蓄水池及沉淀池等所使用的海域。

3. 交通运输用海

交通运输用海，是指为满足港口、航运、路桥等交通需要所使用的海域。交通运输用海主要包括港口码头、防波堤、护岸、路桥等水工建（构）筑物用海，港池、航道、锚地，以及制动与回旋水域、连接水域等无建（构）筑物用海。

1）港口用海

港口是为船舶提供安全进出、停泊和装卸作业的场所，其主要特点：一是建造码头、防波堤、护岸等水工构筑物，二是设置锚地、航道、港池等水域。码头是船舶靠岸和进行装卸作业的必要设施，是港口中的主要水工建筑物，包括堤坝及堆场。此外，因防浪需要，海港一般都需要建设防波堤及护岸等水工建筑物。

港口水域包括进港航道、锚地、港池以及港内回转水域。其中，进港航道是连接港口各泊位通向外海的通道，其内测的端点为船舶的回转区或停泊区；锚地是供到、离港船舶临时停泊、联检、避风以及过驳作业使用的水域；港池是码头前供船舶离、靠泊位所需的水域；回转水域是船舶在港内掉头的水域。

2）航道用海

航道用海，是指交通部门划定的供船只航行使用的海域（含灯桩、立标及浮式航标灯等海上航行标志所使用的海域），不包括渔港航道所使用的海域。

3）锚地用海

锚地用海，是指船舶候潮、待泊、联检、避风及进行水上过驳作业等所使用的海域。

4）路桥用海

路桥用海，是指连陆、连岛等路桥工程所使用的海域，包括跨海桥梁、跨海和顺岸道路等及其附属设施所使用的海域，其作用是为沟通两岸交通运输提供通道，不包括油气开采用连陆、连岛道路和栈桥等所使用的海域。

4. 旅游娱乐用海

旅游娱乐用海，是指开发利用滨海和海上旅游资源，开展海上娱乐活动所使用的海域。旅游娱乐用海包括出海通道和水上运动区等用海，用海项目有海水浴场、水上运动、水下运动以及配套的游艇码头、栈桥码头、浮码头、潜水平台等。水上运动娱乐项目有游艇、摩托艇、帆板、滑板等。水下旅游项目主要有潜水、海底漫步、玻璃船底观光、半潜船观光和潜艇观光，需要有配套的船只停靠码头和到旅游区的交通航线。旅游娱乐项目用海具有多样性，常常集海上运动娱乐、沙滩休闲、海水浴场和渔业旅游于一体，其工程特点多与港口用海中的码头、防波堤、护岸等设施相似。

1）旅游基础设施用海

旅游基础设施用海，是指旅游区内为满足游人旅行、游览和开展娱乐活动需要而建设的配套工程设施所使用的海域，包括旅游码头、游艇码头、引桥、港池（含开敞式码头前沿船舶靠泊和回旋水域）、堤坝、游乐设施、景观建筑、旅游平台、高脚屋、旅游用人工岛及宾馆饭店等所使用的海域。

2）浴场用海

浴场用海，是指专供游人游泳、嬉水的海域。

3）游乐场用海

游乐场用海，是指开展游艇、帆板、冲浪、潜水、水下观光及垂钓等海上娱乐活动所使用的海域。

5. 海底工程用海

海底工程用海，是指建设海底工程设施所使用的海域，包括电（光）缆管道用海、海底隧道用海、海底场馆用海等。

1）电缆管道用海

电缆管道用海，是指埋（架）设海底通信光（电）缆、电力电缆、深海排污管道、输水管道及输送其他物质的管状设施等所使用的海域，不包括油气开采输油管道所使用的海域。海底电缆管道在海底的状态一般分为埋入底土中、部分埋入底土中、裸露海底三种。由于电缆管线载荷较小,对海底地层强度要求不严格。影响海底管线安全的主要因素是海洋水动力环境、工程地质灾害等。

2)海底隧道用海

海底隧道用海,是指建设海底隧道及其附属设施所使用的海域,包括隧道主体及其海底附属设施,以及通风竖井等非透水设施所使用的海域。多数海底隧道工程直接用海一般限于岸滩,工程主体不直接占用海水或表层底土。海底隧道一般位于海底下十余米乃至数十米的线路中,有些海底隧道在施工阶段占用海域,作为海上施工的基地,过去的隧道以暗挖为主,目前逐步发展成沉管隧道、悬浮隧道、悬浮与沉管混合隧道与暗挖隧道并存的局面。由于隧道工程占用土地和海域少,不直接影响通航或常规海洋开发利用,近年来发展迅速。

3)海底场馆用海

海底场馆用海,是指建设海底水族馆、海底仓库及储罐等及其附属设施所使用的海域。

6. 排污倾倒用海

排污倾倒用海,是指用来排放污水和倾倒废弃物的海域,包括污水达标排放用海和倾倒区用海。

1)污水达标排放用海

污水达标排放用海,是指受纳指定达标污水的海域。污水达标排放是指工业、生活污水经无害化处理,达到排放标准后的向海中排放。污水达标排放工程用海主要包括排放管道和排放口两部分。排放管道用海与海底工程用海中的电缆管道类似;排放口是达标污水集中排入海域的排放点。

2)倾倒区用海

倾倒区用海,是指倾倒区所占用的海域。倾倒区的倾倒物主要包括疏浚物、惰性无机地质废料、骨灰以及特殊工程废弃物。

7. 造地工程用海

造地工程用海,是指为满足城镇建设、农业生产和废弃物处置需要,通过筑堤围割海域并最终填成土地,形成有效岸线的海域。造地工程用海包括城镇建设填海造地用海、农业填海造地用海、废弃物处置填海造地用海。造地工程项目根据填海施工方式,可分为吹填法和干填法(陆域回填)两类。吹填法是采用挖(吹)泥船挖(吸)海底泥沙,通过水上(下)及陆上排泥管线进行填海造地。干填法是在陆地开挖运输土石方填海,需要挖掘、运输、推进填筑、整平碾压等。

1)城镇建设填海造地用海

城镇建设填海造地用海,是指通过筑堤围割海域,填成土地后用于城镇(含工业园区)建设的海域。

2)农业填海造地用海

农业填海造地用海,是指通过筑堤围割海域,填成土地后用于农、林、牧业生产的海域。

3)废弃物处置填海造地用海

废弃物处置填海造地用海,是指通过筑堤围割海域,用于处置工业废渣、城市建筑垃圾、生活垃圾及疏浚物等废弃物,并最终形成土地的海域。

8. 特殊用海

特殊用海指用于科研教学、军事、自然保护区及海岸防护工程等用途的海域。

(1)科研教学用海

指专门用于科学研究、试验及教学活动的海域,包括从事海洋水文与气象观测设施、海水养殖试验基地、海洋生物与水产养殖教学实验场所用海。

(2)军事用海

指建设军事设施和开展军事活动所使用的海域。

(3)海洋保护区用海

指各类涉海保护区所使用的海域,包括滩涂建设的保护设施、保护区中的核心区、缓冲区和试验区用海。

(4)海岸防护工程用海

指为防范海浪、沿岸流的侵蚀及台风、气旋和寒潮大风等自然灾害的侵袭,建造海岸防护工程所使用的海域。

9. 其他用海

其他用海,是指上述用海类型以外的用海。

7.2.2.3 用海方式分类体系

该分类体系以海域使用方式为分类依据,结合海域使用类型分类,根据对海域的使用方法、样式及对海域自然属性的影响程度,将用海方式划分为填海造地、构筑物、围海、开放式和其他方式五大类。

填海造地,是指筑堤围割海域填成土地,并形成有效岸线的用海方式,根据填海造地的目的,又进一步细分为建设填海造地、农业填海造地和废弃物处置填海造地三种类型。

构筑物用海方式根据构筑物的特点,又进一步区分为跨海桥梁、海底隧道等构筑物,非透水构筑物和透水构筑物几种类型。非透水构筑物用海,是指采用非透水方式构筑不形成围海事实或有效岸线的码头、突堤、引堤、防波堤、路基等构筑物的用海方式。透水构筑物用海,是指采用透水方式构筑码头、海面栈桥、高脚屋、人工渔礁等构筑物的用海方式。

围海,是指通过筑堤或其他手段,以全部或部分闭合形式围割海域进行海洋开发活动的用海方式,根据围海目的,又进一步细分为盐业围海,养殖围海,港池、蓄水等围海。

开放式用海,是指不进行填海造地、围海或设置构筑物,直接利用海域进行开发活动的用海方式,根据用海目的,又进一步细分为开放式养殖、浴场、游乐场、专用航道、锚地及其他开放式用海。

其他方式用海则又细分为人工岛式油气开采,平台式油气开采,海底电缆管道,海砂等矿产开采,取、排水口,污水达标排放和倾倒用海。

7.3　海域使用界址的界定

7.3.1　界址界定原则

海域使用调查的目的在于界定海域使用项目界址线及测算海域使用面积,所以,必须首先明确界址线的位置和走向。海域使用界址线是依据不同海域使用项目性质,以实际占用海域的位置为基础,划定海域使用的范围界线,一般是实际用海的外缘线外延 50m。界址线的走向应由涉界用海双方及所属海域使用管理部门三方共同确定,然后委托具有海域测量资质的单位进行实地测绘。界定海域使用界址线应注意以下几个原则:

(1)避免权属争议原则。海域使用界定与面积测算有利于维护国家海域所有权,保障使用权人的正常生产活动,避免毗连宗海之间的相互穿插和干扰,避免将宗海范围界定至公共使用的海域内,避免海域使用权属争议,有利于海域使用管理和海洋经济可持续发展。

(2)尊重用海事实原则。根据用海事实,针对海域使用的排他性及安全用海需要,界定宗海界址。

(3)科学性原则。海域使用界定和面积测算是一项政策性、技术性和群众性强的工作,要充分体现界定技术和测绘技术的科学性和可操作性。

(4)用海范围适度原则。确保国家海域的合理利用,避免毗连用海项目的相互穿插和干扰,节约水面,防止海域空间资源流失和浪费。针对开发行为的排他性而设置必要的海域使用保护区,既是对排他性的一种法律认可,也是减缓其对周边其他海上活动可能产生干扰的一种措施。因此,海域使用面积一般包括项目实际占用的海域面积,以及该项目周边不准他人占用或干扰的安全区面积。

(5)节约岸线原则,海域使用界址界定应有利于岸线和近岸水域的节约利用。在界定海域使用范围时,应将实际无需占用的岸线和近岸水域排除在外。

(6)方便行政管理原则。海域使用界址界定应有利于海域使用行政管理,在保证满足实际用海需要和无权属争议的前提下,对过于复杂和琐碎的界址线应进行适当的归整处理。

7.3.2　界址界定的一般流程

7.3.2.1　宗海分析

根据本宗海的使用现状资料或最终设计方案、相邻宗海的权属与界址资料以及所在海域的基础地理资料,按照有关规定,确定宗海界址界定的事实依据。对于界线模糊且不能提供确切设计方案的开放式用海,按相关设计标准的要求确定其界址的界定依据。

7.3.2.2　用海类型与方式确定

按照海域使用分类标准,确定宗海的海域使用一级和二级类型,判定宗海内部存在的用海方式。

7.3.2.3 宗海内部单元划分

在宗海内部，按不同用海方式的用海范围划分内部单元。用海方式相同但范围不相接的海域应划分为不同的内部单元。

7.3.2.4 宗海平面界址界定

综合宗海内部各单元所占的范围，以全部用海的最外围界线确定宗海的平面界址。

7.3.2.5 宗海垂向范围界定

遇特殊需要时，应根据项目用海占用水面、水体、海床和底土的实际情况，界定宗海的垂向使用范围。

7.3.3 用海范围界定方法

7.3.3.1 填海造地用海

岸边以填海造地前的海岸线为界，水中以围堰、堤坝基床或回填物倾埋水下的外缘线为界。

7.3.3.2 构筑物用海

非透水构筑物用海，岸边以海岸线为界，水中以非透水构筑物及其防护设施的水下外缘线为界。

透水构筑物用海，安全防护要求较低的透水构筑物用海以构筑物及其防护设施垂直投影的外缘线为界。其他透水构筑物用海在透水构筑物及其防护设施垂直投影的外缘线基础上，根据安全防护要求的程度，外扩不小于10m保护距离为界。

1. 港口和码头用海

(1)以透水或非透水方式构筑的渔业码头、盐业码头、造船码头、交通码头、旅游码头、企业专用码头等，以码头外缘线为界。

有防浪设施圈围的港池，外侧以围堰、堤坝基床的外缘线及口门连线为界，内侧以海岸线及构筑物用海界线为界；开敞式码头港池(船舶靠泊和回旋水域)，以码头前沿线起垂直向外不少于2倍设计船长且包含船舶回旋水域的范围为界(水域空间不足时视情况收缩)。下面以表7.1顺岸码头为例，说明其用海范围的界定方法。

港口的航道以审核认定的范围为界。

(2)对于游艇码头用海，则按以下方法界定：

以非透水方式构筑的游艇码头用海，按游艇码头和游艇停泊水域分别界定。非透水式游艇码头以码头外缘线为界；游艇停泊水域以设泊位的码头前沿线、码头开敞端外扩3倍设计船长距离为界(水域空间不足时视情况收缩)。

以透水方式构筑的游艇码头用海，游艇码头和游艇停泊水域作为一个用海整体界定，以设泊位的码头前沿线、码头开敞端外扩3倍设计船长和码头其他部分外缘线外扩10m距离为界(水域空间不足时视情况收缩)，其界址界定描述见表7.2。

157

表7.1　　　　　　　　　　　　　　　顺岸码头用海范围的界定

顺岸码头甲

用海特征：采用透水方式构筑的顺岸码头。回旋水域位于码头前方，横向范围不超过码头的两端

界址界定图示	说　明
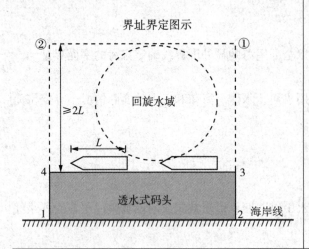	折线 1—2—3—①—②—4—1 围成的区域为本宗海的范围。其中，折线 1—2—3—4—1 围成的区域属透水构筑物用海，用途为码头；折线 4—3—①—②—4 围成的区域属港池、蓄水等用海，用途为港池。 　　线段 1—2 为海岸线；折线 2—3—4—1 为码头外缘线；线段②—4 和①—3 为码头前沿线 4—3 的垂线，并与码头两端相齐；线段②—① 为码头前沿线 4—3 的平行线，与 4—3 相距 2 倍设计船长或与回旋水域的外缘相切(以两者中距码头前沿线较远者为准)

顺岸码头乙

用海特征：采用非透水方式构筑的顺岸码头，已形成有效岸线。回旋水域位于码头侧前方，横向范围超出码头一端。

界址界定图示	说　明
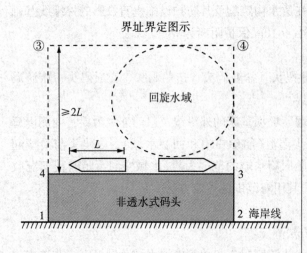	本项目用海分成两宗海。其中，折线 1—2—3—4—1 围成的区域为一宗海的范围，属建设填海造地，用途为码头；折线 4—3—①—②—③—4 围成的区域为另一宗海，属港池、蓄水等用海，用途为港池。 　　线段 1—2 为原来的海岸线；折线 2—3—4—1 为码头外缘线；线段 3—① 为码头前沿线 4—3 的延长线；线段③—4 和②—① 为码头前沿线 4—3 的垂线，其中，线段③—4 与码头左端相齐，线段②—① 与回旋水域外缘相切；线段③—② 为码头前沿线 4—3 的平行线，与 4—3 相距 2 倍设计船长或与回旋水域的外缘相切(以两者中距码头前沿线较远者为准)

（3）对于造船工业的船坞和港池用海，按以下方法界定：

船坞用海，以海岸线及船坞外缘线为界。

坞门宽度小于1倍设计船长时的港池（坞门前沿水域）用海，坞门两侧以船坞中心线平行外扩 0.5 倍设计船长距离为界，坞门前方以坞门前沿起外扩 1.5 倍设计船长距离为界；

表7.2　　　　　　　　　　透水方式构筑的游艇码头用海范围的界定

游艇码头

用海特征：采用透水方式构筑的 F 形游艇码头，泊位密集，无专门的船舶回旋水域

界址界定图示	说　明
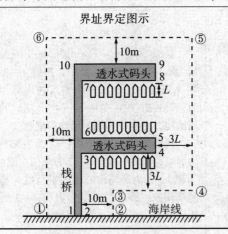	折线①—1—2—②—③—④—⑤—⑥—①围成的区域为本宗海的范围，属透水构筑物用海，用途为游艇码头。 　　折线①—1—2—②为海岸线；折线 2—3—4—5—6—7—8—9—10—1 为游艇码头与栈桥的外缘线；线段③—④和⑤—④分别为设置泊位的码头前沿线及码头开敞端外扩 3 倍设计船长形成的边线；线段③—②和折线⑤—⑥—①为码头、栈桥边缘线外扩 10m 的边线

　　坞门宽度大于或等于 1 倍设计船长时的港池（坞门前沿水域）用海，坞门两侧以与坞门两端相齐的船坞中心线的平行线为界，坞门前方以坞门前沿起外扩 1.5 倍设计船长距离为界。

　　典型的船坞界址界定描述见表 7.3。

表7.3　　　　　　　　　　典型船坞用海范围的界定

船坞甲

用海特征：坞门宽度小于 1 倍设计船长

界址界定图示	说　明
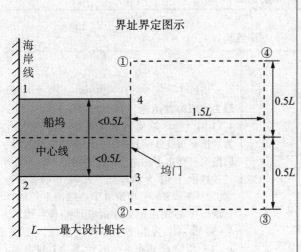	折线 1—2—3—②—③—④—①—4—1 围成的区域为本宗海的范围。其中，折线 1—2—3—4—1 围成的区域属透水构筑物用海，用途为船坞；折线①—4—3—②—③—④—①围成的区域属港池、蓄水等用海，用途为港池。 　　线段 1—2 为海岸线；折线 2—3—4—1 为船坞外缘线，线段 4—3 为坞门；线段①—4 和 3—②为坞门 4—3 的延长线；线段①—④和②—③为船坞中心线的平行线，与船坞中心线相距 0.5 倍设计船长；线段④—③为坞门 4—3 的平行线，与坞门相距 1.5 倍设计船长

船坞乙

用海特征：坞门宽度大于或等于 1 倍设计船长

界址界定图示	说 明
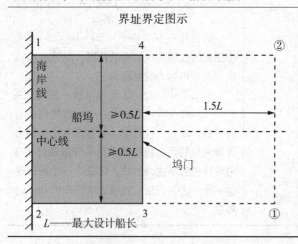	折线 1—2—3—①—②—4—1 围成的区域为本宗海的范围。其中，折线 1—2—3—4—1 围成的区域属透水构筑物用海，用途为船坞；折线 3—①—②—4—3 围成的区域属港池、蓄水等用海，用途为港池。 线段 1—2 为海岸线；折线 2—3—4—1 为船坞外缘线，线段 4—3 为坞门；线段 4—②和 3—① 为船坞中心线的平行线，与船坞两端相齐；线段②—① 为坞门 4—3 的平行线，与坞门相距 1.5 倍设计船长

（4）对于造船工业的滑道与港池用海，按以下方法界定：

纵向滑道的构筑物用海部分，以滑道长度自中心线向两侧外扩 0.5 倍设计船长距离为界；横向滑道的构筑物用海部分，以滑道外缘线向两侧外扩 0.5 倍设计船长距离为界。

纵向滑道的港池（滑道前沿水域）用海部分，以构筑物用海的外侧边界起外扩 1 倍设计船长距离为界；横向滑道的港池（滑道前沿水域）用海部分，以构筑物用海的外侧边界两端各延长 0.5 倍设计船长后，平行外扩 1 倍设计船长距离为界。

典型的滑道用海界址界定描述见表 7.4。

表 7.4 典型滑道用海范围的界定

滑道甲

用海特征：纵向滑道。船头方向与滑道走向一致，与岸线垂直

界址界定图示	说 明
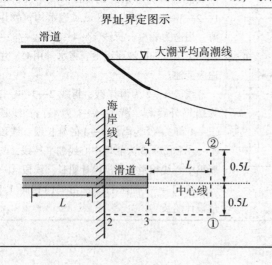	折线 1—2—3—①—②—4—1 围成的区域为本宗海的范围。其中，折线 1—2—3—4—1 围成的区域属透水构筑物用海，用途为滑道；折线 3—①—②—4—3 围成的区域属港池、蓄水等用海，用途为港池。 线段 1—2 为海岸线；线段 1—4、4—②、2—3 和 3—① 为滑道中心线的平行线，与滑道中心线相距 0.5 倍设计船长；线段 4—3、②—① 为滑道中心线的垂线，线段 4—3 与滑道前端相齐，线段②—① 与滑道前端相距 1 倍设计船长

滑道乙

用海特征：横向滑道。船头方向与滑道走向垂直，与岸线平行

界址界定图示	说　明
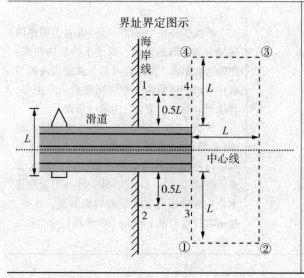	折线 1—2—3—①—②—③—④—4—1 围成的区域为本宗海的范围。其中，折线 1—2—3—4—1 围成的区域属透水构筑物用海，用途为滑道；折线 3—①—②—③—④—4—3 围成的区域属港池、蓄水等用海，用途为港池。 　　线段 1—2 为海岸线；线段 1—4 和 2—3 为滑道中心线的平行线，与滑道两侧相距 0.5 倍设计船长；线段 ④—③ 和 ①—② 为滑道中心线的平行线，与滑道两侧相距 1 倍设计船长；线段 ④—4、4—3 和 3—① 为滑道中心线的垂线，与滑道前端相齐；线段 ③—② 为滑道中心线的垂线，与滑道前端相距 1 倍设计船长

2. 取排水口用海

陆上延伸入海的取排水口用海，岸边以海岸线为界，水中以取排水头部外缘线外扩 30 或 80m 的矩形范围为界。对于海水养殖场和盐田，因其对海洋环境影响较轻，取排水头部外缘线外扩 30m 的矩形范围为界；对于电厂（站）、海水综合利用及工业和污水达标排放的排水口用海，因涉及海洋环境污染，则以外扩 80m 的矩形范围为界。

典型的取排水口用海界址界定描述见表 7.5。

表 7.5　　　　　　　　　　　典型取排水口用海范围的界定

取排水口甲

用海特征：沿岸取排水口

界址界定图示	说　明
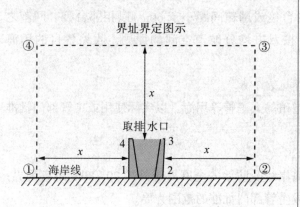	折线 ①—1—2—②—③—④—① 围成的区域为本宗海的范围。一般的取排水用海，属取、排水口用海，用途为养殖或工业取排水口；专门用于污水达标排放的排水口，属污水达标排放用海，用途为污水达标排水口。 　　折线 ①—1—2—② 为海岸线；折线 2—3—4—1 为取排水设施的外缘线；折线 ②—③—④—① 为取排水设施外缘线外扩 x 距离形成的矩形边，养殖、盐田取排水口取 $x=30\text{m}$，其他取排水口取 $x=80\text{m}$

取排水口乙
用海特征：离岸取排水口

界址界定图示	说　明
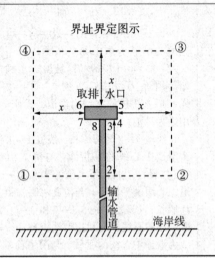	折线①—1—2—②—③—④—①围成的区域为本宗海的范围，属透水构筑物用海，用途为养殖或工业取排水口。此范围内的与取排水口相连的输水管道用海归入本宗海，其他部分输水管道应分为另一宗海。 折线 3—4—5—6—7—8—3 为取排水设施(头部)的外缘线；折线 1—2—3—8—1 为本宗海范围内的与取排水口相连的输水管道；折线①—1—2—②—③—④—①为取排水设施外缘线外扩 x 距离的矩形边，养殖、盐田取排水口取 $x=30m$，其他取排水口取 $x=80m$

对位于水产养殖区附近的电厂温排水用海，按人为造成夏季升温 1℃，其他季节升温 2℃ 的水体所波及的外缘线界定；其他水域的温排水用海，按人为造成升温 4℃ 的水体所波及的外缘线界定。

7.3.3.3　围海用海

岸边以围海前的海岸线为界，水中以围堰、堤坝基床外侧的水下边缘线及口门连线为界。

7.3.3.4　开放式用海

以实际设计、使用或主管部门批准的范围为界。

1. 筏式和网箱养殖用海

单宗用海以最外缘的筏脚(架)、桩脚(架)连线向四周扩展 20~30m 连线为界；多宗相连的筏式和网箱养殖用海(相邻业主的台筏或网箱间距小于 60m)以相邻台筏、网箱之水域中线为界。其间存在共用航道的，按双方均分航道空间的原则，收缩各自的用海界线。

典型的开放式养殖用海界址界定描述见表 7.6。

对于无人工设施的人工投苗或自然增殖的人工管养用海，以实际使用或主管部门批准的范围为界。

2. 浴场用海

设置有防鲨安全网的海水浴场，以海岸线及防鲨安全网外缘外扩 20~30m 距离为界；无防鲨安全网的海水浴场，以实际使用或主管部门批准的范围为界。

表7.6 典型开放式养殖用海范围的界定

开放式养殖用海甲

用海特征：单宗的筏式或网箱养殖

界址界定图示	说　明
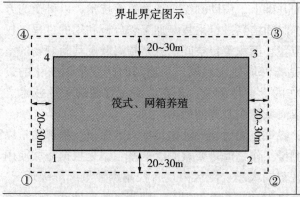	折线①—②—③—④—①围成的区域为本宗海的范围，属开放式养殖用海，用途为筏式或网箱养殖。 　　折线1—2—3—4—1为筏脚（架）、桩脚（架）最外缘的连线；折线①—②—③—④—①为筏脚（架）、桩脚（架）外缘连线外扩20~30m的边线

开放式养殖用海乙

用海特征：多宗相连的筏式或网箱养殖。本项目与其他相邻项目的水域间距不足60m

界址界定图示	说　明
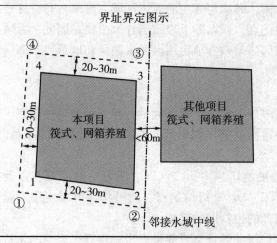	折线①—②—③—④—①围成的区域为本宗海的范围，属开放式养殖用海，用途为筏式或网箱养殖。 　　折线1—2—3—4—1为筏脚（架）、桩脚（架）最外缘的连线；折线①—②—③—④—①为筏脚（架）、桩脚（架）外缘连线外扩20~30m的边线；线段③—②为本项目与相邻项目之间的水域中线

7.3.3.5 特殊情况处理

（1）相邻开放式用海的分割：当本宗海界定的开放式用海与相邻宗海的开放式用海范围相重叠时，对重叠部分的海域，应在双方协商基础上，依据间距、用海面积等因素进行比例分割。

（2）公共海域的退让处理：当本宗海界定的开放式用海范围覆盖公用航道、锚地等公共使用的海域时，用海界线应收缩至公共使用的海域边界。

（3）用海方式重叠范围的处理：当几种用海方式的用海范围发生重叠时，重叠部分应归入现行海域使用金征收标准较高的用海方式的用海范围。

（4）超范围用海需求的处理：当某种用海方式的用海需求超出一般方法界定的用海范围时，可在充分论证并确认其必要性和合理性的基础上，适当扩大该用海方式的用海范围。

7.4　海域使用测量

海域使用测量是在海域使用权调查的基础上，借助测绘、计算机等技术，以科学的方法，对有关海域的权属信息、空间信息、时间信息进行采集、加工和分析利用的过程。权属信息主要是指使用海域的权属界线、位置、面积等；空间信息是指海域及其附着物的空间位置、形状、分布特征等；时间信息是指海域使用权属、用途随时间变化而变化的过程。海域使用测量是服务于海域管理工作的专业性测量，是支撑海域管理的关键技术之一，其成果是海域使用登记、发证、收取海域使用金等的依据。

海域使用测量的内容包括控制测量、界址点测量、界址推算标志点测量、细部测量以及海域使用面积计算等。海域使用控制测量工作是海籍要素测绘的基础，是根据海域使用项目界址点及海籍图的精度要求，视测区范围大小、测区内现有控制点数量和等级情况，按控制测量的基本原则和精度要求进行技术设计、选点、埋石、观测、数据处理、获取成果等的测量工作。海域使用控制测量主要是平面位置的测量。由于海域使用是一个空间的概念，其管理工作是一个涉及海表层、水体、海床与底土的立体区域，对某些有特殊要求的海域使用项目需测绘一定密度的高程注记点，或在图上表示出计算曲线。因此，海域使用测绘包含一部分高程测量。海域使用细部测量包含项目用海要素测量和地形要素测量。

7.4.1　控制测量

按照一定标准建立的位于海岸附近和海岛上的用于海洋测量的各等级测量控制点，是海域使用测量的依据。控制点的布设必须遵循从整体到局部、由高级到低级分级控制（或越级布网）的原则。

采用三角网（锁）、测边网、导线网施测的国家一、二、三、四等平面控制点以及采用 GNSS 静态测量技术建立的国家 A、B、C、D、E 级控制点，均可作为海域使用测量的基本控制点。精度高的控制网点可作精度低的控制网的起算点。

海域使用测量中控制点的布设，重点是保证界址点或界址点坐标推算标志点的坐标测量精度，海域使用控制测量分为基本控制测量和图根控制测量两种。基本控制测量和图根控制测量可采用前面章节所述方法进行，在方法实现上与此处并无不同，只是图根控制点由于使用频繁，在条件具备的情形下应布设永久性测量标志点，并绘制点之记，编制成果表，按照等级控制点进行管理。

根据待测海域的范围及可选平面控制点的分布情况，选用 GNSS 控制点、三角点等已知高等级点，设计平面控制网，实施外业测量。平面控制测量的解算结果是海域使用界址点、标志点等的测量起算依据。

7.4.2　界址点测量

界址点是宗海权属界限的拐点，测定了界址点，宗海的位置、形状、面积、权属界线也就确定了。界址点坐标是在特定坐标系中界址点地理位置的数学表达，是确定海域使用权属界线地理位置的依据，是计算宗海面积、编绘海域使用图件的基础。界址点坐标对实地的界址点起着法律上的保护作用。海域使用界址点一般缺少地物标志，利用界址点坐标，用测量放样的方法可以准确找到界址位置；对于有明显界标物遭到破坏的界址点，则可以恢复界址点的实地位置。

7.4.2.1 测量工作方案

在现场施测前，应实地勘查待测海域，综合考虑用海规模、布局、用海方式、特点、宗海界定原则和周边海域实际情况等，为每一宗海制定界址点和标志点测量工作方案。

对于能够直接测量界址点的宗海，应采用界址点作为实际测量点；对于无法直接测量界址点的宗海，应采用与界址点有明确位置关系的标志点作为实际测量点。实际测量点的布设应能有效反映宗海形状和范围。

7.4.2.2 测量方法

界址测量时，一般在测站点上利用全站仪测量距离和角度或采用 GNSS 定位法获取明显界址点或界址推算标志点的坐标。根据实测数据，解算出实测标志点或界址点的点位坐标的方法，称为直接解析法。对于无法直接测量界址点的宗海，或已有明确的界址点相对位置关系的宗海，可根据相关资料，如工程设计图、主管部门审批的范围等，推算获得界址点坐标，称为间接解析法。直接解析法和间接解析法统称为解析法，并分为极坐标法、交会法、内外分点法、直角坐标法等，在野外作业过程中，应根据实际情况选用不同的方法。

1. 极坐标法

极坐标法是测定界址点、标志点坐标最常用的方法，其原理是根据测站上的一个已知方向，测出已知方向与界址点或标志点之间的角度和距离，来确定出界址点或标志点的位置。(如图 7.2 所示)。

已知数据 $A(X_A, Y_A)$，$B(X_B, Y_B)$，观测数据 β，S，则界址点 P 的坐标(X_P, Y_P) 为

$$X_P = X_A + S\cos(\alpha_{AB} + \beta) \tag{7-1}$$

$$Y_P = Y_A + S\sin(\alpha_{AB} + \beta) \tag{7-2}$$

其中，
$$\alpha_{AB} = \arctan\left(\frac{Y_B - Y_A}{X_B - X_A}\right) \tag{7-3}$$

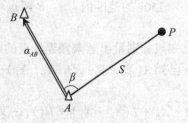

图 7.2 极坐标法

测定 β 角的仪器有光学经纬仪、电子经纬仪、全站仪等，S 的测量一般都采用电磁波测距仪、全站仪等设备。

这种方法灵活，测角、量距的工作量不大，在一个测站上通常可同时测定多个界址

点、标志点，因此，它是测定界址点或标志点最常用的方法。极坐标法的测站点可以是基本控制点或图根控制点。

2. 交会法

交会法可分为角度交会法和距离交会法。

1）角度交会法

角度交会法是分别在两个测站上对同一界址点测量两个角度进行交会，确定界址点的位置。如图 7.3 所示，A、B 两点为已知测站点，其坐标为 $A(X_A, Y_A)$，$B(X_B, Y_B)$，观测角 α、β，则界址点 P 的坐标 (X_P, Y_P) 为

$$X_P = \frac{X_B \cot\alpha + X_A \cot\beta + Y_B - Y_A}{\cot\alpha + \cot\beta} \tag{7-4}$$

$$Y_P = \frac{Y_B \cot\alpha + Y_A \cot\beta - X_B + X_A}{\cot\alpha + \cot\beta} \tag{7-5}$$

也可用极坐标法进行计算，此时图中的

$$S = \frac{S_{AB} \sin\alpha}{\sin(180 - \alpha - \beta)} \tag{7-6}$$

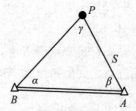

图 7.3　角度交会法

其中，S_{AB} 为已知边长，把图 7.3 与极坐标法示意图 7.2 对照，将其相应参数代入极坐标法计算即可。

角度交会法一般适用于在测站上能看见界址点位置，但无法测出测站点至界址点的距离的情况。交会角 γ 应在 $30° \sim 150°$ 的范围内。A、B 两点可以是基本控制点或图根点。

2）距离交会法

距离交会法就是从两个已知点分别量出至未知界址点的距离，以确定出未知界址点的位置的方法。如图 7.4 所示，已知 $A(X_A, Y_A)$，$B(X_B, Y_B)$，观测数据为 S_1，S_2，则界址点 P 的坐标 (X_P, Y_P) 为

$$X_P = X_B + L(X_A - X_B) + H(Y_A - Y_B) \tag{7-7}$$

$$Y_P = Y_B + L(Y_A - Y_B) - H(X_A - X_B) \tag{7-8}$$

式中，

$$L = \frac{S_2^2 + S_{AB}^2 - S_1^2}{2 S_{AB}^2} \quad H = \sqrt{\frac{S_2^2}{S_{AB}^2} - L^2}$$

由于测设的各类控制点有限，因此可用这种方法来解析交会出一些控制点上不能直接

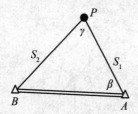

图 7.4 距离交会法

测量的界址点。A、B 两已知点可能是控制点，也可能是已知的界址点或标志点，这种方法仍要求交会角 γ 在 30° ~ 150° 之间。

以上两种交会法的图形顶点编号应按顺时针排列，即按 B、P、A 的顺序。进行交会时，应有检核条件，即对同一界址点应有两组交会图形，计算出两组坐标，并比较其差值。若两组坐标的差值在允许范围以内，则取平均值作为最后界址点的坐标；或把求出的界址点坐标和邻近其他界址点坐标反算出的实量边长进行检核，如差值在规范允许范围内，则可确定所求出的界址点坐标是正确的。

3. 内外分点法

当未知界址点在两已知点的连线上时，分别测出两已知点至未知界址点的距离，从而确定出未知界址点的位置。如图 7.5 所示，已知 $A(X_A，Y_A)$，$B(X_B，Y_B)$，观测距离 $S_1 = AP$，$S_2 = BP$，此时可用内外分点坐标公式和极坐标公式计算出未知界址点 P 的坐标。

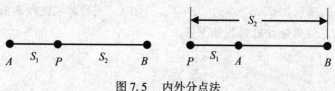

图 7.5 内外分点法

由距离交会图可知：当 $\beta = 0°$，$S_2 < S_{AB}$ 时，可得到内分点图形；当 $\beta = 180°$，$S_2 > S_{AB}$ 时，可得到外分点图形。内外分点法计算 P 点坐标的公式为

$$X_P = \frac{X_A + \lambda X_B}{1 + \lambda} \tag{7-9}$$

$$Y_P = \frac{Y_A + \lambda Y_B}{1 + \lambda} \tag{7-10}$$

式中，内分时，$\lambda = S_1/S_2$；外分时，$\lambda = -S_1/S_2$。由于内外分点法是距离交会法的特例，因此距离交会法中的各项说明、解释和要求都适用于内外分点法。

4. 直角坐标法

直角坐标法又称截距法，通常以一导线边或其他控制线作为轴线，测出某界址点在轴线上的投影位置，量测出投影位置至轴线一端点的距离。如图 7.6 所示，已知 $A(X_A，Y_A)$，$B(X_B，Y_B)$，以 A 点为起点、B 点为终点，在 A、B 间放上一根测绳或卷尺作为投影轴线，然后用设角器从界址点 P 引设垂线，定出 P 点的垂足 P_1 点，然后用鉴定过的钢尺量出 S_1 和 S_2，则计算公式如下：

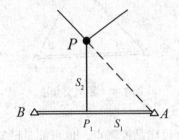

图 7.6　直角坐标法

$$S = S_{AP} = \sqrt{S_1^2 + S_2^2}, \ \beta = \arctan\left(\frac{S_2}{S_1}\right) \tag{7-11}$$

将上式中的 S、β 和相应的已知参数代入极坐标法计算公式即可。这种方法操作简单，使用的工具价格低廉，要求的技术也不高，为确保 P 点坐标的精度，引设垂足时的操作要仔细。

5. 平移直线相交法

当未知界址点需要借助两条直线来确定时，可采用平移直线相交法。这类界址点大多位于海中，需借助于海岸设施来确定，通常以挡浪坝边线或岸边护坡边线平行移动一段距离相交后确定界址点。如图 7.7 所示，已知直线 AB（两端点为 $A(X_A, Y_A)$，$B(X_B, Y_B)$）、直线 CD（两端点为 $C(X_C, Y_C)$，$D(X_D, Y_D)$），平行移动的距离分别为 d_1、d_2，则界址点 $P(X_P, Y_P)$ 的坐标计算过程如下：

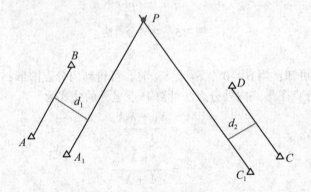

图 7.7　平移直线相交法

$$K_{AB} = \frac{Y_B - Y_A}{X_B - X_A}$$

$$\alpha_{AB} = \arctan(K_{AB})$$

$$K_{CD} = \frac{Y_D - Y_C}{X_D - X_C}$$

$$\beta_{CD} = \arctan(K_{CD})$$

$$X_{A1} = X_A + d_1 \times \cos(\alpha_{AB} + 90) , \qquad Y_{A1} = Y_A + d_1 \times \sin(\alpha_{AB} + 90)$$

$$X_{C1} = X_C + d_2 \times \cos(\beta_{CD} + 270) , \qquad Y_{C1} = Y_C + d_2 \times \sin(\beta_{CD} + 270)$$

则可求得:

$$X_P = \frac{Y_{C1} - Y_{A1} + K_{AB} \times X_{A1} - K_{CD} \times X_{C1}}{K_{AB} - K_{CD}} \qquad (7\text{-}12)$$

$$Y_P = (X_P - X_{C1}) \times K_{CD} + Y_{C1} \qquad (7\text{-}13)$$

此法与交会法相似,要求交会角 γ 在 30° ~ 150° 之间。

6. GNSS 定位法

GNSS 定位法主要采用信标 GNSS 和差分 DGNSS 测量方法,这是目前海域使用测量的主要方法,测量简便快捷、易于实施,尤其适用于海上测量。信标 GNSS 方法的缺点是在远离信标台站或缺少平面控制点的区域精度不高(一般精度为 1~5m)。所以,必须采取一定的控制措施以保证达到必要的精度。

目前,由于 RTK 技术具有快速高效、定位精度高、不需通视就能直接获得测点三维坐标、有效减少误差传播和积累、操作简便、全天候作业等优势,已成为差分 DGPS 测量的主要方法,在海洋测量中得到广泛应用,其定位精度完全能够满足海域使用界址点测量要求。

根据提供的服务模式,RTK 法分为单基站 RTK 和网络 RTK 两种。在 GNSS 连续运行基准站系统覆盖范围内,应采用网络 RTK 法作业;当条件不具备时,则采用在已知控制点上架设基准站的方法,通过电台发射基站信息,流动站同步接收机基站和 GNSS 卫星数据信息,从而获取界址点坐标。

7.4.3 海籍测量记录

根据工作方案,现场测量界址点及标志物坐标数据时,需同时填写海籍测量记录表,绘制测量示意图,保存测量数据。

海籍现场测量记录表用于记录实测界址点或标志点的编号、坐标测量数据,以及位置分布及其与构筑物、用海设施和相邻宗海的相对位置关系。海籍现场测量记录表是推算宗海界址点、绘制宗海图和海籍图的主要依据。

界址点编号采用阿拉伯数字,从 1 开始,逆时针连续顺编码。经过测量或推算获得的界址点坐标填入海籍调查表中的界址点坐标记录表,记录表内容应包括所有用于界定本宗海及各内部单元范围的界址点。

现场需要即时将宗海及各内部单元的界址点连接成界址线。即将宗海及各内部单元的界址点,按逆时针方向进行顺序连线,形成闭合的界址线。界址线以"╳—╳—…—╳—╳"方式表示,"╳"代表界址点编号,首尾界址点编号应相同。

海籍现场测量记录表包括海籍要素和相邻四至权属关系示意图等内容。

7.4.3.1　海籍要素记录内容

(1)项目名称。

(2)测量单元及对应的实测点编号、坐标,对应的用海设施和构筑物。

(3)坐标系。

(4)测量单位、测绘人、测量日期。

7.4.3.2　现场测量权属关系示意图的内容

(1)测量单元,实测点及其编号、连线。实测点的编号应以逆时针为序。

(2)海岸线,明显标志物,实测点与标志物的相对距离。

(3)相邻宗海图斑、界址线、界址点及项目名称(含业主姓名或单位名称)。

(4)本宗海用海现状或方案,已有或拟建用海设施和构筑物,本宗海与相邻宗海的位置关系。

(5)必要的文字注记。

(6)指北针。

7.4.3.3　示意图绘制要求

1. 现场测量示意图的图幅

现场测量示意图的图幅应与海籍现场测量记录表中预留的图框大小相当。当测量单元较多、内容较复杂时,可用更大幅面图纸绘制后粘贴于预留的图框,但需在图中注明坐标系、测量单位,并由测绘人签署姓名和测量日期。

2. 绘制要求

现场测量示意图应在现场绘制。涉及实测点位置、编号和坐标等的原始记录不得涂改,同一项内容划改不得超过两次,全图不得超过两处,划改处应加盖划改人员印章或签字。对注记过密的部位,可移位放大绘制。

7.4.4　内业数据处理

GNSS 测量数据处理都是通过软件完成的,一般的海上测量定位应用软件都适用于信标差分测量,测量仪器一般配置数据处理软件。软件的主要功能有基本参数设置、测量、数据解算和制图四大模块。

参数设置模块包括图幅设置、定位设备参数设置、定位方式设置、固定差值改正等;测量功能主要是定位信息的实时采集,包括控制显示信号强度、定位精度、实时坐标等;数据解算功能主要是点位坐标计算;制图功能主要是宗海图和海籍图编辑和绘制。一般海域使用测量内业数据处理流程如下:

(1)数据标准化处理。应根据现场测量数据的格式及数据处理软件的要求,完成对数据的标准化处理,形成统一格式和参照系的测量数据。

(2)数据修正。利用平面控制解算的坐标修正参数,对坐标测量结果进行统一修正。

(3)坐标投影转换。根据面积计算、宗海图和海籍图绘制的相关要求,对实测坐标进行投影转换。

(4)界址点推算。根据实测界址点和标志点坐标,依据界址点与标志点的位置关系,推算其他界址点的坐标。

（5）宗海面积计算。根据宗海界址点坐标，采用解析法推算界址线所界定的宗海面积。

（6）宗海图和海籍图绘制。根据宗海界址点坐标，采用专业绘图软件模块绘制宗海图和海籍图。

7.5 面积计算

海域使用面积计算，是指依据实测海域的几何要素数据、界址点坐标数据，对宗海及内部单元进行计算、统计与汇总各类海域使用面积的工作。海域使用面积计算的方法主要采用解析法，解析法又分为几何要素解析法和坐标解析法。几何要素解析法是依据实地测量的有关海域的边、角元素进行面积计算的方法，其方法是将规则图形分割成若干简单的矩形、梯形或三角形等几何图形，根据几何图形要素（边、角），分别计算面积再汇总得到所需面积数据；坐标解析法是根据使用海域边界转折点坐标计算面积的方法。解析法的最大优点是面积精度只受实地测量精度的影响，而不受成图精度的影响。

7.5.1 坐标法

通常一个使用海域的形状是一个任意多边形，将测得的该多边形各折点（即界址点）大地坐标，按照高斯投影转换成平面坐标，根据各点的平面坐标即可计算出本宗海的面积，其原理如图 7.8 所示，已知多边形 $ABCDE$ 顶各点的坐标为 (X_A, Y_A)、(X_B, Y_B)、(X_C, Y_C)、(X_D, Y_D)、(X_E, Y_E)，则多边形 $ABCDE$ 的面积为

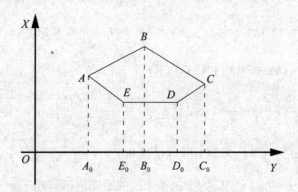

图 7.8 坐标法面积计算示意图

$$
\begin{aligned}
P_{ABCDE} &= P_{A_0ABCC_0} - P_{A_0AEDCC_0} = P_{A_0ABB_0} + P_{B_0BCC_0} - (P_{CC_0DD_0} + P_{DD_0E_0E} + P_{EE_0A_0A}) \\
&= \frac{(X_A + X_B)(Y_B - Y_A)}{2} + \frac{(X_B + X_C)(Y_C - Y_B)}{2} + \frac{(X_C + X_D)(Y_D - Y_C)}{2} + \\
&\quad \frac{(X_D + X_E)(Y_E - Y_D)}{2} + \frac{(X_E + X_A)(Y_A - Y_E)}{2}
\end{aligned}
\tag{7-14}
$$

化成一般形式为

$$P = \frac{1}{2} \sum_{i=1}^{n} (X_i + X_{i+1})(Y_{i+1} - Y_i)$$

或

$$P = \frac{1}{2} \sum_{i=1}^{n} (Y_i + Y_{i+1})(X_{i+1} - X_i) \tag{7-15}$$

同样的道理，也可得到如下公式：

$$P = \frac{1}{2} \sum_{i=1}^{n} X_i (Y_{i+1} - Y_{i-1}) \tag{7-16}$$

$$P = \frac{1}{2} \sum_{i=1}^{n} Y_i (X_{i+1} - X_{i-1}) \tag{7-17}$$

其中，X_i，Y_i 为界址点坐标，当 $i-1=0$ 时，$X_0 = X_n$；当 $i+1 = N+1$ 时，$X_{N+1} = X_1$。

7.5.2 任意图斑椭球面积计算

任意封闭图斑椭球面积计算的原理是将任意封闭图斑高斯平面坐标利用高斯投影反解变换模型，将高斯平面坐标换算为相应椭球的大地坐标，再利用椭球面上任意梯形图块面积计算模型计算其椭球面积，从而得到任意封闭图斑的椭球面积。

7.5.2.1 坐标变换

高斯投影反解变换$(x, y \rightarrow B, L)$模型为

$$y' = y - 500000 - 带号 \times 1000000 \tag{7-18}$$

$$E = K_0 x \tag{7-19}$$

$$B_f = E + \cos E(K_1 \sin E - K_2 \sin^3 E + K_3 \sin^5 E - K_4 \sin^7 E) \tag{7-20}$$

$$B = B_f - \frac{1}{2}(V^2 t)\left(\frac{y'}{N}\right)^2 + \frac{1}{24}(5 + 3t^2 + \eta^2 - 9\eta^2 t^2)(V^2 t)\left(\frac{y'}{N}\right)^4 -$$

$$\frac{1}{720}(61 + 90t^2 + 45t^4)(V^2 t)\left(\frac{y'}{N}\right)^6 \tag{7-21}$$

$$\iota = \left(\frac{1}{\cos B_f}\right)\left(\frac{y'}{N}\right) - \frac{1}{6}(1 + 2t^2 + \eta^2)\left(\frac{1}{\cos B_f}\right)\left(\frac{y'}{N}\right)^3 +$$

$$\frac{1}{120}(5 + 28t^2 + 24t^4 + 6\eta^2 + 8\eta^2 t^2)\left(\frac{1}{\cos B_f}\right)\left(\frac{y'}{N}\right)^5 \tag{7-22}$$

式中，$t = \tan B$；$L = L_0 + \iota$，L_0 为中央子午线的经度值(弧度)；$\eta^2 = (e')^2 \cos^2 B$；$N = C/V$，$V = \sqrt{1 + \eta^2}$；K_0、K_1、K_2、K_3、K_4 为与椭球常数有关的量。

7.5.2.2 椭球面积计算

椭球面上任一梯形图块面积计算模型

$$S = 2b^2 \Delta\iota\left[A\sin\frac{1}{2}(B_2 - B_1)\cos B_m - B\sin\frac{3}{2}(B_2 - B_1)\cos 3B_m + C\sin\frac{5}{2}(B_2 - B_1)\right.$$

$$\left.\cos 5B_m - D\sin\frac{7}{2}(B_2 - B_1)\cos 7B_m + E\sin\frac{9}{2}(B_2 - B_1)\cos 9B_m\right] \tag{7-23}$$

其中，A、B、C、D、E 为常数，按下式计算：

$$e^2 = \frac{a^2 - b^2}{a^2}; \quad A = 1 + \frac{3}{6}e^2 + \frac{30}{80}e^4 + \frac{35}{112}e^6 + \frac{630}{2304}e^8;$$

$$B = \frac{1}{6}e^2 + \frac{15}{80}e^4 + \frac{21}{112}e^6 + \frac{420}{2304}e^8; \quad C = \frac{3}{80}e^4 + \frac{7}{112}e^6 + \frac{180}{2304}e^8;$$

$$D = \frac{1}{112}e^6 + \frac{45}{2304}e^8; \quad E = \frac{5}{2304}e^8$$

式中，a 为椭球长半径（单位，米），b 为椭球短半径（单位：米）；$\Delta\iota$ 为图块经差（单位：弧度）；$B_2 - B_1$ 为图块维差（单位：弧度）；$B_m = \dfrac{B_1 + B_2}{2}$。计算公式中所用的椭球体参数等常数数值应与图幅理论面积计算相同。

7.5.2.3 任意区域椭球面积计算

任一封闭区域总是可以分割成有限个任意小的梯形图块的，因此，任一封闭区域的面积为

$$P = \sum_{i=1}^{n} S_i \tag{7-24}$$

式中，S_i 为分割的任意小的梯形图块面积（$i = 1, 2, \cdots, n$）用椭球面上任一梯形图块面积计算模型公式计算。

求如图 7.9 所示多边形封闭区域 $ABCD$ 的面积，其具体方法为：

（1）对封闭区域（多边形）的界址点连续编号（顺时针或逆时针）$ABCD$，提取各界址点的高斯平面坐标 $A(X_1, Y_1)$，$B(X_2, Y_2)$，$C(X_3, Y_3)$，$D(X_4, Y_4)$；

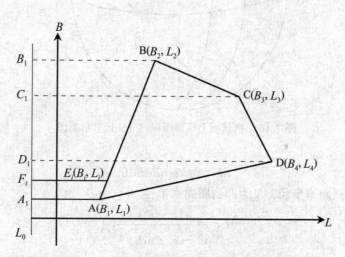

图 7.9 椭球边上任意多边形计算面积示意图

（2）利用高斯投影反解变换模型公式，将高斯平面坐标换算为相应椭球的大地坐标 $A(B_1, L_1)$，$B(B_2, L_2)$，$C(B_3, L_3)$，$D(B_4, L_4)$；

（3）任意给定一经线 L_0（如 $L_0 = 60°$），这样多边形 $ABCD$ 的各边 AB、BC、CD、DA 与 L_0 就围成了 4 个梯形图块（ABB_1A_1，BCC_1B_1，CDD_1C_1，DAA_1D_1）；

（4）由于在椭球面上同一经差随着纬度升高，梯形图块的面积逐渐减小，而同一纬度上等经差梯形图块的面积相等，所以，将梯形图块 ABB_1A_1 按纬差分割成许多个小梯形图块 $AE_iF_iA_1$，用公式计算出各小梯形图块 $AE_iF_iA_1$ 的面积 S_i，然后累加 S_i，可得到梯形图块 ABB_1A_1 的面积，同理，依次计算出梯形图块 BCC_1B_1、CDD_1C_1、DAA_1D_1 的面积。①

（5）多边形 $ABCD$ 的面积就等于 4 个梯形图块（ABB_1A_1、BCC_1B_1、CDD_1C_1、DAA_1D_1）面积的代数和。

则任意多边形 $ABCD$ 的面积 P 为

$$P = ABCD = BCC_1B_1 + CDD_1C_1 + DAA_1D_1 - ABB_1A_1 \tag{7-25}$$

7.5.3　积分法

椭球面上梯形面积计算方法如图 7.10 所示。设梯形面积的纬度差为 dB，经度差为 dL，则椭球面上微分梯形面积 dF 为

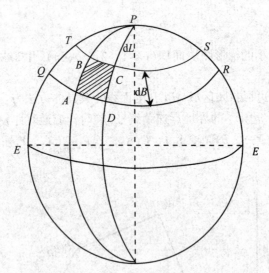

图 7.10　椭球面上梯形面积积分法计算示意图

$$dF = MN\cos B dB dL$$

式中，M 为子午圈曲率半径，N 为卯酉圈曲率半径。

$$M = \frac{a(1 - e^2)}{(1 - e^2 \sin^2 B)^{\frac{3}{2}}}$$

$$N = \frac{a}{\sqrt{1 - e^2 \sin^2 B}}$$

---

①　用椭球面上任一梯形图块面积计算模型公式计算面积时，B_1、B_2 分别取沿界址点编号方向的前一个、后一个界址点的大地纬度，L 为沿界址点编号方向的前一个、后一个界址点的大地纬度，$\Delta\iota$ 为沿界址点编号方向的前一个、后一个界址点的大地经度的平均值与 L_0 的差。

式中，a 为地球椭球长半径，e^2 为偏心率，B 为纬度，L 为经度。

对微分梯形面积 dF 取定积分，有

$$F = \int_{L_1}^{L_2} M.N \int_{B_1}^{B_2} \cos B \, dB \, dL = \frac{b^2}{2}(L_2 - L_1)\left[\frac{\sin B}{(1 - e^2 \sin^2 B)} + \frac{1}{2e}\ln\frac{1 + e\sin B}{1 - e\sin B}\right]_{B_1}^{B_2}$$

$$= K\left(A_0 \sin\frac{\Delta B}{2}\cos B_m - B_0 \sin\frac{3\Delta B}{2}\cos 3 B_m + C_0 B_0 \sin\frac{5\Delta B}{2}\cos 5 B_m - \right.$$

$$\left. D_0 B_0 \sin\frac{7\Delta B}{2}\cos 7 B_m + \cdots\right) \tag{7-26}$$

式中，

$$\Delta B = B_2 - B_1, \quad B_m = \frac{B_1 + B_2}{2}$$

$$K = 2\, a^2 (1 - e^2)\frac{L_2 - L_1}{\rho^0}$$

$$A_0 = 1 + \frac{1}{2} e^2 + \frac{3}{8} e^4 + \frac{5}{16} e^6 + \cdots$$

$$B_0 = \frac{1}{6} e^2 + \frac{3}{16} e^4 + \frac{3}{16} e^6 + \cdots$$

$$C_0 = \frac{3}{80} e^4 + \frac{1}{16} e^6 + \cdots$$

$$D_0 = \frac{1}{112} e^6 + \cdots$$

$$\rho^0 = \frac{180}{\pi}$$

对于椭球面上的任意多边形可分割成若干梯形小块，每个梯形小块用定积分公式计算出面积后求和即为椭球面上任一多边形的面积，即

$$S = \sum_{i=1}^{n} F_i \tag{7-27}$$

其面积计算精度主要取决于测点精度和密度。

由于该计算方法和计算过程比较复杂，实际应用中，通常先依据其计算方法编制软件，在计算机上将测得的大地坐标输入后，直接求得海域使用面积。

7.6　宗海图和海籍图绘制

海域使用测量结束后，应依据海域使用测量现场记录表、界址点坐标记录表和宗海及内部单元记录表等，绘制宗海图，修订海籍图。

应选用专门地图出版社新出版的地形图、海图作为绘制宗海图和海籍图的工作底图，也可用精度适当的现势遥感影像地图作为绘制海籍图的工作底图，在当前技术条件下，为

方便后续工作，对以上工作底图宜采用电子数据。

7.6.1 宗海图绘制

宗海图是海域使用测量的最终成果之一，是海域使用权证书和宗海档案的主要附图，是描述宗海位置、界址点、界址线及相邻宗海关系的实地记录。宗海图一经海域使用权登记认可，便具有法律效力，是申明海域使用权属的重要依据。宗海图是在海域使用测绘工作的后阶段，在对界址点进行检核、确认无误，并且在其他相邻宗海资料也正确收集完毕后，依照一定的比例尺制作的。

7.6.1.1 宗海图的内容

宗海图包括宗海位置图和宗海界址图。宗海位置图用于反映宗海的地理位置，宗海界址图用于清晰反映宗海的形状及界址点分布。

1. 宗海位置图

(1)地理底图，应反映毗邻陆域与海域要素(岸线、地名、等深线、明显标志物等)。选择地形图、海图等的栅格图像作为底图时，应对底图作适当的淡化处理。

(2)本宗海范围或位置；以箭头指引，突出标示一个或一个以上界址点的坐标。

(3)图名、坐标系、比例尺、投影与参数、绘制日期，测量单位(加盖测量资质单位印章)以及测量人、绘图人、审核人的签名等。

(4)图廓及经纬度标记。

2. 宗海界址图

(1)毗邻陆域与海域要素(海岸线、地名、明显标志物等)，用海方案或已有用海设施、构筑物。

(2)本宗海及各内部单元的图斑、界址线、界址点及其编号，界址点编号以逆时针为序。

(3)相邻宗海图斑、界址线、界址点及项目名称(含业主姓名或单位名称)。

(4)图廓及经纬度标记。

(5)界址点编号及坐标列表。当界址点个数较多，列表空间不足时，可加附页列表填写剩余界址点编号及坐标，并加注承接说明，在附页上签署测量人、绘图人和审核人的姓名，注明测量单位(加盖测量资质单位印章)。

(6)宗海内部单元、界址线与面积列表。宗海内部单元按具体用途填写，并与"宗海及内部单元记录表"中的内部单元名称一致。表格行数应根据宗海内部单元的实际个数确定。

(7)图名、坐标系、比例尺、投影参数、指北针、绘制日期，测量单位(加盖测量资质单位印章)，以及测量人、绘图人、审核人的签名。

对于填海造地和构筑物用海方式的宗海图，应根据设定的图例，以对应的颜色或填充方式表示其图斑。对于海底管线及跨海桥梁、道路等长宽尺度相差悬殊的用海类型宗海图，可根据实际情况，采用局部不等比例方式移位绘制，以清楚反映界址点分布为宜。

7.6.1.2 绘制方法

宗海位置图的比例尺以能清晰反映宗海地理位置为宜。宗海界址图的比例尺可设定为1：5000 或更大，以能清晰反映宗海的形状及界址点分布为宜。

宗海位置图和宗海界址图各自单独成图，一般采用 A4 幅面，当宗海过大或过小时，可适当调整图幅。以全部界址点的解析坐标为基础，通过计算机制图系统进行绘制。

宗海位置图是海域使用权属管理的基本资料，重点要直观表达项目用海与周边产业及海域功能区的位置关系。宗海位置图应以最新的地形图、遥感图或海图作为底图，底图的地形、地物要素取舍以能反映海域使用的相对位置为原则。突出表示海域使用界线，增加海洋功能区划、海域使用现状、海域使用规划等信息。

对于处在项目规划阶段的海域使用项目，也应利用规划方案图等资料，按界址线界定的原则，绘制宗海位置图，并把海域使用界址线转绘到地形图或海域使用现状图上，以了解规划海域的实地位置，必要时，应到实地利用 GNSS 接收机测量找出界址点位，可更准确地把握海域实际位置，如图 7.11 所示。

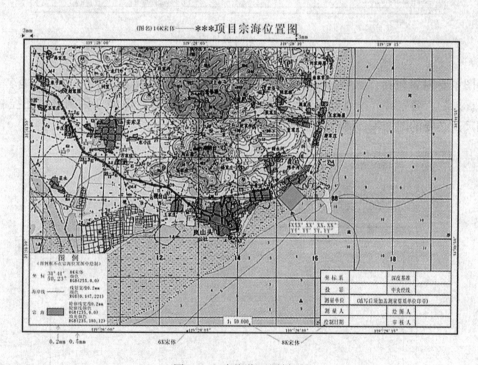

图 7.11　宗海位置图样图

宗海界址图突出表示海域使用界址点、界址线，以及界址点坐标、宗海面积等用海基本要素，宗海界址图样式如图 7.12 所示。

7.6.2 海籍图绘制

海籍图是所在辖区海域使用管理的重要基础资料，反映所辖海域内的宗海分布情况。

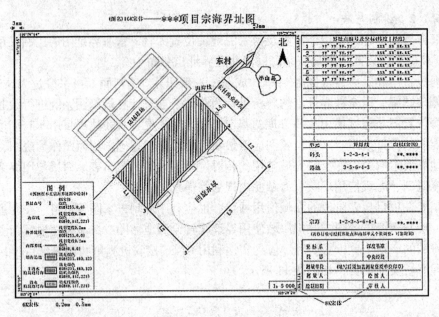

图 7.12 宗海界址图样图

海籍图主要内容包括：已明确的行政界线；水深渲染、毗邻陆域要素(岸线、地名等)、明显标志物；各宗海界址点及界址线、登记编号、项目名称；海域使用测量平面控制点；比例尺及必要的图饰等。海籍图整饰样式如图 7.13 所示。

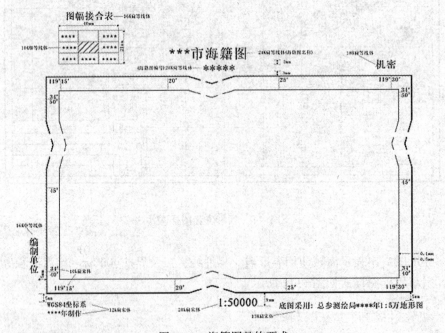

图 7.13 海籍图整饰要求

海籍图比例尺应与所采用的工作底图保持一致。海籍图采用分幅图形式，并采用图幅接合表表示。海籍分幅图可与工作底图的分幅保持一致，也可根据当地海域实际情况采用自由分幅形式。海籍图编号采用行政区域代码与两位数字编号的组合。规定行政区域代码和两位数字编号按照自岸向海、自西向东或自北向南的顺序编排。

依据宗海图的界址点数据绘制海籍图。海籍图的绘制可根据当地技术条件采用传统制图方式或计算机辅助制图。

7.7 海域使用信息管理系统

建立海域使用数据库，将海域使用测量结果统一入库，实现海域使用信息的统一管理，并建立海域使用信息管理系统，实现海域使用管理信息化，是不动产登记信息管理系统的一个分支。

海域使用信息管理系统是一个以海域使用管理业务办公流程为主线，以图文数据为基础，集计算机技术、地理信息（GIS）技术、数据库（DBS）技术、办公自动化技术（OA）技术为一体的高度集成化的业务办公系统，可以实现海域使用信息的采集、存储、处理、分析、管理与应用，满足办文工作需求，以适应现代海域使用管理。

海域使用信息管理系统中的数据包含空间数据和非空间数据。空间数据，是指海域使用管理中的图件资料，具体以基础地形图、海域使用界、宗海图等形式存在，通常以点、线、面三种空间实体类型进行描述，包含基础地理信息数据和海域使用专题数据两大类。非空间数据主要是以各种文档、报表和多媒体等形式存在，包括结构化数据和非结构化数据。结构化数据，是指有一定结构、可以划分出固定的基本组成要素，并以表格形式表达的数据，可用关系数据库的表、视图表示，如各种申请表、审批表、登记卡等；而非结构化数据没有明显结构，无法划分出固定的基本组成元素的数据，主要是一些文档信息，包括与海域使用管理有关的法律、法规、标准和文件，以及海域使用登记过程中出具的权源证明、审批文件等，这些材料可采用图像、超文本、多媒体等形式进行存放。

7.7.1 总体框架

海域使用信息管理系统的常规搭建模式如图 7.14 所示。

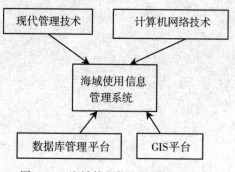

图 7.14 海域使用信息管理系统架构

7.7.1.1　技术框架

(1)现代管理技术是指流程化办公技术,是数据库管理技术、网络技术等支持下的管理技术,通过业务流程设计,明晰职责,提高信息共享及业务处理能力。

(2)计算机网络技术是实现网络化、流程化办公的基础。

(3)数据库是海域使用信息管理系统中主要的数据存储管理工具。通过对业务系统的分析,设计合理的数据库模型,建立数据库实体,完成日常办公业务。

(4)GIS 技术在海域使用信息管理系统中,主要解决空间信息的数据表达和存储问题,解决空间信息和流程化办公信息的联动和关联问题,保持系统中数据的一致性。

7.7.1.2　体系结构

(1)C/S 构架是 Client/Server 构架的简写,这种构架客户端和服务器端的程序不同,用户的程序主要在客户端,服务器端主要提供数据管理、数据共享、数据及系统维护和并发控制等,客户端程序主要完成用户的具体业务。这种构架开发比较容易,操作简便,但应用程序的升级和客户端程序的维护较为困难。

(2)B/S(Browser/Server)构架是客户端基本上没有专门的应用程序,应用程序基本上都在服务器端。客户端由于没有程序,应用程序的升级和维护都可在服务器端完成,升级维护方便。客户端使用浏览器,界面丰富多彩,但数据的打印输出等受到限制。为克服这个缺点,一般把浏览器实现困难的功能,单独开发成可以发布的控件,在客户端利用程序调用来完成。

(3)三层体系结构相对于二层体系结构(C/S 构架),由逻辑上相互分离的表示层、业务层和数据层构成。表示层向客户提供数据,业务层实施业务和数据规则,数据层定义数据访问标准。三层体系结构中的核心技术是组建对象模型。

7.7.2　主要功能

海域使用信息管理系统以海域使用管理业务为主线,以有效的法律、法规、政策为指导,以现行的技术规范、标准为依据,面向海域使用管理的日常工作和业务职能,将 OA 和 GIS 应用融为一体,通常包括海域使用调查与登记管理、数据库管理、查询统计与输出、业务办理、海域使用信息发布 5 大子系统,实现数据输入与处理、海域使用登记、查询统计、空间分析、数据输出、元数据管理、系统维护和档案管理等几大功能。

第8章 海岸带地形图绘制

海岸带地形图是海岸带区域陆地和海域基础地理信息的载体，兼具基本比例尺地形图和大比例尺海图的属性以及制图特点，既海陆有别，又是一个融合的整体。因此，海岸带地形图既要实现海陆数据的一体化表达，又要兼顾与基本比例尺地形图和海图的衔接，在符号设计、要素表示、数学基础、数据结构等方面，应充分考虑已有的技术基础，在此基础上，根据制图区域特点和用途需要，确定科学合理的绘图方案。本章结合当前用图需求和基本比例尺地形图、海图生产实际，介绍了目前海岸带地区地形图和海图表示方法的差异，分析了产生这些差异的原因，在此基础上，根据不同需要，绘制海岸带地形图，为经济建设和社会发展提供有力的技术支持。

8.1 概述

8.1.1 海岸带地形图含义

海岸带地形图是专门表示海岸带所承载地理信息的专题地图。海岸带地形图具有地形图和海图的属性，是强化海岸带开发与科学管理的、海陆融合、功能全面且具有通用性的基础图件。为适应沿海开发的需要，海岸带地形图向大比例尺和系列化发展，可与普通的地形图、海图配套使用，也可作为单一的图种独立使用。

8.1.2 海岸带地形图的数学基础

海岸带地形图的坐标系一般应按国家测绘地理信息行政主管部门规定的坐标系，也可根据实际需要选择坐标系。投影方式一般采用高斯-克吕格投影(海上航行使用时也可采用墨卡托投影)。海岸带地形图的陆地部分一般采用1985国家高程基准，海域部分一般采用理论最低潮面，也可根据需要采用与陆地一致的垂直基准，即1985国家高程基准，两者之间可相互转换。

海岸带地形图需详细完备地表示自然地理要素和社会经济要素，但考虑到海岸带区域的地理特点和实际用途需求，并参照国家基本比例尺地形图和海图，海岸带地形图的编制生产应同时兼顾整体区域的完整性和局部重点区域的详尽性，基本比例尺一般设为1：5000、1：10000和1：25000三种，其中1：25000图成套出版，1：10000图只做重点地区，如港湾锚地、装载地域等。重点地区根据制图区域地理特点和实际需要，可制作1：5000或更大比例尺图。

地形图常用的分幅方式有两种：一种是以基本比例尺地形图为代表的经纬线分幅(规

则分幅），即以国际百万分之一地图为基础，按一定的经差和纬差规则划分图幅，使相邻比例尺地图的数量成简单的倍数关系；另一种是以海图分幅为代表的矩形分幅（自由分幅），分幅没有固定的经差和纬差，主要考虑地理单元的相对完整，每个图幅有其相应的制图主区，各分幅图之间常有一定的重叠。海岸带地处海陆结合部，海岸带地形图同时具有陆地地形图和海图的特点，分幅方式可采用以下原则：数据制作时，采用地形图的规则分幅方式，保证数据连续、完整；出版时，既可直接按此分幅方式出版，也可根据用途需要重新调整分幅方式后出版。

8.1.3　海岸带地形图的内容

　　海岸带地形图内容主要包括水下地形、干出滩、岸线、近海陆地和岛礁地形。既包括海岸线以上的陆域地形图的内容，又包含海岸线以下的水深地形图内容，同时对海岸线标志性地物，如独立礁石、灯塔等，又有独特的要求。特别是大比例尺海岸带地形图上，不仅要求有准确的海岸线位置及海岸线以上的陆地地形，而且要表示出海岸的高度、坡度、物质组成、特殊的颜色，以及岸上的一些可以作为航行目标使用的岬角、山头、独立石和显著的人工建筑物。这其中，有些内容在陆地地形图上或海图上是没有的。用途明确或单一用途的海岸带地形图，可根据需要对表示内容适当取舍。

8.1.4　海岸带地形图的特征

　　海岸带地形图作为陆地地形要素和海洋地形要素的融合图种，有其自身的特点。
　　(1)海岸带地形图表示范围曲折狭长。
　　(2)海岸带地形图的灵活性特点。海岸带地形图既继承了陆地地形图和海图的特点，同时又突出了其自身表现方法及表示内容的灵活性。可根据具体的需求，制作有针对性的海岸带地形图。
　　(3)对特殊地形、地物的表示方法及详细程度有特殊要求。如岸线类型、干出滩性质、助航标志、灯塔等对近海航行和军事登陆作战有重要意义，对其测量精度和表示的详细程度都要求较高。
　　(4)多采用高斯-克吕格投影。随着海岸带地形图用途的多样化，其投影方式亦与陆地地形图趋于一致，多采用高斯-克吕格投影。
　　(5)根据需要选择海域部分的垂直基准。海岸带地形图可以采用不同的垂直基准，也可以采用同一垂直基准；并可以根据用途的改变，进行基准的转换。
　　(6)实现海陆地理信息数据的一体化表达。通过构建无缝垂直基准面模型，采用统一的平面坐标系、统一的投影方式，实现海陆地理信息数据的连续表达。

8.1.5　海岸带地形图的作用

　　海岸带连接陆地和海洋，是人类活动最频繁的区域，作为承载基础地理信息数据的海岸带地形图，其用途广泛。在国民经济建设中，可用于渔业管理、河道治理、地质勘探、港口工程、水产养殖、围海造田、敷设电缆管道，以及沿岸资源开发等；在军事上，可供登陆抗登陆作战训练中研究地形，制订计划和实施海岸军事工程及其他军事活动使用；此外，还可作为编辑海岸带各种专题图的地理基础，为地形图和海图提供基础数据。

8.2 海岸带地形图绘制的基本要求

以往的海岸带地形图多采用拼接编绘的方式制作，但因海陆图存在差异，表示方法不一致等原因，越来越不能满足经济社会发展的需要。现代海岸带地形图，已能够实现海陆地理信息数据的无缝拼接，一体化表达。这也为绘制海岸带地形图提出了新的要求。

8.2.1 海图与地形图的差异

经过长期测绘实践，地形图和海图都制定了各自的规范标准，在表示内容上各有侧重。地形图重点表示陆地地形、河流、居民地、交通运输和工矿等设施，海岸线以下的海洋要素一般参照已有的海图转绘，表示比较概略；而海图重点表示海底地形和影响舰船航行的海部要素，如礁石、航标、灯塔等，海岸线以上的地形要素则是根据地形图编绘。两者在海岸带地形要素的表示内容和表示方法上存在着诸多差异。

8.2.1.1 干出滩分类和表示产生的差异

绘制陆地地形图和海图执行的图式标准不同，导致干出滩分类和表示方法产生差异。目前，海图将干出滩划分为 12 种，而地形图仅将其划分为 10 种，并且在表示方法和形式上也有所不同。因此，同一干出滩难免产生不同的表示，主要在干出滩形状、干出滩类型、表示方法上存在较大差别。

8.2.1.2 航行障碍物表示存在差异

因用途不同，海图对航行障碍物的表示十分详细，因为礁石(特别是暗礁)、沉船等航行障碍物威胁舰船航行安全；而地形图对礁石、沉船等航向障碍物表示则比较粗略。在海图上，暗礁、明礁、岩石滩、沉船等影响航行安全，其表示方法多以符号、范围线、干出高度、文字注记等表示，如图 8.1 所示。在地形图上，却表示其为普通水深点、礁石符号等，范围线多不表示，如图 8.2 所示。在地形图上礁石的类型也区分的比较模糊，这与陆地地形图的用途有密切联系。

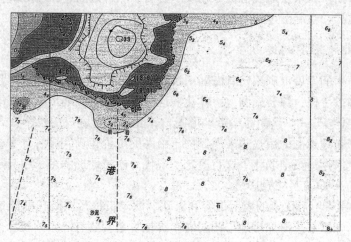

图 8.1 海图中的礁石表示

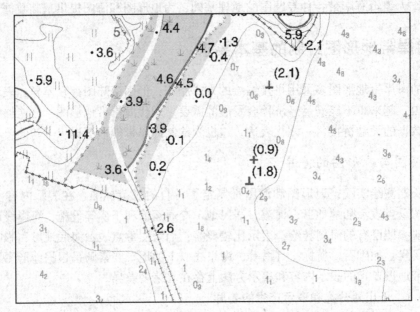

图 8.2　地形图中的礁石表示

8.2.1.3　水深和等深线

海图中采用理论最低潮面作为水深深度起算面，而在陆地地形图上，以多年平均海平面为高程起算面，即 1985 国家高程基准。所以，水深的表达方式在陆地地形图和海图中不同，海图一般采用斜体注记，地形图则为直体注记。在水深注记的取舍方面，海图要求孤立的浅水和危险水深不得舍去，而地形图则往往不特别表示。对于等深线的绘制，海图采用分层设色的方法，使图中航道、浅水区清晰可辨，而地形图是自海岸线以下用浅蓝色普染。

8.2.1.4　其他地形要素

居民地、道路、水系及地貌植被等在表示方法、取舍重点、详略层次等方面，也存在着不同程度的差异，在制图过程中根据需要使用[2]。

8.2.2　海岸带地形图的绘制要求

随着测绘技术的发展，利用已有海陆图拼接编绘而成的海岸带地形图越来越少，替代的是采用多种测量手段，综合施测，一体化表达的现代海岸带地形图。其绘制要求如下：

（1）统一的投影方式。绘制海岸带地形图，首先要确定统一的投影方式。随着经济社会的发展，海岸带地形图的用途越来越倾向于沿海的工程建设、旅游开发、渔业养殖、军事活动等。其航海用途渐渐弱化。这就决定了现代海岸带地形图多采用与陆地地形图相同的投影方式，即高斯-克吕格投影。

（2）统一海岸带地形要素的表示内容和方法。海岸带地形图既包括陆地地形要素，又包括海洋要素。这就要求海岸带地形图对海岸带地物地貌要有统一的表示方法。但现行规范不统一，地形图和海图都制定了各自的标准并形成了不同的符号体系，急需修订相应规范，形成对海岸带实施测绘的统一规定。现在有些机构和学者，已经开始在海岸带地形图绘制时，对海岸带地形要素的表示内容和方法进行创新性的整合。

(3)统一垂直基准，一体化表达。海岸带地形图中的陆地部分一般采用 1985 国家高程基准，海域部分一般以当地理论最低潮面作为深度基准。高程基准和深度基准的参考面并不一致，将深度基准面标定在 1985 高程基准中，实现垂直基准的统一，是海陆一体化表达的关键。在海岸带地形图的一体化表达上，陆地采用 1985 国家高程基准，海域可以根据需要选择垂直基准，现在常用的有两种：一种是采用当地深度基准面作为海域部分的垂直基准，另一种是采用 1985 国家高程基准作为海域部分的垂直基准。前者多用于航行、海防、海岸工程建设、渔业生产等涉海领域，后者多用于基础测绘、城市规划、工程建设等涉陆领域。在采用两种垂直基准的海岸带地形图中，要注明深度基准面与 1985 国家高程基准面间的转换关系。

(4)突出重点，合理取舍。海岸带地形图表达的内容繁多，可根据其用途、性质及比例尺大小，遵循统一规范标准下，对地形、地物合理取舍。如用于近海航行的海岸带地形图，要重点表示礁石、灯塔、助航标志、航向障碍物、岸线等的类型、位置及高度(深度)等信息，用于总体规划、经济建设的海岸带地形图，要突出陆地地形要素、岸线、岸滩等；用于科学研究和渔业养殖的海岸带地形图，要突出滩涂性质、海流、潮汐等水文要素。相对而言，岸线以上的陆地地形，因其规范、标准较成熟完善，可按规范绘制相应比例尺地形图。岸线以下的潮间带及浅海地形，应根据实际需要，突出重点、合理取舍。

(5)多源数据适当重叠，无缝衔接。一些新技术、新装备的出现，大大提高了测绘作业效率，如激光扫描系统、无人船测深系统、多波束测深系统等。测量方式的多样化，要求不同的测量方式获得的数据要有一定的重叠度，以便于进行精度对比检查。重叠区域的数据，采用精度高的数据作为最终数据，与其他测量方式获得的数据，进行无缝衔接。

8.3 海岸带地形图的要素表示

8.3.1 海岸带地形图地物的绘制

地物一般分为人工地物和自然地物。人工地物是人们在生产生活过程中改造自然所形成的，如房屋、道路、桥梁、助航标志、码头等。自然地物是自然形成的，如海洋、河流、湖泊、森林等。把各种地物，按一定的比例缩小或按规定的符号绘制在图纸上，是海岸带地形图测绘的主要任务之一。由于地物种类繁多、形状不一，因此在绘制地物时，应按照相应的"规范"和"图式"要求进行。

8.3.1.1 地物在海岸带地形图上的表示

地物在海岸带地形图上主要通过符号来表示，如房屋等地物的几何尺寸较大，可以按比例缩绘到图上；有些地物的几何尺寸较小，不便于按比例缩绘到图上，而只能用专用的符号来表示；还有些地物在长度上可以按比例缩绘，在宽度上则不行。因此，地物在海岸带地形图上表示，不但与地物本身的几何特性有关，还与测图比例尺及用途有着密切的关系。例如，同一地物，在不同比例尺的地形图上可能以不同的符号出现，当用大比例尺地形图编绘较小比例尺地形图时，存在着地物符号变化的问题。

8.3.1.2 图形符号

图形符号是直观表达地理事物或现象的一种重要的可视化工具。经过多年的发展，地形图和海图在符号表示上均已形成相对固定的符号体系，即地形图图式和海图图式，两种图式详细规定了陆地和海部各要素的符号表示。地形图图式侧重于陆地要素，海图图式侧重于岸滩及海部要素，海岸带区域的要素符号在两种图式中各有侧重，且由于制图区域重点和用途需要的不同，两种图式在个别要素的分级、分类及符号表示上存在一定的差异。

因此，从制图和识图、用图的角度出发，海岸带地形图的图示符应以地形图图式和海图图式为基础，结合制图区域特点和使用需求，通过选取、整合，形成新的符号体系。选取、整合过程应本着详细、全面并符合用户用图习惯的原则，陆地要素符号要与地形图图式一致；海部要素符号要与海图图式一致；海岸线及部分位于陆地但与海上活动密切相关的要素符号(如灯塔、灯桩等助航标志)，在海图图式中的分类、分级更加具体详细，也应与海图图式保持一致。另外，由于海图图式中的符号一般均比地形图图式中的符号尺寸稍大，两类符号直接用于同一幅图上会影响图面的美观和表达效果，应根据海岸带地形图的图幅幅面、要素密度要求等对符号尺寸进行协调、统一。

图形符号分为以下三类：

1. 依比例尺符号

若地物的几何尺寸较大(如房屋、滩涂、养殖池、运动场、森林等)，测图时可以按照它们的形状和大小缩绘在图纸上，用以表示这类地物的符号称为依比例尺符号。依比例尺符号与地面上的实际地物相似，用图时，可以从图上量取它们的大小和面积，如图8.3所示。

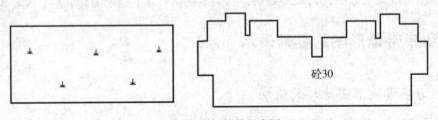

图8.3 比例符号示意图

2. 半依比例尺符号

半依比例尺符号又叫线状符号。线状延伸的地物，如道路、管线、河道、输电线等，其长度能按比例缩绘，其宽度不能按比例缩绘，这种符号称为半依比例尺符号。半依比例尺符号可以从图上量取他们的实地长度。半依比例尺符号的中心线，一般表示其实地地物的中心位置，但对于城墙、围墙、陡坎等，其准确位置在其符号的底线上，如图8.4所示。

3. 不依比例尺符号

有些地物实际轮廓很小，它们的长度、宽度或面积都不能按比例在图上显示，而只能用规定的图形和尺寸表示，即所谓的不依比例尺符号，又称非比例符号表示。用非比例符

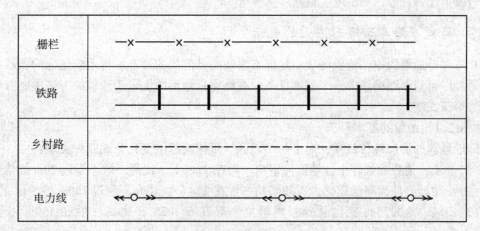

图 8.4　半比例符号示意图

号表示的地物，一般具有位置和方位方面的重要性，对用图影响较大，应注意其中心位置的准确性，如图 8.5 所示。

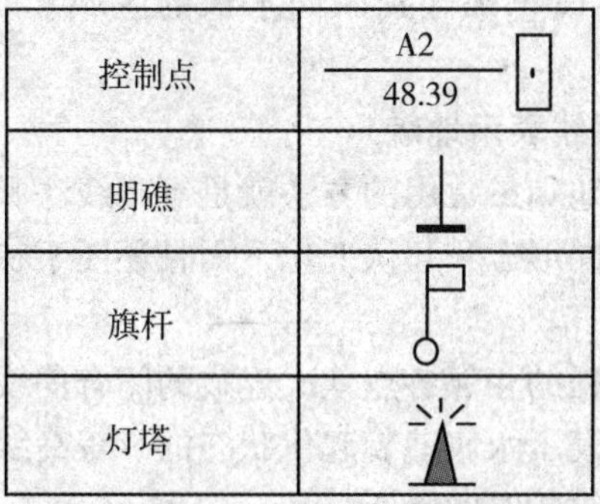

控制点	$\dfrac{A2}{48.39}$ ·
明礁	
旗杆	
灯塔	

图 8.5　不依比例符号示意图

　　用不依比例尺符号表示地物时，不但其大小和形状不按比例，而且表示实际地物中心位置的方式也不固定，因此应引起足够的重视。非比例符号主要有以下几种类型：

　　(1)用规则几何符号(三角形、正方形、圆形等)表示的，如控制点、水井、管线井等，以图形的几何中心点表示地物的中心位置；

　　(2)具有宽底的非比例符号(烟囱、水塔等)，以符号的底部中心表示实地地物的中心位置；

　　(3)符号底端为直角(独立树、路标等)，以符号的直角顶点为实地地物的中心位置；

　　(4)对于以几种符号组合而成的非比例符号(阀门、消火栓、航标、路灯等)，以符号下方几何中心作为实地地物的中心位置。

　　区分依比例符号和不依比例符号，是指在同一比例尺图上而言的。随着比例尺的不同，同一地物在大比例尺地形图中绘成依比例符号，而在较小比例尺图上却只能绘成非比例符号或半比例符号，如房屋、铁路、河流等。

8.3.2　地貌在海岸带地形图上的表示

在海岸带地形图中，地貌即表示地面或海底高低起伏的形态。将地貌正确的表示在图上，是海岸带地形图测绘的一个基本任务。在海岸带地形图上表示地貌的方法主要有等高线法和等深线法。

8.3.2.1　地貌的基本形态

陆地地貌的形态各种各样，对于一个地区，可按其起伏变化分成四种类型：

（1）平地，地势起伏较小，地面倾斜角一般在 2°以下，比高一般不超过 20m 的地区。

（2）丘陵地，地面高低变化大，倾斜角一般在 2°~6°，比高不超过 150m 的地区。

（3）山地，地面高低变化悬殊，倾斜角一般在 6°~25°，比高一般在 150m 以上的地区。

（4）高山地，绝大多数倾斜角超过 25°的地区。

地形类别的这种划分，对于选择等高距和区分测图难易程度关系密切。

海底地貌被海水覆盖，直观性差。用等深线代替陆地等高线来表示海底地势起伏的状态，也是表示海底地貌的主要方法。不同于陆地地貌的表示方法，在用等深线表示海底地势变化的同时，还配以分层设色来区别不同水深的区域，以便直观地表示海底地貌的变化。

8.3.2.2　等高线、等深线表示地貌

在海岸带地形图上表示地貌最常用的方法就是等高线法和等深线法。等高线和等深线不仅能真实地反映地貌的不同形态和起伏变化，而且还便于在图上进行量测。

1. 等高线和等深线

等高线是地面上相同高程的相邻各点依次连成的闭合曲线。等深线与等高线的含义是相同的，只是等深线是用来表示水底地貌起伏状态的。等高线和等深线的形状和高程客观地反映了山丘、盆地、海沟等的空间状态。

2. 等高（深）距

相邻两条等高线或等深线的高差，称为等高（深）距。等高线和等深线表示地貌的详细程度，与等高（深）距的大小有关，等高距越小，就越能准确地反映地貌的细节。等高（深）距的选择，应根据地形类别和比例尺的大小，并按照相应的规范执行。表 8.1 列出陆地大比例尺地形图等高距的参考值。

表 8.1　　　　　　　　　　　　　　陆地基本等高距

比例尺	平地（m）	丘陵地（m）	山地（m）
1∶500	0.5	1	1
1∶1000	0.5	1	1
1∶2000	0.5	1	2 或 2.5
1∶5000	1	2 或 2.5	2.5 或 5

在海图中，基本等深线的选取，区别于陆地的等高距，它是根据深度来确定等深距的。表 8.2 列出了海图基本等深线。在海岸带地形图中，当海底平坦，基本等深线不能明确反映海底地貌时，可加绘辅助等深线；当海底坡度很大，基本等深线可适当压缩。当比例尺较大时，且与陆地分幅方式一致时，等深距可与陆地等高距一致。

表 8.2　　　　　　　　　　　　　水深基本等深线

深度	基本等深线
0~5	0、2、5
6~40	10、15、20、25、30、35、40
41~100	50、60、70、80、90、100
101~200	120、140、160、180、200
201~500	250、300、350、400、450、500
501 以上	600、700……

3. 等高线和等深线的种类

根据等高线表示地貌(高程)的特点，等高线分为首曲线、计曲线、间曲线和助曲线。根据基本等高距绘制的等高线，称为基本等高线，也叫首曲线。为便于用图，一般把 5 倍于基本等高距的首曲线加粗，这种加粗的等高线称为计曲线。在地势较为平坦的地方，为了更精确地显示局部微小地貌的变化，可在两相邻的等高线之间，用虚线按一半于基本等高距加绘等高线，这种加绘的等高线称为间曲线。有时根据需要，还要按四分之一于基本等高距加绘等高线，这种进一步加绘的等高线称为辅助等高线或助曲线。

等深线不同于等高线，在以往的海图中，因海上区域较大，等深线一般只用基本等深线。但随着海岸带地形图的比例尺越来越大，等深线也变得灵活多样，而不局限于基本等深线。特别是用于港口工程、沿海经济建设的海岸带地形图，其等深线间距与陆地等高距可以保持一致。

4. 等高线和等深线的特性

了解等高线和等深线的特性，便于用等高线和等深线恰当、合理地描绘地貌。以下为等高线或等深线的特性：

(1)同一条等高线或等深线上各点，其高程或水深必定相等。等高线是闭合曲线，闭合范围有大有小，若不在本幅图闭合，则必在两幅相邻的或多幅临近图内闭合，绝不能在一幅图内无故中断。

(2)任意一条等高线或等深线不能分叉成两根，不同高程的两条等高线不能相交或合并，只有在悬崖处才能相交，但交点必须成双，并按垂直投影的关系，将看不见的部分用虚线表示，等高线或等深线遇陡坎或绝壁时才能重叠。

(3)等高线或等深线在通过陆地或海底的山脊或山谷时，应与山脊或山谷线正交，山谷附近的等高线或等深线应凸向高处，山脊附近的等高线或等深线应凸向低处，但与此处的特征线正交。

（4）等高线或等深线越密，表示地面坡度越陡；反之，表示坡度越缓。

（5）等高线有时会穿越河流，而相应的等深线有时会穿越海沟。等高线在穿越河流时，不能直跨而过，应终止于河边。在等深线遇到海底暗沟时，其表示手法与等高线穿越河流相同。

5. 等深线的绘制

海岸带地形图中等深线的间距参照海图上的基本等深线，但随着海岸带地形图的比例尺越来越大，并且分幅方式也与陆地分幅方式一致，在同一幅内，大比例尺海岸带地形图要求等深线与陆地等高线间距一致。中小比例尺可以根据需要调整。在绘制海岸带地形图等深线时，应注意以下几个方面：

（1）当两条等深线之间的距离小于 1mm 时，应保持较浅等深线的完整，将较深的等深线中断在较浅的等深线附近；当近岸侧等深线无法精确勾绘时，等深线可在距岸 1~2mm 位置中断在岸线附近，等深线可在 2 倍测深精度内向深水方向移动勾绘成圆滑曲线。

（2）当海底平坦，基本等深线不能明确反映海底地形时，可加绘辅助等深线；当海底坡度很大时，基本等深线可适当压缩。

（3）对因养殖区等测深数据欠缺但尚能描绘等深线的海区，勾绘的等深线用不精确等深线表示；对范围较大未探测的养殖区，等深线断在养殖区范围线附近。

（4）基本等深线为实线，辅助等深线为虚线。

6. 特殊地貌的表示

地貌的形态多种多样，对于某些特殊地貌，仅仅使用等高线或等深线还不能确切地反映其真实情况，还需要用专门的符号、高程或比高注记，并与等高线或等深线相配合，才能如实表示，要特别注意与等高线或等深线的关系，不要发生矛盾。实际地貌非常复杂，在测绘海岸带地形图时，要抓住测区的主要地貌特征，才能有效地开展工作。

8.3.3　注记

注记的作用就是用文字、数字或特定符号，对地物、地貌进一步补充说明。注记是图形的基本内容之一，其作用在于指明地物的专门名称和具体特征，以补充符号的不足。注记是判读和使用海岸带地形图的直接依据。若图中只有符号而无注记，则仅能给人一个笼统的概念，而不能使之了解具体事务的特征，因此，图上必须有足够的注记。注记一般分为名称注记、说明注记和数字注记三种。名称注记是用文字来注明相应符号的专有名称，如村庄、海湾名、海洋名、山名、河流、道路、单位等的名称。说明注记是用来补充相应符号的不足，以简注形式说明某一特定的事物。数字注记使用数字指出图上某要素的数量特征，如点的高程、水深、物体的比高等。

8.4　海陆一体化表达

随着测绘技术的不断发展，已解决了基于 2000 国家大地坐标系（CGCS2000）框架下高程基准和深度基准面的统一问题，并在局部区域内实现垂直基准的无缝衔接。这为海陆一体化表达奠定了坚实的基础。采用统一的平面坐标系统和投影方式，选择合适的垂直基准，建立与标准图式、数据字典相符合的符号库，融合海陆地形要素，集中在一张图上所形成的海岸带地形图，实现了海陆一体化表达。

8.4.1 统一垂直基准

水深和高程数据以不同的垂直基准面为参考，水深测量和地形测量是分别进行的，这就造成了陆海交接处的不连续性。我国的高程基准采用1985国家高程基准，是根据青岛验潮站潮汐资料推求的平均海平面，与青岛验潮站的多年平均海平面重合，只能视为局部近似的大地水准面。水深的起算面为深度基准面，通常取当地平均海面下一定深度为该基准面。当地平均海平面与1985国家高程基准并不重合，而是存在一定的偏差，即海面地形。有关资料表明，我国沿海平均海面自北向南向上倾斜，南北倾斜最大差近0.7m，倾斜量和纬度近似呈线性关系，平均海面高程随纬度增加而减小。表8.3、表8.4和表8.5列出了我国沿海各长期验潮站通过几何水准联测求得的各站平均海面与青岛站平均海面之间的高差。

表8.3　　　　　　　　　　　黄渤海海区与青岛站平均海面高差

站名	1956年黄海高程基准高差(cm)	1985国家高程基准高差(cm)
旅顺	-2	-6
葫芦岛	-3	-10
塘沽	2	-1
烟台	7	4
青岛	3	0
连云港	3	-1
吕四	15	14

表8.4　　　　　　　　　　　东海海区与青岛站平均海面高差

站名	1956年黄海高程基准高差(cm)	1985国家高程基准高差(cm)
吴淞	42	41
金山嘴	26	-10
镇海	21	21
坎门	16	18
三沙	25	19
崇武	25	27
东山	38	36

表 8.5　　　　　　　　　　　海南海区与青岛站平均海面高差

站名	1956 年黄海高程基准高差（cm）	1985 国家高程基准高差（cm）
汕尾	38	49
黄埔	56	69
三灶	40	
闸坡	36	52
海安	38	49
北海	37	49
八所	39	43
榆林	40	46

在海岸带测量过程中，经常遇到海面地形的问题，应根据测量地域和测量要求进行改正。通过长、短期验潮站和临时验潮站同步观测潮位，结合精密潮汐模型和卫星测高技术，构建区域高分辨率高精度的深度基准面模型，可实现深度基准面在 1985 国家高程系统中的标定。通过这种方法实现了垂直基准的统一，达到了陆地测量和海域测量成果资料的衔接与统一。

8.4.2　图库一体化

图库一体化技术促进了海岸带地形图的海陆一体化表达。随着行业的发展，数据的生产模式逐步由以制图编辑为主的方式，向建库制图一体化编辑发展。在同一套生成流程中，通过对同一套数据进行一体化加工，配置符合图示要求的符号文件，来进行海岸带地形要素的符号化表达，从而实现入库制图数据的一体化。

完整的图库一体化技术，是从数据模型、数据处理到数据表达的成套技术。制图表达是图库一体的关键技术之一，应建立与标准图式、数据字典相符合的符号库。由于陆地地形图和海图符号体系不一致，导致同一地理实体表达形式不一致，因此需要重新构建一套兼顾海图和陆图表达，且满足海岸带地形图生产，以及为陆图和海图生产提供支持的符号体系。在保证图形、属性要素正确性的基础上，按照制图要求实现地形要素的符号配置，正确处理不同要素间的压盖及优先级关系，进行注记的表示，以及正确地处理注记与其他要素间的位置关系。

图库一体化技术，以一种无损的、可逆的方式，把图数据和 GIS 数据融为一体，把海岸带地形图的海陆要素以数字方式，利用地理信息系统来储存和传送数据。这种技术使海岸带一体化表达方式更加多元化，如海岸带 DLG、海岸带电子地图、海岸带三维模型等。

8.4.3　海岸带地形图的一体化表达

海岸带地形图要素表达的主要内容包括浅海水深、干出滩、海岸线、近海陆地等，其主要由海岸线以上的沿岸陆地部分、介于海岸线与低潮线之间的干出滩部分和低潮线以下的浅水部分组成。

　　沿岸陆地部分的表达，所依据的规范和标准与陆地地形图相同，主要表示测量控制点、陆地地貌、植被、道路、水系、居民地、助航标志、地名等。浅水部分的要素表达，所依据的规范和标准与海图相同，主要表示水深、等深线、表层地质、航行障碍物、航行标志、海流、潮汐和海上设施等。干出滩的要素表达，因海、陆相应规范和标准对干出滩地理要素在表示方法和表示形式上不一致，所以干出滩要素要根据实际用途，选择合适的表达方法，主要表示干出滩、礁石、滩涂性质和滩上自然与人工设施等。

　　较常见海岸带地形图有两种：一种是陆域采用 1985 国家高程基准，海域采用当地理论深度基准的海岸带地形图；另一种是海陆统一采用高程基准的海岸带地形图。

8.4.3.1　海域部分采用深度基准的海岸带地形图

　　这种海岸带地形图是最为常见的海岸带地形图，其陆地采用 1985 国家高程基准，海域采用当地理论最低潮面，主要用于港口工程、渔业管理、围海造田、水产养殖、敷设电缆管道、沿岸资源开发以及军事作战等。其陆地部分与陆地地形图要求一致，浅域部分要以表示海图基本要求为主，兼顾陆图的基本要求，如图 8.6、图 8.7 所示。

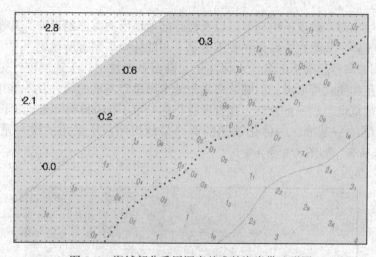

图 8.6　海域部分采用深度基准的海岸带地形图

　　图中陆地部分与陆地地形图中的要求一致，浅海部分与海图要求一致。沙滩、岩石滩、礁石等干出滩区域的地理要素均按海洋测绘相关规范和图式表示。如干出高度注记采用斜体大小数，并在大数下加横短线的方式表示，如 $\underline{1}_3$，其注记的含义为基准面上 1.3m，大数的中心位置为实测点点位。

8.4.3.2　海陆统一采用 1985 国家高程基准的海岸带地形图

　　海陆统一采用 1985 国家高程基准的海岸带地形图较少，但随着海洋经济的不断发展，海岸带地形图的用途越来越多地偏向于陆地经济建设，如填海造地、工程建设、城市规划、旅游资源开发等，同一垂直基准下海岸带地形图的需求越来越迫切。这种同一垂直基准下的海岸带地形图，是将水深的起算基准与陆地统一，将水深视为海底地形的高程。这

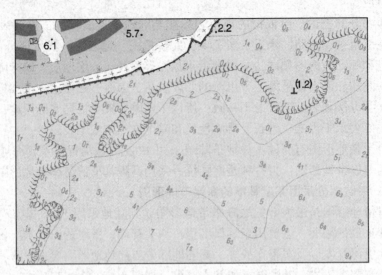

图 8.7　海域部分采用深度基准的海岸带地形图

种海岸带地形图中海岸线以下的地形可以看做是陆地地形向海洋的延伸，其在垂直维度上仍是一个连续整体，只是在一些海洋要素表示上与陆地地形图有所区别。

在 1985 国家高程基准下的海洋水深注记、礁石高程注记、干出高度注记等，还没有相应的国家规范和图式可参考，但随着海岸带地形图垂直基准的统一及一体化表达重要性的凸显，相应规范也会进一步修订。在青岛进行的全市 1∶5000 海岸带地形图测绘中，创新地制作了海陆统一基准、一体化表达的海岸带地形图，所采用的统一垂直基准就是 1985 国家高程基准，如图 8.8 所示。

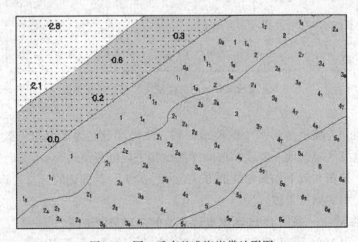

图 8.8　同一垂直基准海岸带地形图

在 1985 国家高程基准下的海洋要素符号和注记，与海图表示方法有较大区别。符号和注记的运用主要原则是用陆地地形图图式中有明确规定的，使用陆地地形图图式；没有的，则参考海图图式。下面就几种常见的海洋要素加以说明。

1. 干出滩范围与性质的表示

对于干出滩的范围与性质表示，主要参照陆地地形图图式，在陆地地形图图式中没有的滩涂类型，则参考海图图式。对范围判定，因为不使用理论最低潮面，所以，"干出、适淹"等词不能准确代表当地海域近岸自然状况的表述。

2. 礁石

海岸带地区礁石丛生，是海岸带地形图中着重表达的要素。在1985国家高程基准下的礁石表示方法不同于海图。但礁石类型仍分为明礁(丛)、干出礁(丛)、适淹礁(丛)和暗礁(丛)四类。明礁是大潮高潮时也不淹没的礁石，其高度是从1985国家高程基准起算的。其表示方法与海图一致，注记以(1.3)形式表示。适淹礁和暗礁高度则变为负值，其注记采用大小数正体加括号，如-1.3表示为(1.3)。干出礁高度在零米以上的，表示方法与明礁一致；零米以下的，则与适淹礁和暗礁表示方法一致，如图8.9所示。

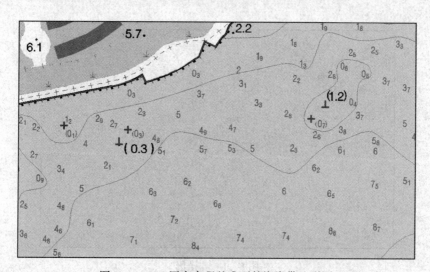

图 8.9 1985 国家高程基准下的海岸带地形图

3. 水深

在1985国家高程基准的海岸带地形图上，零米线下采用水深注记，以大小数正体表示，如6_5，大数的中心位置为实测点点位；零米线以上采用高程注记，按《国家基本比例尺地图图式 第2部分：1∶5000 1∶10000 地形图图式》(GB/T 20257.2—2006)注记表示，如.2.8；水深的注记样式不同于以理论最低潮面为深度基准的水深注记，主要是考虑两种基准面上水深注记的区别表示，现在还没有相应规范明确规定在1985国家高程基准的海岸带地形图上的水深注记样式，随着海岸带地形图的不断发展完善，注记样式相应规范也会相继制定。

4. 其他海洋要素表示

海岸带地形图作为基础地理信息资料，除表示陆地各种要素外，还应准确、详细地表示各种海洋要素，包括海底地貌及底质、助航设备、碍航物、海上养殖区、施工区等，图

8.10、图 8.11 所示。

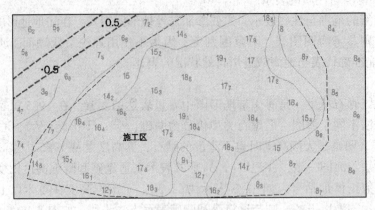

图 8.10　施工区

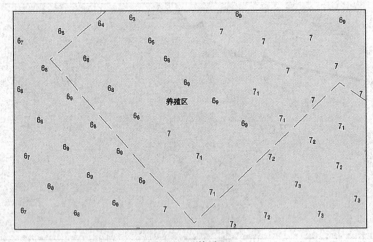

图 8.11　养殖区

5. 海域部分垂直基准的转换

　　根据实际用途的变化，海岸带地形图海域部分的垂直起算面要在当地理论最低潮面和 1985 国家高程基准面间转换。垂直起算面转换后，一些海洋要素在表示形式上有明显的变化。特别是水深注记，其基准不同，水深值表示含义就不同，从而其表示形式也不同。采用 1985 国家高程基准的水深注记与采用理论最低潮面的水深注记，在实测点位上表示方法是相同的，即水深注记大数的中心为实测点位。但在水深数值大小、水深注记样式上有明显区别，如 1985 国家高程基准海岸带地形图上水深值为直体，如 10_4，其含义是平均海平面下 10.4m；而理论最低潮面海岸带地形图上的水深注记为斜体，如 6_3，其含义是在当地理论最低潮面下 6.3m。再比如，干出滩上的干出高度注记在 1985 高程基准海岸带地形图上，没有特殊注记，仍然用直体大小数表示，而在深度基准海岸带地形图上，则采用斜体大小数，并在大数下加横短线的方式表示，如 $\underline{1}_3$，其注记的含义为基准面上 1.3m。

两个基准面的差值越大，其水深注记的水深值差值也越大。例如青岛，平均海平面与大港理论最低潮面相差 2.42m，那么不同基准图上的相同水深注记值，其实际水深相差就是 2.42m。所以，在基准转换时，要根据不同的基准用不同的符号注记。

一些海洋要素注记在 1985 国家高程基准和深度基准海岸带地形图上的对比见表 8.6。

表 8.6　　　　　　　　　　　　不同基准的注记对比

序号	要素名称	GB 码	1985 国家高程基准图面	理论基准图面
1	陆地高程点	7201001	$.2.8$	$.2.8$
2	水深注记点	7402001	6_3	6_3
3	暗礁高程注记点	7204001	(3_7)	(3_7)
4	明礁注记点	7205001	(2.2)	(2.2)
5	干出高度注记点	7403001	无	1_3
6	干出礁水深注记点	7406001	(1_2)	(1_3)
7	转绘水深注记	7407001	10.2	10_2

其他的海洋要素，在 8.2 节中已经就两个基准面上的要素表示差异进行了详细论述，在进行基准转换，改变用途时可对应调整，并在图中注记说明所采用的基准。

第9章 海岸带地理信息系统

海岸带地理信息系统，又称海岸带 GIS，是海岸带资源和环境综合管理强有力的技术手段。海岸带地理信息、环境资源信息量巨大，涉及的学科门类繁多，建立一种以计算机硬件为基础、以 GIS 技术为核心，能够存储、管理、统计、分析和描述海岸带地理信息与环境资源的空间地理信息系统，能有效推进海岸带资源的合理开发利用，实现环境与经济可持续发展。

如果说 GIS 是测绘科技发展到一定时期的产物，那么随着人们的社会生产、经济建设活动向海域的逐渐延伸，海陆一体化的海岸带 GIS 就是海岸带测绘科技发展的一个必然产物，是海岸带地理信息数据的归宿。

海陆一体化是 20 世纪 90 年代初编制全国海洋开发保护规划时提出的一个原则，这个原则同样也适用于海洋经济发展和沿海地区开发建设。所谓海陆一体化，是根据海、陆两个地理单元的内在联系，运用系统论和协同论的思想，通过统一规划、联动开发、产业链的组接和综合管理，把本来相对孤立的海陆系统，整合为一个新的统一整体，实现海陆资源合理有序的配置。海岸带 GIS 面向海陆一体化综合管理服务，作为人类社会管理海岸带的一个强有力工具，能够体现资源、环境、经济和治理四者之间的相互关系，从而发挥海岸带测绘地理信息数据的最大作用，帮助人们更好地开展海岸带的生产生活和综合管理。

9.1 海岸带 GIS 概述

9.1.1 海岸带 GIS 特点

很长一段时间以来，我国陆地与海洋一直实行分而自治的管理方式，各自管理自己的领域，互不干扰。新时期的海岸带 GIS，因为海岸带独特的地理位置，既要满足陆域地理信息系统，又要满足海洋地理信息系统的需要。下面从海岸带 GIS 数据与系统两个方向介绍其特点。

9.1.1.1 海岸带 GIS 数据特点

海岸带 GIS 数据多种多样，不仅包括海底地形地貌数据，还包括海洋地质、地球物理、海洋水文、海洋气象、海洋化学、海洋生物、水产渔业资源等多种海洋科学数据，其中海底地形地貌数据是构建"数字海岸"的基础数据，海岸带 GIS 的研究区域包括海岸、干出滩、水下岸坡三部分，其数据具有如下特点：

（1）海陆空间垂直基准的无缝衔接。建立高程基准和深度基准二者的联系，方便快速地实现二者的相互转换。

（2）具有海陆统一的空间椭球基准。目前，海陆统一采用 CGCS2000 参考椭球是海岸带地理信息系统的主要发展趋势。

（3）具有海陆统一的空间平面投影系统。陆域地形图一般采用高斯投影，而海洋测绘中根据实际需要，多采用高斯投影和通用横轴墨卡托投影。海岸带测绘一般采用高斯投影。

（4）具有统一的数据库标准。目前在数据库方面，陆地已经有比较完善的地理要素编码、数据字典等标准，而海洋测绘方面的数据库标准则相对欠缺。在建设海岸带地理信息系统的过程中，需建立统一的数据库标准。

（5）数据多源化、多维化。海岸带地理信息系统不仅包含陆域地理信息的所有要素，同时还包括海底地形地貌、海洋地质、海洋遥感等海洋信息数据，呈现多源、多维特点。海岸带 GIS 研究的空间区域广阔，地理位置跨度较大，数据异构、信息量大，呈现大数据的特点。

9.1.1.2 海岸带 GIS 功能特点

海岸带 GIS 兼具陆域地理信息系统和海洋地理信息系统的功能特点。海岸带 GIS 需集成多源、海量、异构的海陆空间数据和业务专题数据，实现数据的集成管理、可视化表达、分析研判、辅助决策，为海岸带各类规划、建设、管理工作提供及时、准确的地理信息服务。从功能特点上，海岸带 GIS 一般具有以下基本能力：

（1）多源数据的集成管理能力。海岸带 GIS 具备多空间维度，即二维、三维乃至多维时空数据的集成与管理能力，可实现多尺度、多类型、多时相海陆空间大数据在系统中的集成与管理，实现数据的一致化管理、共享流转与安全访问服务。

（2）强大的图形处理和表达能力。空间数据可视化是进行海岸带大数据分析的重要支撑技术，当今时代，对大数据应用的迫切性需求，使海岸带 GIS 需具有强大的时空数据处理与二、三维表达能力，以可视化为基础，进行数据的复杂应用与分析。

（3）海陆地理信息空间分析能力。海陆地理空间分析是对海陆地理空间现象的定量、定性研究，通过地理信息系统的空间化能力，分析、挖掘、提取海量海陆地理信息数据中隐含的规律，实现辅助决策、动态模拟、分析预测等应用功能。

9.1.2 海岸带 GIS 的建设意义

我国海岸带地区是社会经济最发达的区域。科学合理地开发、利用海岸带，对于我国国民经济的可持续发展，建设资源节约型、环境友好型社会，起着至关重要的作用。海岸带 GIS 作为综合了测绘科学、计算机科学、环境科学、管理科学等多学科的先进技术，可实现海陆多源数据的集成统一，地理空间定位基础与空间度量的统一，分头式资源管理部门协作的统一，丰富了海岸带的规划、建设、管理手段。下面主要从海陆地理信息数据管理、海岸带可持续科学发展、海岸带 GIS 专项应用三个典型方面，阐述海岸带 GIS 建设的必要性和意义。

9.1.2.1 海陆地理信息数据管理需求

计算机、电子、声学、信息工程、航空遥感等高新技术在海洋领域的应用，极大地推动了海岸带地理信息数据的获取与海洋海底探查技术的快速发展。海岸带或海洋地理信息数据量的激增，需要采用现代先进的计算机技术，将多来源、多类型、多结构、多层次的空间信息有效组织起来，实现空间数据的分析、管理、解释和成果显示。随着 2011 年国家测绘局更名为国家测绘地理信息局，"数字地球"、"数字海洋"、"智慧城市"的提法屡见不鲜，大数据的时代已经到来，目前的测绘地理信息行业对地理信息库数据的要求越来越严格，现势性要求越来越高。海岸带作为一个综合了海陆地理信息数据的综合性复杂应用环境，要求有一个强有力的地理信息系统来实现数据的安全存储、一致化管理和共享流转，支撑复杂环境下的数据应用。

9.1.2.2　海岸带可持续科学发展需求

我国现在正处于一个快速发展时期，随着海岸带开发利用的不断深入，参与海岸带开发管理的部门日渐增多，管理中存在多头分散、职责交叉的现象，加之区域间缺乏联络协调机制，造成资源浪费和过度竞争，致使管理功能和效益难以充分发挥。海岸带 GIS 系统的建设是解决海岸带地区面临的发展与环境矛盾，达到海岸带地区可持续发展的有效途径之一，也是海岸带可持续发展研究的重要内容之一。海岸带 GIS 的建设，其最终目的是实现海岸带可持续发展，通过 GIS 技术贯彻、实现综合的、统筹的管理思想；依托 GIS 实施海岸带科学管理，提高海岸带管理的信息化水平，最终达到维护海洋权益、合理开发海洋资源、保护海洋环境，以及促进海洋经济持续、稳定、协调发展的目的。

9.1.2.3　海岸带 GIS 专项应用需求

海岸带 GIS 的应用具有跨行业、跨地区、跨部门的特点。海岸带 GIS 作为一种基础性的管理技术手段，可以与不同领域的业务、应用需求结合，实现专项服务。目前，海岸带 GIS 的几个典型应用领域包括：

1. 海岸带规划

利用海岸带 GIS 决策管理、分析评价和模拟预测等多项功能，可以为我国海岸带综合管理制订中长期发展规划，辅助制订各相关行业规划、土地利用规划、功能区划规划、海域界线规划等工作。

2. 海岸带资源管理

海岸带资源管理，包括海域使用有偿管理，土地利用状态、海域养殖物种等，在综合各类调查数据的基础上，实现海岸带基础地理信息管理、防灾与应急辅助决策等功能应用，掌握海岸带各类资源的分布、数量、质量、开发利用现状等全面信息，为制订海岸带资源合理开发及规划提供可靠的依据。

3. 海岸带生态环境管理

利用海岸带 GIS 的制图功能，可以制作海岸带各类资源分布图和开发利用图；利用不同时期的资源开发利用图进行拓扑叠加，可以制作资源动态变化图等。利用海岸带 GIS 的分析评价和模拟预测等功能，开展海岸带开发项目对社会、经济、生态环境和自然资源所产生影响的定性和定量分析，实现对海岸带生态环境的动态跟踪。

9.2 海岸带 GIS 数据建设

9.2.1 多源数据处理与集成

地理信息系统的应用领域越来越广泛，积累了大量的空间数据资源，并且由于其采集方式和应用软件的不同，空间数据格式及结构不同，导致了空间数据多源性。无论从社会需求的角度，还是从 GIS 自身的发展来看，GIS 只有广泛地集成和共享多种数据源以及不同数据格式的数据，才能得到质的发展。海岸带地理信息数据也是如此，实现海岸带及近海的科学开发与管理，必将涉及长时间序列、大空间范围、海量的多源空间数据集成共享的问题。

9.2.1.1 海陆空间数据特点

1. 多语义性

地理信息是指和地理位置相关的各种信息，由于地理系统的研究对象的多种类特点，决定了地理信息的多语义性。对于同一个地理信息单元(要素)，在现实世界中其几何特征是一致的，但是却对应着多种语义，即多种属性，如地理位置、海水盐度、海水温度、地貌、地质等自然地理特征，同时也包括经济社会信息，如行政区界线、产量等，但不同系统侧重研究的专题有所不同，因而会存在多语义(专题)数据集成问题。

2. 多时空性和多尺度

任何地理信息数据都是特定时间和空间下的，具有很强的时空特性。一个海岸带 GIS 系统中的数据源既有同一时间不同空间的数据系列，也有同一空间不同时间序列的数据；不仅如此，GIS 会根据系统需要而采用不同尺度对地理空间进行表达，不同的观察尺度具有不同的比例尺和不同的精度。海岸 GIS 数据集成包括不同时空和不同尺度数据源的集成。

3. 获取手段多样性

获取海岸带地理空间的数据的方法有多种多样，主要包括航空航天等遥感手段、外业实地测绘手段、统计调查手段等。获取遥感影像所采用的卫星也有很多，如加拿大的 Radasat-2，日本的 ALOS，美国的 Quickbird、Wordview、GeoEye-1，法国的 SPOT-5，我国的资源三号等测绘卫星，各自的侧重点及空间分辨率不同，存储格式也都不同；航空影像的，采用飞机搭载航摄仪，根据使用目的、运载飞机、航摄像机的不同，所获取的地面影像种类繁多。另外，通常采用机载 LiDAR(LightLaser Deteetion and Ranging)激光探测及测距系统，来获得困难区域的高程数据，如淤泥质的干出滩的高程数据。全站仪、GNSS、多波束、单波束、声呐等是野外实地测绘采集的常用工具。这些不同手段获得的数据的存储格式及提取和处理手段都各不相同。

4. 数据格式多样性

根据计算机数据存储结构特点，地理信息数据分为矢量和栅格两类。矢量数据结构可具体分为点、线、面，可以构成现实世界中各种复杂的实体，结构紧凑、冗余度低，并具有空间实体的拓扑信息，容易定义和操作单个空间实体，便于网络分析。栅格数据结构通过空间点的密集而规则地排列表示整体的空间现象。其数据结构简单，定位存取性能好，可以与影像和 DEM 数据进行联合空间分析，数据共享容易实现。其各自的优点弥补了对方的缺点，通常将二者结合起来使用，最大效能地实现 GIS 的各项功能。根据使用平台的不同，矢量与栅格数据格式又分为很多种。矢量数据格式主要包含 AutoCAD 的 dwg、dxf 格式，MicroStation 的 dgn 格式，ESRI 公司的 Arc/Info Coverage、Arc Shape Files、E00 格式，Map Info 的 MIF 格式，清华山维 EPS 的 eps 格式，MapGIS 的 WP、WL、WT 格式；栅格格式主要包含 JPG、TIFF、PNG、BMP、IMG、PCX 等。

5. 分布式特征

数据分布式特征是指空间数据存储或更新、用户使用等操作物理上分离，而通过网络技术基于地学规律、地理特征和过程的相关性在逻辑上联系到一起。GIS 发展到今天大数据的时代，某一地不可能拥有所有的地理信息数据，多节点分布式的海岸带 GIS，不光要实现分布式数据之间的简单通信，还要实现分布式用户使用功能上的互操作、数据共享、协同合作，这既是海岸带资源综合管理的需要，也是社会共同发展的需要。

6. 空间基准的复杂性

不同来源的空间数据采用不同的参考椭球、不同的空间坐标系和不同的投影方式。由于空间基准的复杂性，这使得 GIS 数据的共享与集成问题变得尤为突出。需按应用需求，将海陆地理信息数据在不同空间基准下实现相互转换。

9.2.1.2　海陆地理信息数据的处理模式

1. 直接数据访问模式

直接数据访问，是指在一个 GIS 软件中实现对其他软件数据格式的直接访问，用户可以使用单个 GIS 软件存取多种数据格式。直接数据访问不仅避免了频繁的数据转换，而且在一个 GIS 软件中访问某种软件的数据格式不要求用户拥有该数据格式的宿主软件，更不需要该软件运行。直接数据访问提供了一种更为经济实用的多源数据集成模式，目前使用直接数据访问模式实现多源数据集成的 GIS 软件主要有两个：Intergraph 推出的 Geo2Media 系列软件和中国科学院地理信息产业发展中心研制的超图 SuperMap。

2. 数据格式转换模式

格式转换是传统 GIS 数据集成方法，在这种模式下，其他数据格式经专门的数据转换程序进行格式转换后，集成到系统数据库或文件中，是目前海岸带 GIS 数据集成的主要模式。

不同的 GIS 软件采取不同的文件存储格式，为了实现与其他系统的数据交换，一般采用明码方式编码。目前常用的几种开放空间数据格式有：ESRI 公司的 Arc/Info Coverage、Arc Shape Files、E00 格式；AutoCAD 的 DXF 格式和 DWG 格式；Map Info 的 MIF 格式；Bentley 的 DGN 格式等。通过交换格式可以实现不同软件之间的数据转换，对其他软件数据格式的包容性成为衡量 GIS 软件功能强弱的重要标准之一。

这种模式主要存在的问题是：由于缺乏对空间对象统一的描述方法，从而使得不同数据格式描述空间对象时采用的数据模型不同，因而转换后不能完全准确地表达源数据的信息；同时这种模式需要将数据统一起来，违背了数据分布和独立性的原则。

3. 数据互操作模式

数据互操作模式是 Open GIS Consortium（OGC）制定的规范。OGC 为数据互操作制定了统一的规范，从而使得一个系统同时支持不同的空间数据格式成为可能。根据 OGC 颁布的规范，可以把提供数据源的软件称为数据服务器（DataServers），把使用数据的软件称为数据客户（Data Clients），数据客户使用某种数据的过程就是发出数据请求，由数据服务器提供服务的过程，其最终目的是使数据客户能读取任意数据服务器提供的空间数据。其主要特点是独立于具体平台，数据格式不需要公开，代表着数据共享技术的发展方向。

数据互操作规范为多源数据集成带来了新的模式，但这一模式在应用中存在一定局限性。首先，为真正实现各种格式数据之间的互操作，需要每个各种格式的宿主软件都按照统一的规范实现数据访问接口，在一定时期内还不现实；其次，一个软件访问其他软件的数据格式时是通过数据服务器实现的，这个数据服务器实际上就是被访问数据格式的宿主软件，也就是说，用户必须同时拥有这两个 GIS 软件，并且同时运行，才能完成数据互操作过程。

9.2.2 海陆一体地理信息数据库

随着社会经济的发展，海岸带的社会经济开发建设活动将海陆数据信息更多地联系了起来。因此，对海岸带的基础地理信息数据的需求也越来越大，不再地图是地图，海图是海图，而是将二者放到一张图上应用。综合管理海岸带，需要建立海陆一体的空间地理信息数据库。海陆一体数据库的建立主要考虑数据库的建库标准，我国陆地地理信息数据库的建设标准已相对完善，由《基础地理信息要素分类与代码》、《基础地理信息要素数据字典》和《国家基本比例尺地图图式》构成了陆地地理信息数据库标准的主框架。这些标准的立足点在陆地地理信息要素的表达与规定上，没有充分考虑海洋、海岸带地理信息的特点，使得在海岸带或海洋地理信息系统建设时，无"法"可依。

9.2.2.1 海陆一体的海岸带 GIS 对空间地理信息数据库建设的要求

1. 统一存储标准

在陆地地理信息数据库标准的基础上，充分考虑海洋地理信息要素的特点，进一步完善和扩充海洋要素的表达与存储规定，体现了社会发展的综合性与进步性。

2. 统一图式标准

目前陆地制图以《国家基本比例尺地图图式》为依据，海洋测绘制图以《中国海图图式》为依据，而标准针对各自的特点对地理信息要素的表达作了规定，既有相同也有矛盾的地方，对于海岸带测绘工作来说，必须统一制图要求，解决两个标准的矛盾，相互补充。

3. 统一编码规定、逻辑分层和属性结构

站在海陆统筹的角度上建立海陆一体的地理信息要素数据字典，实现编码结构、逻辑结构的相互兼容。

9.2.2.2 海陆一体地理信息数据库建设

海陆一体地理信息数据库建设与陆地地理信息数据库建设类似，主要包括存储数据库的设计、编码设置、逻辑分层、数据结构设计以及数据集成入库等工作。

1. 数据库设计

目前地理信息数据库一般建立 Oracle+ArcSDE 数据库的存储访问模式。因此，矢量数据一般选择建立基于 ArcGIS 的 Personal Geodatabase 或 File Geodatabase 数据库。栅格影像等其他数据格式采用切片等方式直接存储在 Oracle 数据库中。

2. 编码设置

编码设置是数据库标准的一项重要内容，给每一个要素设定在数据库中的识别码，一般称 GB 国标码，海陆一体的地理信息要素编码以国家基本比例尺地形图为根本，立足于基础地形图，实现海岸地形地物、海陆地理信息要素的一致性表达，补充完善海洋要素数据编码。在海岸带测绘中，由于其特殊的测绘环境以及应用需求，对海洋中的明礁、暗礁、干出礁的高程和水深值等要求表示清楚，划分细致。表 9.1 为某系统的数据库编码示例。

表 9.1　　　　　　　　　　　　　数据库编码设置

代码	要素名称	几何特征	图形表达	要素层
720000	高度注记			
7201001	高程点	点	点符号+数字	TERP
7201002	高程点注记	注记点	字符	
7202001	比高点	点	点符号+数字	TORP
7202002	比高点注记	注记点	字符	
7203001	特殊高程点	点	点符号+数字	TERP
7203002	特殊高程点注记	注记点	字符	
7203006	特殊高程注记分数线	线	字符	
＊7204001	暗礁高程点	点	点符号+数字	TERP
＊7204002	暗礁高程点注记	注记点	字符	
＊7205001	明礁(或和干出礁)高程点	点	点符号+数字	TERP
＊7205002	明礁(或和干出礁)高程点注记	注记点	字符	
730000	水域等值线			
7301013	水下等高线首曲线	线	线符号	TERL
7301023	水下等高线计曲线	线	线符号	TERL
7301033	水下间曲线	线	线符号	TERL
7301043	当地平均海水面	线	线符号	TERL

代码	要素名称	几何特征	图形表达	要素层
7302003	等深线	线	线符号	TERL
＊7302013	不精确等深线	线	线符号	TERL
7390000	水域等值线注记	注记点	字符	TANP
740000	水下高度注记			
7401001	水深点	点	数字	TERP
7402001	水下高程点	点	数字	TERP
7403001	干出高度点	点	数字	TERP
＊7404001	暗礁水深点	点	数字	TERP
＊7406001	干出礁水深点	点	数字	TERP
＊7407001	转绘水深点	点	数字	TERP

注：带＊的编码为扩充的海洋地理信息要素编码。

3. 逻辑分层

数据的逻辑分层一般与陆地空间地理信息数据库分层一致，根据比例尺和管理信息系统的不同，可将数据分成定位基础、水系、居民地、交通、管线、境界与政区、地貌、植被与土质 8 个数据集、约 50 个数据层。例如水系点、线、面，水系及附属设施点、线、面，水系注记点，水系注记线等。表 9.2 为某系统数据库的分层实例。

表 9.2   **数据库分层设置**

数据集	地形要素类	层名称	几何类型	备 注
	水系（面）	HYDA	面	湖泊水库、双线河渠、池塘、海域等
	水系（线）	HYDL	线	单线河渠、双线河渠水涯线等
	水系（点）	HYDP	点	泉、井、地下河出入口等
水系	水系及附属设施（面）	HFCA	面	沙滩面、岸滩等
（H）	水系及附属设施（线）	HFCL	线	干出线、堤、闸、坝、流向等
	水系及附属设施（点）	HFCP	点	不依比例涵洞、礁石、闸等
	水系注记（点）	HANP	点	水体及设施名称与说明注记等
	水系注记（线）	HANL	线	河流注记

续表

数据集	地形要素类	层名称	几何类型	备 注
居民地及设施（R）	居民地（面）	RESA	面	街区、依比例房屋/建筑物、街区内空地等
	居民地（线）	RESL	线	依比例地面窑洞、廊房等
	居民地（点）	RESP	点	不依比例地面窑洞、不依比例地下窑洞
	居民地及附属设施（面）	RFCA	面	大型工矿建筑、设施等
	居民地及附属设施（线）	RFCL	线	城墙、垣栅等
	居民地及附属设施（点）	RFCP	点	独立建筑物、标识点等
	居民地及设施注记（点）	RANP	点	居民地、工矿名称与说明注记等
	居民地及设施注记（线）	RANL	线	

4. 数据结构设置

数据结构设置是以图层为单位的，为每一个数据层设置属性结构，存储相关信息。属性结构参照《基础地理信息要素数据字典》，以及地理信息系统的要求设置，统一规定属性名称及长度，并设置属性结构约束条件。一般约束条件分三类：M(Mast)表示属性结构必须填写，C(Condition)表示满足一定条件时填写，O(Optional)表示没有特殊规定时选择填写。表9.3、表9.4为某系统数据库属性表设置实例。

表9.3　　　　　　　　　　　　**数据库属性表结构设置**

数据类名称	属性项名称	描 述	填写实例	约束条件
水系（点）HYDP	GB	GB码	2607001（泉）	M
	NAME	名称		C
	TYPE	类型	矿/温/喷/间/毒/地热	O
	DEPTH	深度	2.5	O
	ANGLE	角度值	35.000000	C
	SRC	数据源	1∶500 地形图	M
	GXDATE	更新时间	20110510	M
水系及附属设施（面）HFCA	GB	GB码	2504013（沙滩）	M
	NAME	名称	金沙滩	O
	TYPE	类型	沙滩	C
	SRC	数据源	1∶500 地形图	M
	GXDATE	更新时间	20110510	M

数据类名称	属性项名称	描 述	填写实例	约束条件
地貌 （线） TERL	GB	GB 码	7101022（计曲线） 7302003（等深线）	M
	ELEV	高程值（水深值）	60.0	C
	SRC	数据源	1：500 地形图	M
	GXDATE	更新时间	20110510	M
地貌 （点） TERP	GB	GB 码	7201001（高程点）	M
	ELEV	高程值（水深值）	132.7	C
	SRC	数据源	1：500 地形图	M
	GXDATE	更新时间	20110510	M

表 9.4   **数据库属性项名称及定义**

属性项名称	名称描述	数据类型	长度
GB	GB 码	Integer	10
HYDC	水系名称代码	String	8
PAC	行政区划代码	String	9
LN	铁路编号	String	4
SN	车站编号	String	7
RN	道路编号	String	6
ELEV	高程值	Double	7.2
NAME	名称	String	60

5. 数据集成

当数据库标准建设完成后，根据数据库标准将各类数据对号入座，入到数据库中。区域小型基础地理信息数据集成大多采用数据的格式转换的方式，建立矢量数据库。将不同格式、不同坐标系的数据转换成同一个空间坐标系统、同一种数据格式，建立数据库。

6. 数据库更新与维护

没有数据更新的任何地理信息系统，都是昙花一现，海陆一体化的地理信息系统的更新维护包括系统功能和数据库数据两个方面。当系统功能区域稳定之后，数据库的更新维护主要包括数据库的更新、备份、恢复、历史数据的回溯等方面，数据库建设初期应科学设计、长远规划，以做到动态更新。

9.2.3 二维、三维一体化表达

随着计算机与地理信息技术的发展，集二维和三维一体的地理信息系统，越来越受广大用户的欢迎，既能满足地理信息数据的空间定位分析需求，又能更加生动、直观地表达人们生活的三维空间，模拟生活空间场景，贴近人们视觉感受。海岸带 GIS 数据的二维、三维一体化表达，包含三个方面的意义：一是二维海陆一体的电子地图建设，二是海陆一体的三维场景建设，三是二维地图和三维场景的联动。

9.2.3.1 海陆一体的二维电子地图建设

二维电子地图技术发展越来越成熟，色彩越来越丰富，图面表达越来越美观。电子地图是对矢量数据、影像数据进行内容选取组合所形成的数据集，经符号化处理、图面整饰、分级缓存后形成重点突出、色彩协调、符号形象、图面美观的视屏显示地图。

当前，我国电子地图遵循的技术标准主要是《地理信息公共服务平台电子地图数据规范》，该标准围绕公共地理信息共享服务公共平台，规定了网络服务电子地图的数据的坐标系统、数据源、地图瓦片、地图分级及地图表达，适用于电子地图数据的制作加工、处理、地图瓦片的制作以及地图瓦片文件数据交换。

电子地图通常需要分级显示、逐级放大，配置了金字塔结构形式的分级缓存图。例如我国政府主导的天地图，建立了以电子政务内外网为依托，以分布式地理空间框架数据库为基础，以各个省市为节点，跨区域跨部门的为政府、企业、公众提供网络化地理信息服务的电子地图平台；还有人们熟知的百度地图、高德地图、谷歌地图、搜狗地图、E 都市等。但是大多数地图对于海陆结合处、海岸线上下的区域表达不够生动，海上区域仅用单一的蓝色表示，这主要是由于各电子地图侧重于表达海岸线以上的人们的生产生活需要。

海陆一体的二维电子地图应充分考虑到海岸线两侧的沙滩、海岸、海水、航道及辅助设施等的表达。对于海水，可根据水的深度，采用分层设色法，由浅蓝至深蓝，用过渡色表达海水由浅至深的规律，对于海边其他明显标志物，可采用略夸大、立体生动的符号表示。可将地图制图中地貌晕渲等艺术手法充分的融入海陆一体的电子地图中，增强电子图的表现力。

9.2.3.2 海陆一体的三维场景建设

三维地理信息系统利用其自身真三维模型的逼真表达、可视化分析和模拟等特点，在城市规划、网格化管理、智能交通、应急指挥、防灾减灾等方面有着十分广阔的应用，特别是在空间信息的社会化服务中，三维数据地图发挥着不可替代性的作用。海陆一体的三维地理信息系统是利用全区域的宏观地形地貌、河流水系等空间信息，城区和重点地区的空间骨架和城市形态等信息，街区、建筑物、市政设施及景观设施等详细信息，建立一个开放式的空间协同信息系统。

海岸带地理信息系统的三维模型主要包括陆地地形模型、海底地形模型、建筑模型、交通设施模型、管线模型、植被模型、海洋遥感数据模型和其他模型等。其中，地形模型是海岸带地理信息系统最主要的基础数据之一，是几乎所有海岸带地理信息系统均需要使用的数据模型。地形模型主要反映海陆地形的起伏特征，一般基于数字高程模型 DEM 和数字正射影像 DOM 来进行实现。

海陆三维地理信息系统一体化的难点在于海岸带及海底高程数据的无缝获取，将获取的水深数据统一到 1985 国家高程基准上，生成 DEM，利用 DEM 的拼接软件平滑拼接，实现海陆一体的数字高程模型 DEM。此外，将陆地 DOM 与海底纹理(贴图)融合起来也是海岸带地理信息系统中所面临的重要可视化问题。目前有一种做法是利用专业的数据处理软件，如 Sufer、Matlab 等，对水深数据处理内插，生成三维图像，按照正射角度输出与陆地 DOM 相匹配的图像，然后借助图像处理软件，如 Photoshop，将二者拼接起来，形成无缝的海陆地形模型。如图 9.1、图 9.2 所示。

图 9.1 陆地 DEM

图 9.2 DOM 与海底 DEM 三维一体化融合

9.2.3.3 二维地图和三维场景的联动

二维 GIS 具有强大的编辑、分析功能，但数据展示不直观。三维 GIS 的引入可与二维 GIS 相互补充，通过三维 GIS 实现高真实感的数据展示与三维数据分析，弥补二维 GIS 的不足。

二维地图和三维场景的联动主要体现在交互漫游以及模型关联两个方面。交互漫游是指二维、三维数据模型可在系统中无缝切换。矢量模型通过模型 ID 将二维要素与三维模型建立联系，为后期关联查询、同步更新、组合分析提供支持。例如，三维建筑模型通常对应多个二维地名地址，建立二维、三维数据关联，可以快速查询到某一栋建筑物对应的所有门牌号信息。栅格数据，主要靠地理位置建立关联。

9.3　海岸带 GIS 系统设计

海岸带地理信息系统是一个采集、存储、管理、显示、分析和应用海陆地理信息的复杂计算机系统。目前，随着计算机硬件与软件开发技术的发展，针对不同的应用领域和需求目标，GIS 开发与设计技术层出不穷，呈现百花齐放的局面。下面主要从基于商业软件的二次开发、基于开源系统的应用开发、GIS 软件底层开发三个不同角度，按从易到难、从快速应用到复杂系统构建的逻辑顺序，介绍几种最常用的海岸带地理信息系统设计与开发技术。

9.3.1　海岸带地理信息系统架构

目前主流的海岸带 GIS 系统多采用 SOA 或 MVC 多层架构，实现对海陆基础地理信息的集成，主要支持 OGC 标准的 WFS、WMTS、WMS、GeoRSS 等开放 GIS 数据服务接口，以及从通用互联网服务扩展的 SOAP 和 REST 协议接口。典型的海岸带地理信息系统建设主体框架一般由数据层、引擎层、服务层、应用层等多个部分组成，如图 9.3 所示。

海岸带地理信息系统的数据层是平台的基础和核心，其中包含了前期测绘和集成建库的数据成果，主要包括基于海岸带地形图、海洋水深、卫星影像等数据构建的海陆电子地图、框架数据等基础地理信息数据，以及根据海岸带地理信息系统的应用对象组织的各类专项数据和各种元数据。

海岸带地理信息系统的引擎层是系统服务层的底层，包括系统平台所采用的 GIS 平台引擎、空间数据库引擎、业务数据引擎等内容，引擎层是连接数据层和服务层的中间层。其目的是为顶层应用和服务提供稳定、高效、安全的数据传输接口。

海岸带地理信息系统的服务层主要完成对系统访问用户的安全认证、各种发布服务的管理以及用户操作的日志记录等功能，并为应用层提供数据发布服务、功能服务等做支撑。

海岸带地理信息系统的应用层是基于系统接口建立的海岸带地理信息业务应用模块，主要为系统用户提供海岸带地理信息数据的浏览、查询、检索与统计、GIS 分析等通用功能，并按照业务领域的需求，实现面向不同专业领域的海岸带 GIS 专项应用和服务功能。

9.3.2　组件式二次开发技术

组件式二次开发技术是海岸带地理信息系统开发的主要技术之一，目前占据了较大的市场份额。国内外著名的地理信息系统软件厂商都相继推出了可用于快速系统构建的商业化 GIS 开发组件，如 ESRI 公司的 ArcObjects、ArcEngine，Intergraph 公司的 Geomedia，MapInfo 公司的 MapX 等。

目前，在海岸带地理信息系统构建方面使用最广泛的商业化开发组件是美国 ESRI 公司推出的 ArcGIS 系列产品。ArcGIS 为用户提供了一套功能强大的 GIS 框架，用户可以快

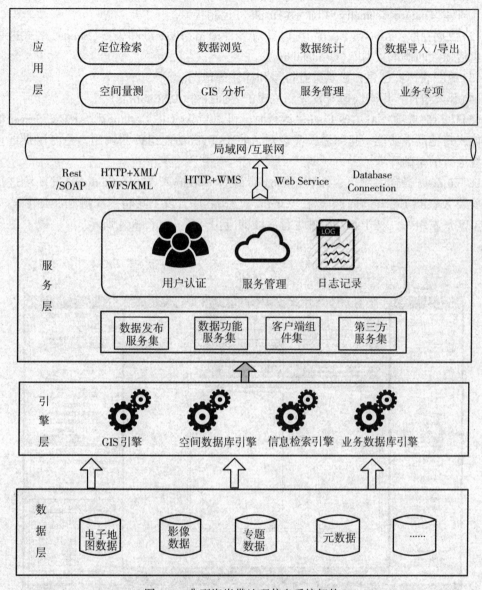

图 9.3 典型海岸带地理信息系统架构

速地建立和发布使用 ArcGIS 组件定制的 GIS 应用程序。其中，最主要的软件开发组件是 ArcObjects，在 ArcGIS 系列产品中，ArcGIS Desktop、ArcGIS Engine 和 ArcGIS Server 都是基于核心组件库 ArcObjects 搭建的。也就是说，熟练掌握 ArcObjects 组件库开发技术，可以搭建出和 ArcGIS Desktop、ArcGIS Server 同样强大且功能全面的应用程序和服务系统，同时可以根据海岸带 GIS 的实际需求进行功能的扩展和定制。

ArcGIS Engine 由一个软件开发工具包(SDK)和一个运行时(Runtime)组成。从功能上划分为如下五个部分：

（1）基本服务：由 GIS 核心 ArcObjects 构成，几乎所有的 GIS 应用程序都需要，提供要素几何体（Feature Geometry）和显示（Display）控制接口。

（2）数据存取：ArcGIS Engine 可以针对多种栅格（Raster）和矢量（Shape）格式进行存取，包括强大的地理数据库（Geodatabase）。

（3）地图表达：创建和显示带有符号和标注的地图。

（4）开发组件：用于快速开发应用程序的界面控件（UI Controls）。

（5）运行时选项：ArcGIS Engine 运行时，可以与 ArcGIS Desktop 和 ArcGIS Server 的标准功能或其他高级功能一起部署，实现对 ArcGIS 已有功能组件的调用，是海岸带地理信息系统运行的基础环境。

在 Windows 操作系统下，ArcGIS Engine 组件一般嵌入 Visual Studio 开发环境进行使用。安装 ArcGIS Engine 后，可以在 Windows 应用程序开发工具箱中找到 ArcGIS Engine 提供的 GIS 开发组件，基于开发组件进行后续的应用开发，如图 9.4 所示。

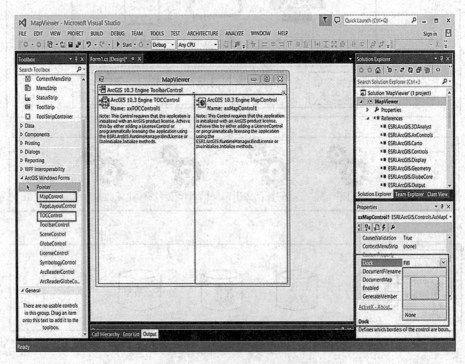

图 9.4　ArcGIS Engine 开发组件

在 Visual Studio 开发环境中，根据系统的功能需求，可以"所见即所得"的形式拖拽对应的开发组件至应用程序界面上，然后进行功能代码的定制。例如，在海岸带地理信息系统开发中，一般要使用图 9.6 中的 ToolbarControl 控件加载前期调查、探测获取的矢量、栅格数据，利用 TOCControl 控件进行数据列表的显示，利用 MapControl 对加载的数据进行可视化绘制。使用 ArcGIS Engine 组件实现上述功能，只需要在设计好的应用程序界面上添加上述控件并添加或修改少量程序代码进行控制即可。如图 9.5 所示，经过简单的几个步骤，就可以基于 ArcGIS Engine 实现一个简单的 GIS 应用程序，实现对矢量、栅格数据的加载、显示和要素数据的查询。

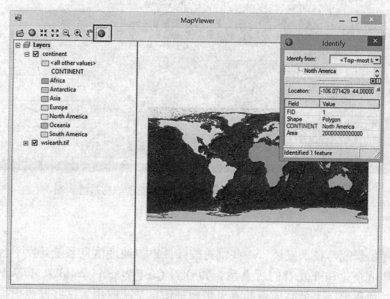

图 9.5　基于 ArcGIS Engine 实现矢量数据加载与要素查询

类似的，基于 ArcGIS Objects/Engine 控件也可以实现简单三维场景的浏览和基于三维场景的 GIS 分析，只需要加载和调用对应的控件即可。在空间数据库方面，基于 ArcGIS Engine 开发的海岸带地理信息系统应用程序可以直接打开 mdb 等格式的文件式空间数据库，也可以通过 ArcSDE 访问基于 Oracle、MySQL 等 DBMS 软件构建的空间数据库系统，通过统一的空间数据引擎，极大地简化了原本复杂的数据库访问操作，实现了对不同厂商数据库系统的适配。

如图 9.6 所示为使用 ArcGIS Objects/Engine 技术开发的海岸带地理信息系统样例。运用 ArcGIS Objects/Engine 开发技术，可以有效降低系统实现的时间和成本，因为 ArcGIS 提供了大量可复用的类库和组件用于实现空间数据的读写、分析、可视化，使用户可以专注于系统本身的业务需求设计和实现，而不必花费精力对系统 I/O、文件 I/O、数据库访问、二三维可视化、和常规 GIS 分析功能进行过多的代码实现。

ArcGIS Engine 及其他类似的组件式 GIS 开发技术一般采用证书授权方式。在使用之前，需要购买相应的软件或授权。在程序发布时，一般也需要在目标客户机上购买和安装对应的桌面软件或授权管理组件。相对于其他开发技术一次性采购成本略高，但是开发的技术门槛较低的特点，它在时间和人力成本上具有优势。

9.3.3　基于开源平台的海岸带 GIS 开发

除组件式 GIS 开发技术外，近年来计算机图形学及相关学科发展迅速，结合虚拟现实与地理信息系统技术的虚拟地理信息系统在海岸带 GIS 开发与实现方面得到了越来越多的

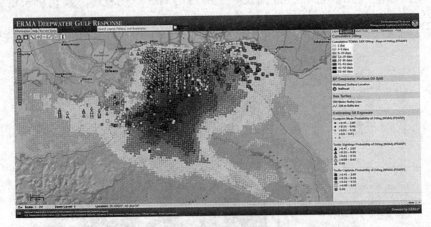

图 9.6 基于 ArcGIS Engine 的海岸带地理信息系统实现

应用。

经过多年的研究与技术发展，一些优秀的开源虚拟地理信息系统开发平台越来越为地理信息系统集成企业和开发者们所熟悉，如 OSG GIS、NASA WorldWind 等。基于这些开源开发平台，涌现出一大批高质量的海岸带地理信息系统应用。这些开源虚拟地理信息系统开发平台可以免费使用，并且提供完整的底层源代码。在技术方面，开源虚拟地理信息系统开发平台在海量数据处理、三维可视化方面具有明显的优势，并且封装了大量成熟的可视化算法与数据处理接口，避免用户投入过多精力研究与其业务需求、工作流程不直接相关的底层技术细节。

目前，在国内外使用较多的开源虚拟地理信息系统开发平台是基于 OpenSceneGraph（OSG）实现的 OSG GIS 平台。OSG 是一个基于三维图形可视化工业标准 OpenGL 的高层次图形开发平台，使用可移植的 ANSI C++编写，在三维图形可视化、3D GIS 方面有天生优势。通过它，开发人员能够快速、便捷地创建和绘制高性能、跨平台的交互式图形界面，除了开源和平台无关性外，OSG 封装了数量众多的可提升 GIS 数据处理与可视化性能的算法和动态数据分页机制，针对几乎所有主流的 3D 模型和 GIS 数据格式的可扩展读写接口，以及对多种开发语言的支持（包括 Python、C#、Java 等）。OSG GIS 按照其功能可以划分为以下五个主要部分：

（1）OSG 文件读写插件：提供各种矢量、栅格、3D 模型以及其他类型文件的读写功能插件，可以根据系统功能需求任意扩展或删减。

（2）OSG 核心库：提供海陆二维、三维地理信息数据的可视化与渲染功能，以及图形可视化所需的某些特定功能实现。

（3）OSG Nodekit 库：提供各种在地理信息系统中需要使用的扩展可视化分析功能，如二维、三维等值线，以及三维体绘制、断面可视化、粒子系统、相机系统等。

（4）OSG 内省库：提供了 OSG 与其他开发语言的访问接口，如 Python、Lua 等脚本语言。

（5）工具程序和实例：提供了各类 GIS 数据的可视化、查询和操控方法，可连接和解析多种类型的 GIS 数据源，进行空间索引或要素属性组织。

图 9.7 所示为使用 OSG GIS 开发技术实现的海岸带地理信息系统的实例，可以看出，OSG GIS 开发技术在海岸带地理信息数据的三维可视化，以及多源、海量、异构数据表达方面效果较好。OSG GIS 的主要优势如下：

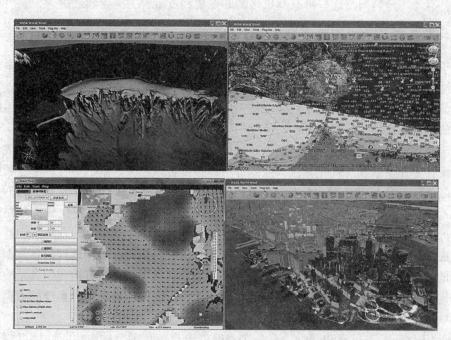

图 9.7 基于开源 GIS 平台的海岸带地理信息系统实现

（1）快速开发：OSG GIS 对 OpenGL 的二维、三维可视化底层接口，以及各类常用的海陆地理信息数据访问接口进行了良好的封装，可快速实现数据可视化与加载，并且可以按照用户需求进行扩展。

（2）高性能：支持层次细节模型、四叉树、多线程渲染等机制，使 OSG GIS 在处理和进行大规模海陆地理信息数据可视化时，具有较高的性能，使构建面向大数据的、高性能的海陆一体虚拟地理信息系统成为可能。

（3）高质量代码：OSG GIS 等开源虚拟地理信息系统开发平台完全开放底层代码，使开发人员可以直接调试所用开发包的源代码，充分了解代码技术细节，并根据项目实际需要进行改进或变更。

（4）可复用性：OSG GIS 等开源虚拟地理信息系统开发平台一般基于标准 C/C++ 编写，不但可以在 Windows 操作系统上编译运行，也可以在 Linux、OSX 等多种操作系统上编译运行，实现系统的跨平台部署运行。OSG GIS 同时提供移动版，可用于移动 GIS 系统的开发和部署。

（5）低成本：使用开源虚拟地理信息系统开发平台是完全免费的，同时不存在侵犯软件著作权和专利的风险，可以有效降低系统开发和实现的成本。

与此同时，与 ArcGIS Object/Engine 等商业化开发平台相比，OSG GIS 开发平台也存在着一些不足之处。例如，OSG GIS 等开源开发平台一般由国外开发者社区进行维护，参考资料较少，尤其是可用的中文资料较少，在技术支持方面也主要依赖技术社区和在线论坛；功能实现上虽较为全面，但也较为臃肿，可能附带了很多用户系统中不需要实现的功能内容，需要用户精简。这些都有待更多的开发者和贡献者去完善和改进。

9.3.4 基于底层构建的海岸带 GIS 开发

基于 ArcGIS Objects/Engine 商业化组件可以在短期内快速构建功能强大的海岸带地理信息系统，OSG GIS 等开源虚拟地理信息系统开发技术在三维可视化和系统开发成本上具有明显的优势。除上述两类技术之外，基于底层开发技术构建的海岸带地理信息系统在高校和科研单位中也被广泛采用。

基于底层开发技术构建的地理信息系统可以针对各类科研工作目标定制各类底层数据结构，设计专用的数据可视化算法、数据分析算法；可以在大尺度、高分辨率、长时间跨度的海陆地理信息数据处理、分析过程中引入 MPI、AMP 等并行计算模型，通过 CUDA 和 OpenCL 等技术调用计算能力更强的显卡硬件，实现大规模数据可视化分析和高性能并行计算，满足各类科研工作的需求。

从底层构建海岸带地理信息系统，首先需要解决的是多源、异构地理信息数据的处理和数据的可视化表达两个关键问题。数据的存取处理和可视化是所有地理信息系统需要考虑的关键模块，是所有业务功能的基础。目前用于构建海岸带地理信息系统的数据可视化与数据处理的主流技术分别是 OpenGL 和 GDAL 技术。

OpenGL(Open Graphics Library)是一个跨编程语言、跨平台的应用程序接口规范，主要用于生成二维、三维图像，OpenGL 规范由 1992 年成立的 OpenGL 架构评审委员会维护，其中包含了 Microsoft、Apple Computer、Nvidia、AMD、Dell Computer、IBM 等软硬件厂商。OpenGL 包含了可用于图像可视化的近 350 个不同的函数调用，用于由简单的图形单元绘制复杂的三维景象。OpenGL 目前被广泛应用于 CAD、虚拟现实、地理信息系统、科学计算可视化、游戏与影视动画制作等领域，是目前的三维图形可视化的工业标准。图 9.8 所示为使用 OpenGL 和 C++编程语言开发的海岸带数据可视化系统，其具有性能高、可视化手段丰富、定制性强等优势。

各类 GIS 数据格式复杂、形式多样，如何在系统中形成对各种常用 GIS 数据格式的兼容和支持，对于提高系统的可用性具有重要的意义。为了在从底层开发的海岸带地理信息系统中实现多源、异构数据的存取、管理和分析，许多开发团队引入了 GDAL(Geosptatial Data Abstraction Library)开发技术。GDAL 是一个在 X/MIT 许可协议下的开源栅格和矢量空间数据处理和应用程序库。它利用抽象数据模型来表达所有支持的文件格式，并提供常用的拓扑分析功能。许多著名的 GIS 产品都使用了 GDAL 技术，包括 ArcGIS、Google Earth、WorldWind、OSGGIS 等。

图 9.9 所示为基于 OpenGL 三维可视化技术和 GDAL 地理信息数据处理技术实现的海岸带地理信息系统实例。基于上述两种技术从底层自主开发的海岸带地理信息系统与直接使用商业化开发组件和基于开源平台再开发的 GIS 平台相比，可以更有针对性地实现更加

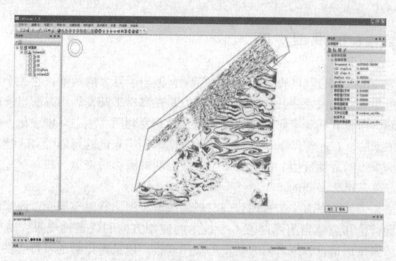

图 9.8 基于 OpenGL 技术的海岸带三维流场可视化

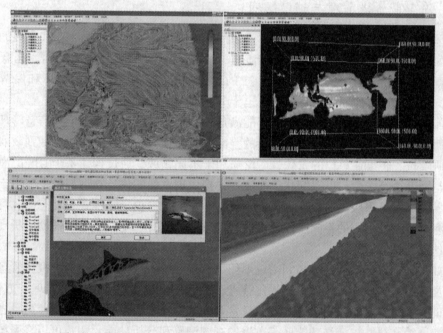

图 9.9 基于 OpenGL 和 GDAL 技术的海岸带地理信息系统实例

专业化的三维可视化与地理信息数据分析,更便于用户自主设计和实现特定的、高度按需定制的数据可视化、分析算法;从底层完全掌握代码,使系统可以灵活地与 CUDA、Hadoop 等并行计算和分布式云架构结合,较为适用于进行先进技术研发和科研教学。但是,使用 OpenGL 和 GDAL 这一类底层开发技术构建海岸带地理信息系统较为耗时,并且需要开发团队成员对编程语言、设计模式、软件工程等技术有很深的理解,实现成本较高。

9.4　海岸带 GIS 典型应用

　　海岸带为经济、社会发展提供了充裕的资源，做出了巨大的贡献，它关乎人类生活环境的优劣。近年来，我国经济社会快速发展，但是在海岸带开发利用方面也暴露出了一系列的严重问题，面临着资源家底不清、资源不合理开发利用、生态环境恶化、生物种类骤减等多方面的威胁。在此背景下，通过研究、应用和推广先进的海岸带 GIS 技术，科学地调查、评估海岸带的资源价值、保护海岸带资源、明确海岸带资源产权、建立完善的资源管理和使用制度是极为必要的。

　　下面从海岸带 GIS 在海岸带资源管理与辅助决策、海岸线时空演变、海岸带生态环境应用三个方面讨论和总结当前海岸带 GIS 技术的应用方向和代表性成果，希望能抛砖引玉，对我国海岸带地信息数据和 GIS 技术的应用与推广以及海岸带的可持续发展起到推动作用。

9.4.1　海岸带资源管理与辅助规划

　　海岸带是多种海洋资源的赋存区，是海洋开发的依托地，是人类生存和发展的重要场所。我国对海岸带资源的开发利用长期以来一直处在无法、无序、无原则、无意识的阶段，一直存在"谁发现、谁开发、谁受益"的思想，造成海岸带资源的破坏和浪费是无法避免的，同时海岸带所面临的环境问题也十分严峻。

　　目前，传统的管理手段和技术已不能满足日益增长的海岸带基础地理信息管理和应用需求，而海岸带地理信息系统以其独特的空间分析和强大的可视化功能，受到政府管理部门、科研院校、企事业单位的青睐，广泛应用于不同领域。通过构建基于 GIS 的海岸带资源管理与辅助决策平台，可以简化工作流程，提供更方便的信息查询与检索、更丰富的信息表达界面以及更深层次的数据分析；实现海岸带的全方位、立体式、动态化、可视化管理，在海岸带开发利用的不同阶段提供地理信息数据支持、辅助决策和辅助分析功能，具有较强的应用价值。

　　例如，江苏省海岸带保护与利用规划信息管理系统实现了海岸带的可视化管理，方便管理人员按照海岸规划对其进行规范化管理，为管理人员提供一套集中管理、方便调阅、快速查询、统一实用的应用系统。按照日常业务管理需求提供海岸带地理信息、自然属性特征、海岸社会属性、海洋功能区等数据的查询浏览和分析功能。用户可以在系统中按任意比例尺查看海岸带地形图，浏览高分辨率卫星影像资料，按照各种配图直观了解海域和海岸的资源分布情况。通过建立海岸带空间数据库，提供海岸带空间数据和各种属性数据的管理，即数据入库、数据出库、数据更新、数据同步等服务，实现了海岸带规划管理业务数据和图件资料的集成管理、图文互查、统计分析、制图表达和输出。

　　华东师范大学将海岸带地理信息系统应用于上海海岸带主体功能区划研究。主题功能区划服务于特定区域因地制宜发展经济，明确未来发展方向，通过引导资源、人口等生产要素实现产业布局合理，能够对研究单元进行全面的评价，对协调区域发展具有重要的意义。上述系统通过海岸带地理信息系统进行基础地理信息数据录入、综合建库、统计计算和分析，获取海岸线长度、海域面积、单位岸线滩涂面积、单位海域捕捞量、单位海域渔业产值、海水水质等级、油类污染等级、岸线利用率等重要指标。综合海岸带的地理与地貌、水文与气候、资源与环境、行政与人口、经济状况、地质灾害危险性、科技支撑条件、社会支持条件、区域重要性等参数，进行建模分析，实现辅助决策。

9.4.2 海岸线、河口岸线时空变迁分析

海岸线是一条划分海与陆的自然地理界线。海岸线与人类的政治、经济生活有着莫大关联。海岸线划分了国家的领土与领海，进而影响一国的领土与领海面积；海岸线的时空演变，也是海岸带生态系统的健康评价的重要参考资料。

近年来，海岸带地理信息系统在海岸线、河口岸线时空演变分析中得到了较多的应用。青岛市勘察测绘研究院使用基于 Sliverlight 和 ArcGIS 平台开发的青岛慧图综合地理信息服务系统进行了青岛市海岸线、滩涂子系统的界定和变迁分析。该单位通过实地调查和遥感影像解析结合的方式提取海陆边界线，借助灰度阈值分割技术和 ArcGIS 地理信息系统软件中的 ArcScan 模块进行自动矢量化，提取水陆分界线(海岸线)。自动提取得到的岸线矢量文件与多波段合成/融合影像和修测岸线作为参照，在地理信息系统软件中进行基于人工辅助的交互式空间位置修正，最后将修正后的文件和自动提取的矢量文件数据进行融合，作为海岸线演变分析的源文件。基于上述工作得到的 shp 格式的青岛市海岸线文件，可以使用空间分析功能解算海岸线长度，并据此计算青岛市海岸线不同时段长度的年均变化程度。再经过矢量化得到青岛近岸滩涂利用信息，通过地理信息系统软件的 Calculate Geometry 功能解算被开发利用的滩涂面积。

9.4.3 海籍管理应用

海洋地理信息系统作为一门综合处理分析海陆空间信息的技术，能及时准确地向各级管理部门提供区域综合、方案优选和战略决策等方面的空间或非空间信息。由于海洋环境和海陆交互的相互作用，决定了海域本身处于不断运动变化之中，政府和海域管理部门必须及时掌握快速动态变化中的海域信息。我国的《不动产登记暂行条例》已于 2015 年 3 月 1 日起实施，各地正在广泛开展地籍、海籍调查。尝试利用地理信息系统的方法与技术、计算机技术，建立海籍管理信息系统，利用 GIS 实现海籍管理，实现计算机网络化图文办公，实现海籍信息的采集与管理的自动化，通过不间断的数据流，使海籍信息方便快捷地应用于社会各个领域，高效地保持海籍信息系统的现势性，使海籍信息管理工作提高到现代化的水平。

如图 9.10 所示为一基于海岸带地理信息系统实现的海籍管理信息平台。利用海岸带地理信息系统的可视化与空间数据库技术，可以实现海籍管理数据、图件和文档资料的输入、存储、管理、查询、变更、统计分析、入库。借助信息化手段，提高海籍管理的信息化程度，使海籍管理科学化、规范化、制度化。实现海籍图文一体化管理，实现海籍资料的实时更新技术。同时，作为基础地理信息平台，为海域管理提供现势性强的海籍空间数据，成为"数字海洋"基础框架的重要组成部分。另一方面，借助海洋地理信息系统的 GIS 分析功能，实现海籍测量、海域使用面积量算、海域使用年限、使用金征收、宗海图等业

务功能，可以极大地提高海域管理工作的效率。

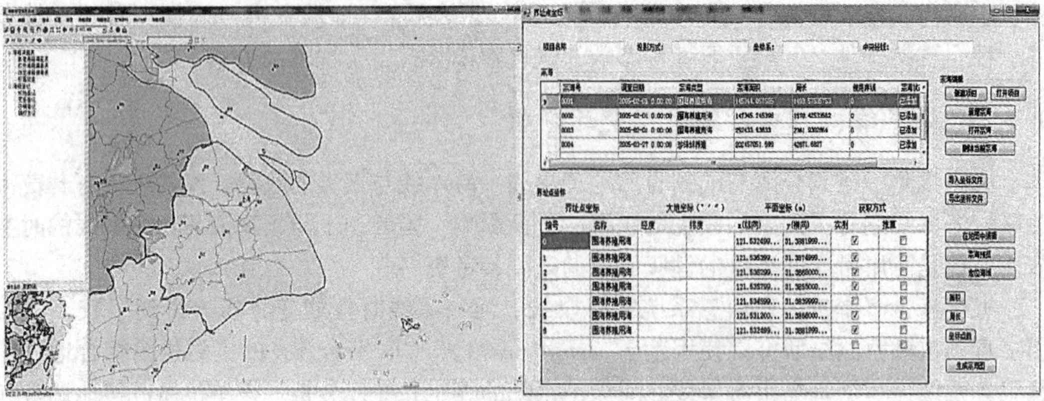

图 9.10　基于海岸带地理信息系统的海籍管理信息平台

9.4.4　海岸带生态环境管理

　　生态环境安全既是海岸带可持续发展的重要标志，也是发展海洋经济的基本要求。目前，我国已经将保障海洋生态安全和生物多样性资源的可持续利用作为海洋开发的基本政策之一。长期以来，许多专家学者从不同角度对各地海岸带的近海生态环境、生物物种分布进行了研究和报道。但是由于信息的完整性和时空的差异性，以及自然环境的不断演变，历史信息难以在宏观管理和决策中得到有效应用。海岸带资源环境信息量巨大，涉及的学科门类繁多，同时还面临着海岸带环境污染、资源破坏、生态恶化等问题，因此进行海岸带资源与生态环境动态监测、管理、规划，借助海岸带地理信息系统存储、管理、统计、分析和描述海岸带生态资源在时空序列上与地理分布有关的各类数据，是促进海岸带资源合理开发利用和实现环境与经济可持续发展的重要手段。

　　在海岸带生态环境管理 GIS 系统中，可以集成海岸带类型、面积、所属行政区、所属流域、海岸带行政区划图和专题地图等基础地理信息数据；土地利用、生态系统分类及其等级、系统分布、生物多样性特征、生态景观特征、动植物区系、常见动植物物种等生态资源；气候、地形、地貌、土壤、植被、水文水质等自然环境数据资料。借助海岸带地理信息系统的三维可视化功能，可以实现海岸带生态环境的动态可视化。如图 9.11 和图 9.12 所示为使用海岸带地理信息系统进行海岸带生态环境三维动态可视化管理的效果。

　　未来几年，滩地围垦、海岸带生态环境保护、海岸带生物多样性保护、侵蚀岸段防护、深水岸线规划、深水航道的疏浚整治以及海岸带环境变迁的预防等，都将成为海岸带管理的主题。随着科学技术的进一步发展，基于海岸带地理信息系统的生态环境管理系统将在海岸带管理过程中发挥越来越大的作用，为海岸带资源环境的科学管理和开发利用提供决策支持，并进一步推进我国海岸带管理的现代化、信息化进程。

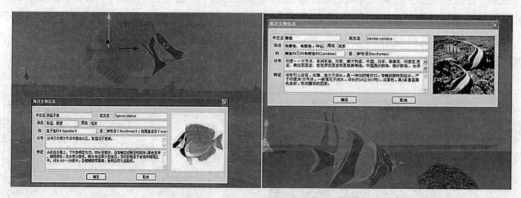

图 9.11 基于海岸带 GIS 技术的生态环境与生物多样性信息管理系统

图 9.12 基于海岸带 GIS 技术的青岛近海海面温场与剖面温场可视化

9.4.5 海岸带灾害管理

海岸带地理信息系统技术也被广泛应用于灾害防治等领域中。如利用 GIS 技术进行赤潮、浒苔等生态灾害的研究与防治，使用海岸带地理信息系统进行地震、海啸等自然灾害应急决策支持等。近年来，由于海洋经济的迅速发展以及生活污水、工农业废水的过量排放，沿海各国赤潮、浒苔灾害的发生频率和强度都呈现逐年增长的态势，所造成的经济损失也逐年增加。赤潮、浒苔灾害不仅对海洋环境造成破坏，其冲刷上岸后造成的二次污染危害也极大，对于这一类自然灾害的防治成为了海岸带 GIS 应用的热点。

图 9.13 所示为国家海洋环境监测中心利用海岸带地理信息系统实现的赤潮灾害应急决策支持。通过在海岸带地理信息系统中集成的海陆地理信息数据，结合卫星遥感等监测手段，可以实现赤潮、浒苔信息浏览查询，生态灾害时空分布分析，灾害预测预报和灾害评估，以及应急预案与应急指挥等服务。通过对比分析海域每年进行大量的海洋监测，获取不同类型的监测数据，将其整合入海岸带地理信息系统中，为预测、预报赤潮灾害的地点、时间、灾害程度的提供数据支持。同时，通过该系统可以方便地管理监测数据，在基础地理信息数据库中集成现场调查数据、浮标数据、船载走航数据和卫星遥感等不同类型

221

的数据，为监测任务的规划和成果数据的管理提供支持。通过应用海岸带地理信息系统技术，能在赤潮、浒苔等灾害中为管理人员提供辅助决策，利用海岸带基础地理信息数据制作专题地图，实现直观的数据可视化，提高赤潮灾害的应急响应效率，最大限度地降低赤潮等近岸生态灾害所造成的损失。

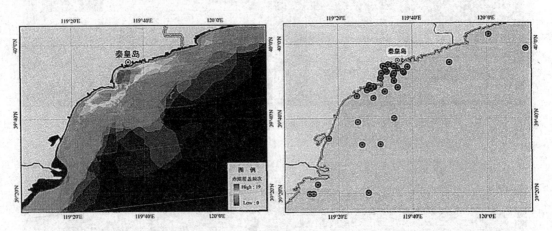

图 9.13　基于海岸带 GIS 的赤潮灾害时空分布分析

我国沿海地区的生态自然灾害正呈现规模逐年增大、发生频率逐年增加、危害程度逐年加重的趋势。这一类海洋自然灾害已成为限制海洋经济发展的重要因素。通过利用海岸带地理信息系统等技术手段，建立有效的信息化监控和管理平台，可以有效促进海洋灾害的预防和治理工作，不仅可以提高管理决策的效率和准确性，同时还可以降低监控的总成本和灾害所造成的损失，为海洋环境治理和应急管理提供有力的技术支持。

第 10 章　海岸带测绘组织实施

海岸带测绘需要综合应用多种仪器设备，使用海、陆、空多种数据获取手段，需要不同专业的人员协同作业，科学的项目组织尤为重要。本章详细讲述海岸带测绘项目的技术设计、成本控制、工期控制、质量控制、质检验收等，介绍海岸带测绘项目的全面管理和全过程质量控制。

10.1　项目设计

10.1.1　测绘技术设计概述

测绘技术设计是将顾客或社会对测绘成果的要求(明示的、通常隐含的或必须履行的需求或期望)转换为测绘成果(产品)、测绘生产过程或测绘生产体系规定的特性或规范的一组过程。

测绘技术设计文件是指为绘图成果(产品)固有特性和生产过程或体系提供规范性依据的文件。主要包括项目设计书、专业技术设计书以及相应的技术设计更改文件。

技术设计更改文件是指设计更改过程中由设计人员提出，并经过评审、验证(必要时)和审批的技术设计文件。技术设计更改文件既可以是对原设计文件技术性的更改，也可以是对原设计文件技术性的补充。

设计过程是指一组设计输入转化为设计输出的相互关联或相互作用的活动。设计过程通常由一组设计活动所构成，主要包括策划、设计输入、设计输出、设计评审、验证(必要时)、审批和更改。

10.1.1.1　测绘技术设计的一般要求

测绘技术设计的目的是制定切实可行的技术方案，保证测绘成果(产品)符合技术标准和满足顾客要求，并获得最佳的社会效益和经济效益。

测绘技术设计分为项目设计和专业技术设计。项目设计是对测绘项目进行的综合性整体设计。专业技术设计是对测绘专业活动的技术要求进行设计。它是在项目设计基础上，按照测绘活动内容进行的具体设计，是指导测绘生产的主要技术依据。对于工作量较小的项目，可根据需要将项目设计和专业技术设计合并为项目设计。

技术设计文件是测绘生产的主要技术依据，也是影响测绘成果(产品)能否满足顾客要求和技术标准的关键因素。为了确保技术设计文件满足规定要求的适宜性、充分性和有效性，测绘技术的设计活动应按照策划、设计输入、设计输出、评审、验证(必要时)、审批的程序进行。

10.1.1.2　技术设计的基本原则

(1)技术设计应充分考虑委托方的要求。

(2)技术设计既要重视技术质量要求,引用适用的国家、行业或地方的相关标准,又要考虑社会效益和经济效益。

(3)技术设计方案应先考虑整体而后局部,且顾及发展;要根据作业区实际情况,考虑作业单位的资源条件(如人员的技术能力和软、硬件配置情况等),挖掘潜力,选择最适用的方案。

(4)积极采用适用的新技术、新方法和新工艺。

(5)认真分析和充分利用已有的测绘成果(或产品)和资料。

技术设计的编写应做到内容明确,文字简练,对标准或规范中已有明确规定的,一般可直接引用,并根据引用内容的具体情况,明确所引用标准或规范名称、日期以及引用的章、条编号,且应在引用文件中列出;对作业生产中容易混淆和忽视的问题,应重点描述。

10.1.2　海岸带测绘设计书编制

海岸带测绘包含控制测量、海岸地形测量、干出滩测量、水下地形测量等,与陆域测绘、海洋测绘项目相比,有其诸多特点,需综合大地测量、摄影测量、地图制图、地理信息系统等专业,需要多种仪器设备配合施测。同时,测区条件比陆地复杂,海面受潮汐、气象等影响起伏不定,大多为动态作业,精确测量难度较大。本节将介绍海岸带测绘设计书的重点内容

10.1.2.1　概述

海岸带测绘项目设计书的概述部分主要说明任务的来源、目的、任务量、作业范围和作业内容、行政隶属以及完成期限等任务基本情况。

10.1.2.2　作业区自然地理概况

应根据测绘任务的具体内容和特点,根据需要说明与测绘作业有关的作业区自然地理概况。海岸带测绘项目应包括:

(1)作业区的地形概况、地貌特征:居民地、道路、水系、植被等要素的分布与主要特征,以及地形类别、困难类别、海拔高度、相对高差等。

(2)作业区的气候情况,如气候特征、风雨季节等。

(3)作业区的海岛、海湾、海岸类型等。

(4)作业区的水文特征,潮汐、波浪、海流、冰况等。

10.1.2.3　已有资料分析

主要说明已有资料的数量、形式、质量情况(包括已有资料的主要技术指标和规格等)和评价,海岸带测绘项目应重点搜集以下资料:

平面控制资料。深入了解当地坐标系统,搜集与已有地形图资料坐标一致的等级控制点成果。对已有控制网资料应搜集控制网布设的技术设计书、技术总结等资料。若有连续运行基准站系统,则应搜集相关资料,以及入网账号等。控制点资料还应搜集点之记。

高程控制资料。应搜集四等及以上水准点资料,并搜集相应技术设计书、技术总结、

点之记等。

对搜集到的验潮资料、海图资料、海图资料、数据库与信息系统资料等各种资料要进行深入分析，研究已有资料利用的可能性和利用方案等。

10.1.2.4 实地踏勘

实地踏勘是技术设计的重要环节。为此，踏勘前，应根据现有资料情况对需要踏勘的内容进行充分的研究，并拟订出切实可行的实施计划。

实地踏勘的主要内容为：

(1)调查测区的行政区划、通信、交通和自然地理情况。

(2)踏勘已有平面、高程控制点的保存情况。

(3)踏勘现有地形的变化情况。

(4)调查了解干出滩的范围、性质、坡度、礁石、干沟、植被、养殖和水工建筑等情况。

(5)踏勘港、湾、河口、海岛以及易变地段的情况。

(6)踏勘岸台、检查台、比对点的位置和附近验潮站的控制情况，测试测区 GNSS 系统信号稳定性等。

10.1.2.5 引用文件

引用文件是指技术设计书编写过程中所引用的标准、规范或其他技术文件。标准分为强制性标准和推荐性标准，强制性标准是由法律规定必须遵照执行的标准。在设计书编写时，要结合项目精度指标、作业方法等具体情况，选择必须遵照的标准作为执行标准，且项目实施过程中必须严格执行。同时，可以选择一些参考标准，作为项目执行标准的补充。其他技术文件一般指项目合同书、技术交底文件、技术设计书、招标文件等。

10.1.2.6 成果主要技术指标和精度

海岸带测绘项目的主要技术指标和规格一般应包括成果(或产品)类型及形式、坐标系统、高程基准、深度基准、重力基准、时间系统，比例尺、分带、投影方法，分幅编号及其空间单元，数据基本内容、数据格式、数据精度以及其他指标等。

精度指标应包括控制测量、水下地形测量、干出滩测量、陆域测量应达到的精度，还应包括拼接精度等。

10.1.2.7 设计方案

海岸带测绘项目设计方案是技术设计书最重要的部分，是项目作业重要的指导性文件，一般应包含以下内容：

(1)软、硬件配置要求。规定作业所需的测量仪器的类型、数量、精度指标以及对仪器校准或检定的要求，规定对作业所需的数据处理、存储与传输等软、硬件要求。

(2)作业的技术路线或流程。

(3)各工序的作业方法、技术指标和要求。

(4)生产过程中的质量控制环节和产品质量检查的主要要求。

(5)数据安全、备份或其他特殊的技术要求。

(6)上交和归档成果及其资料的内容和要求。

(7)安全生产措施和要求。

（8）建议和措施，说明为完成设计区域的工作任务而采取的措施和作业建议，特殊情况的处理方案等。

（9）有关附录，包括设计附图、附表和其他有关内容。

10.2　项目管理

工程项目管理是运用科学的理念、程序和方法，采用先进的管理技术和现代化管理手段，对工程项目投资建设进行策划、组织、协调和控制的系列活动。工程项目管理的任务是通过选择合适的管理方式，构建科学的管理体系，进行规范有序的管理，力求项目决策和实施各阶段、各环节的工作协调、顺畅、高效，以达到工程项目的投资建设目标，实现项目建设投资省、质量优、效果好。

对工程项目进行综合管理的目的是为了保证项目整体目标的顺利实现，及时进行统筹安排，协调各参与方的要求，解决项目实施过程汇总的各种矛盾和冲突，最终使项目整体绩效目标得以实现。构成工程项目管理的三大直接绩效目标可以归结为：进度、质量和成本。

海岸带测绘项目有可能涉及大地测量、海洋测量、地形测量、地图编制、摄影测量与遥感、地理信息工程等多个专业，内容复杂、专业综合、工期长、成本高，需要进行科学管理。本节主要讨论海岸带测绘项目组织与实施阶段的目标管理、组织结构管理、资源配置管理、进度管理和质量管理。

10.2.1　目标管理

测绘项目的目标实际上就是在规定的工期内，尽量降低成本、保证质量完成项目合同中所要求的所有测绘任务。分解目标应包括工期目标、成本目标和质量目标。

10.2.1.1　工期目标

在合同规定时间内完成整个项目。工期要通过不同的工序完成，工期目标应分解为各个工序的工期目标。各工序的工期目标集合起来构成了项目的整体工期目标。

海岸带测绘项目，要经过资料搜集、技术设计、控制测量、验潮测量、陆域测量、干出滩测量、水下地形测量、数据处理、地形图制作、数据入库、系统建设等工序。

10.2.1.2　成本目标

成本可分解为人工成本、设备折旧成本（租用成本）、消耗材料成本三大类，还可以将三类成本按不同工序进一步分解。

10.2.1.3　质量目标

期望海岸带测绘项目最终达到的质量等级。质量等级分为合格、良好、优秀，衡量项目质量有很详细的质量指标体系。项目的质量等级应由测绘成果质量检验部门检查验收评定。

10.2.2　组织结构管理

工程项目管理工作要由精干的组织机构去进行。一个优良的组织，其基本作用是避免组织内个体力量的相互抵消，寻求个体力量汇聚和放大的效应。项目管理组织的根本作用是通过组织活动，汇聚和放大项目组织内成员的力量，保证项目目标的实现。

10.2.2.1 组织结构建立步骤

项目管理组织的建立一般按以下步骤进行：

1. 确定合理的项目目标

一个项目的目标可以包括很多方面，比如规模上的、时间上的、质量方面的、内容方面的，或者几方面综合起来的，这些方面的内容互相影响。对于项目的完成者来说，同委托方进行讨论，明确主要矛盾，确定一个合理、科学的项目目标至关重要，这是项目工作开展的基础，同时也是确定组织结构形式与机构的重要基础。

2. 确定项目工作内容

在确定合理项目目标的同时，项目工作内容也要得到相应的确认，这将使项目工作更具有针对性。确定项目具体工作内容，一般围绕项目工作目标与任务分解进行，从而使项目工作内容系统化。项目工作内容确定时，一般按类分成几个模块，模块之间可根据项目进度及人员情况进行调整。

3. 确定组织目标和组织工作内容

在这一阶段，首先要明确的是，在项目工作内容中哪些是项目组织的目标和工作内容。因为不是所有的项目目标都是项目组织所必须达到的，也不是所有的工作内容都是项目组织所必须完成的，有的可能是公司或组织以外的部门负责进行的，而本组织只需掌握或了解；一些工作可能是公司的行政部门或财务部门的工作，项目组织与这些部门之间是上、下层工序的关系。

4. 组织结构设计

根据项目的特点和项目内外环境因素，选择一种适合项目工作开展的管理组织结构形式，并完成组织结构的设计。具体工作包括：组织结构形式、组织层次、各层次的组织单元(部门)、相互关系框架等。

5. 工作岗位与工作职责确定

工作岗位的确定原则是以事定位，要求岗位的确定能满足项目组织目标的要求。岗位的划分要有相对的独立性，同时还要考虑合理性与完成的可能性等。确定了岗位后，就要相应地确定各岗位的工作职责，总的工作职责能满足项目工作内容的需要，并做到前面所要求的权责一致。

6. 人员配置

以事设岗、以岗定人是项目组织机构设置中的一项重要原则。在项目人员配备时，要做到人员精干、以事选人。项目团队中的人员并不是都要求高智力的、与高学历的。根据不同层次的事物安排不同层次的岗位人员。

7. 工作流程与信息流程

组织结构形式确定后，大的工作流程基本明确。但具体的工作流程与相互之间的信息流程要在工作岗位与工作职责明确后才能确定下来。工作流程与信息流程的确定不能只在口头形式上，而要落实到书面文件上，取得团队内部的认知，并得以实施。这里要特别注意各具体职能分工之间、各组织单元之间的接口问题。

8. 制定考核标准

为保证项目目标的最终实现和工作内容的全部完成，必须对组织内各岗位制定考核标准，包括考核内容、考核时间、考核形式等。

在实际工作中，上述步骤之间衔接性较强，经常是互为前提的，如人员的配备是以人员的需求为前提的，而人员的需求则可能受人员获取结果的影响和人员考核结果的影响。

10. 2. 2. 2 组织结构的形式

按目前国际上通行的分类方式，工程项目组织结构的基本形式可以分成职能式、项目式、矩阵式和复合式。

1. 职能式

项目职能式组织结构形式是最基本的，也是目前使用比较广泛的项目组织结构形式。职能式项目管理组织结构有两种表现形式：一种是将一个大的项目按照公司行政、人力资源、财务、各专业技术、营销等职能部门的特点与职责，分成若干个子项目，由相应的各职能单位完成各方面的工作。另一种就是对一些中小项目，在人力资源、专业等要求不高的情况下，根据项目专业特点，直接将项目安排在公司某一职能部门内，项目团队的成员主要由该职能部门人员组成。

2. 项目式

项目式组织结构形式就是将项目的组织独立于公司职能部门之外，由项目组织自己独立负责项目的主要工作的一种组织管理模式。项目的具体工作主要由项目团队负责。项目的行政事务、财务、人事等在公司规定的权限内进行管理。

3. 矩阵式

为解决职能式组织结构与项目式组织结构的不足，发挥它们的长处，人们设计出了介于职能式与项目式之间的一种项目管理组织结构形式，即矩阵式组织。矩阵式项目组织结构中，参加项目的人员由各职能部门负责人安排，而这些人员在项目工作期间，工作内容上服从项目团队的安排，人员不独立于职能部门之外，是一种暂时的、半松散的组织结构形式，项目团队成员之间的沟通不需通过其职能部门领导，项目经理往往直接向公司领导汇报工作。

根据项目经理对项目的约束程度，矩阵式项目组织结构又可分成弱矩阵式结构、强矩阵式结构和平衡矩阵式结构三种形式。

4. 复合式

所谓复合式项目结构，有两种含义：一是指在公司的项目组织结构形式中有职能式、项目式或矩阵式两种以上的组织结构形式；二是指在一个项目的组织结构形式中包含上述两种结构以上的模式，例如职能式项目组织结构的子项目采取项目式组织结构等。

大型海岸带测绘项目一般有领导小组组织结构和项目实施组织结构两个层级。由于涉及多个专业，往往需要多个部门的参与，因此领导小组组织结构一般采用职能式，项目实施组织结构一般采用项目式，图 10.1 所示为海岸带测绘项目常见的项目组织结构图。

10. 2. 3 资源配置管理

人员和设备是完成测绘项目资源配置的两个主要条件，项目应配置合适的人员和设

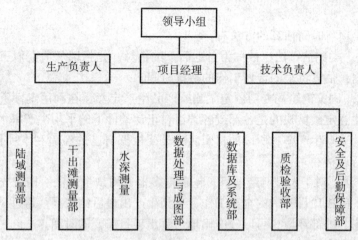

图 10.1　海岸带测绘项目组织结构图

备，下面分别讨论人力资源配置和设备资源配置。

10.2.3.1　人力资源配置

人力资源管理的一般过程包括制订组织计划、人员吸纳、生产实施以及结束四个阶段。上述四个过程不是简单的顺序进行，在实际工作中，往往根据项目进展和项目执行情况循环进行、渐次深入，一些工作之间也是相互联系、不可分割的。

为了做好项目团队组织计划工作，首先要进行工作分析。工作分析是人力资源管理最为基础性的工作，在制订人力资源组织计划前，先确定每一工作的职责、任务、工作环境、任职条件等，并对目前、近期及中远期的工作量进行预测分析。

海岸带测绘项目主要的角色分为项目负责人、技术负责人、生产负责人、作业班组长、后勤保障负责人等，应为每个角色制定相应的工作职责及工作要求。

10.2.3.2　设备资源配置

海岸带测绘项目的主要设备包括 GNSS 连续运行基准站系统、水准仪、全站仪、GNSS 接收机、GNSSRTK、验潮仪、信标机、波浪补偿仪、测深仪、绘图仪、打印机、航空摄影机、数字摄影测量工作站和数字成图系统等。要根据区域特点、精度要求等，采用不同的测绘方法及不同的测绘设备。

10.2.4　进度管理

海岸带测绘项目进度管理，是指在项目实施过程中，对各阶段的进展程度和项目最终完成的期限所进行的管理。其目的是保证项目在满足时间约束的条件下实现项目总目标。海岸带测绘项目进度管理包括为确保项目按期完成所必需的所有过程。

10.2.4.1　工作时间估算

工作时间估算是指估计完成每一项工作可能需要的时间，应由项目团队中最熟悉某一具体工作性质的个人或集体来完成。

工作时间是一个随机变量，由于无法事先确定未来项目实际进行时将处于何种环境，所以对工作时间只能进行近似估算。但是，估算的任务应尽可能地接近现实，以便于项目的正常实施。

海岸带测绘项目时间估算的方法有：

(1)类比法。类比估算法也被称为自上而下的估算，是指以从前类似工作的实际持续时间为基本依据，估算将来的计划工作的持续时间。

(2)定额法。国家测绘局专门制定了测绘产品生产定额，在利用定额资料进行工作时间估算时，要注意定额反映的是各部或各省市在正常条件下的平均生产率水平，并不代表某一具体项目的劳动生产率，所以项目团队成员要根据自己的经验和本项目的实际情况，对定额数据进行调整。

(3)试生产法。对于大型测绘项目，越来越多地采用试生产法。即首先选定有代表性的一个小区域，完成项目要求的全部工作，直到生产出最后的产品。通过试生产，可以充分了解作业效率、外部环境，可以较准确地估算出项目需要的时间。

10.2.4.2　进度计划

海岸带测绘项目编制进度计划的依据如下：

(1)时间估算成果。

(2)资源储备说明。在编制进度计划时，需要清楚地知道所需资源在何时以何种形式获得。如果某种共有资源的可用性很不可靠，那么势必影响到进度计划的制订，如航空摄影就会受到航空管制和天气的影响。

(3)强制日期。项目业主或其他外部因素可能要求在某规定的日期前完成项目。测绘项目在招投标时一般都有较明确的工期要求，编制计划时，主要考虑的就是如何安排各工作定义间的进度计划，使其相互衔接，最终实现按期完成项目的目标。

(4)关键事件或主要里程碑。项目业主或其他利害关系者可能要求在某一规定日期前完成某些可交付成果。如：什么时候完成可行性研究，什么时候完成初步设计等。

(5)假定前提。有些假定的情况不一定会出现，那么就必须特别注意这时候资源和时间的可靠性。

(6)提前和滞后。为了准确确定工作与工作之间的逻辑关系，有些逻辑关系可能需要规定提前或滞后的时间。例如：一件设备从订购、安装到使用可能有 2 周的滞后时间。

海岸带测绘项目进度计划的表示一般采用横道图方法。横道图是测绘项目最常用到的进度计划表示方法，图左边按工作的先后顺序列出项目的工作名称，图右边是进度表，图上边的横栏表示时间，用水平线段在时间坐标下标出项目的进度线，水平线段的位置和长短反映该项目从开始到完工的时间。利用横道图可将每天、每周或每月实际进度情况定期记录在横道图上。图 10.2 所示为某大型海岸带测绘项目的进度计划横道图。

除此之外，还可采用时标网络图法、里程碑法、进度曲线法等方法，也可综合运用多种方法。

10.2.4.3　进度控制

在海岸带测绘工程项目进度计划的实施过程中，由于受到种种因素的干扰，经常造成实际进度与计划进度的偏差，这种偏差若得不到及时纠正，必将影响进度目标的实现。为此，在项目进度计划的执行过程中，必须采取系统的控制措施，经常地进行实际进度与计

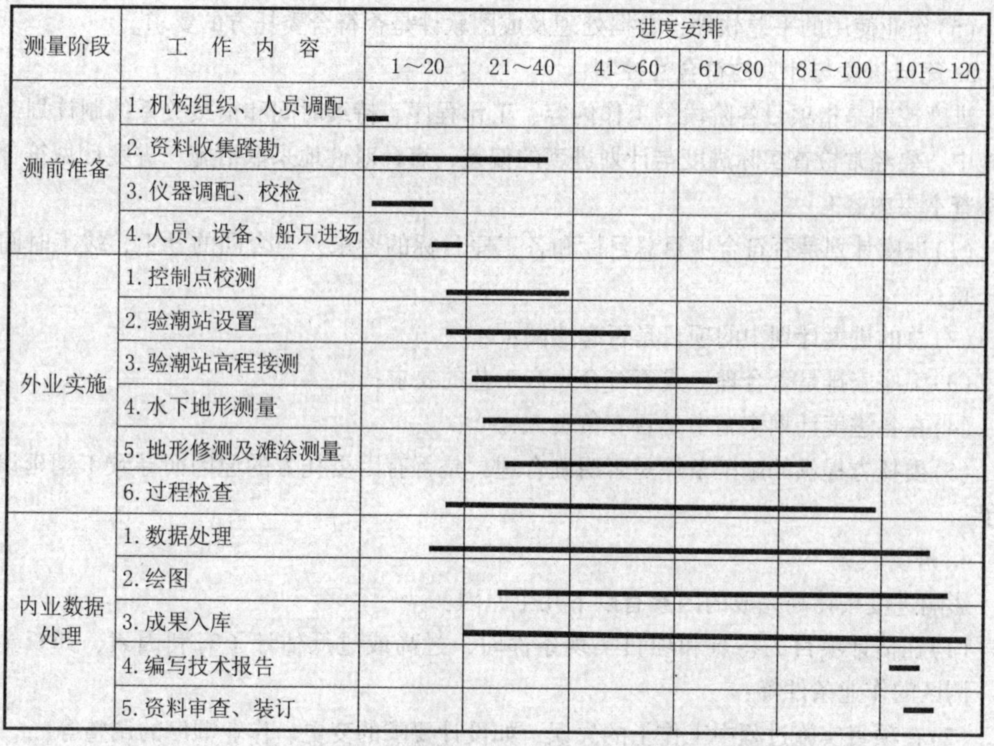

测量阶段	工作内容	进度安排					
		1~20	21~40	41~60	61~80	81~100	101~120
测前准备	1.机构组织、人员调配						
	2.资料收集踏勘						
	3.仪器调配、校检						
	4.人员、设备、船只进场						
外业实施	1.控制点校测						
	2.验潮站设置						
	3.验潮站高程接测						
	4.水下地形测量						
	5.地形修测及滩涂测量						
	6.过程检查						
内业数据处理	1.数据处理						
	2.绘图						
	3.成果入库						
	4.编写技术报告						
	5.资料审查、装订						

图 10.2　海岸带测绘项目的进度计划横道图

划进度的比较，发现偏差，及时采取纠偏措施。进度控制主要内容如下：

1. 人力资源控制

人力资源控制包括作业现场组织结构体系、作业人员及培训情况。

(1)作业现场组织结构应齐全，并应与投标方案中拟定的一致；

(2)主要作业人员应与投标文件一致，保证能正常生产；

(3)配置的人员数量、素质是否满足实际工作需要；

(4)主要管理人员、技术人员是否能履行职责；

(5)作业人员需经过岗位培训。

2. 设备资源控制

设备是生产的基本工具，仪器设备是否符合要求直接影响测绘成果的质量，作业中应对设备的落实进行必要的控制。

(1)投入使用的设备与计划的设备是否一致；

(2)作业现场的设备总数是否满足项目工作的需要；

(3)作业的设备是否经过检定，检定结果是否符合要求，要对检定证书 100%进行检查；

(4)生产人员是否具备操作设备的能力，如仪器的使用方法，以及数据的记录、判读、处理等；

(5)作业使用的平差软件、数据处理及成图软件是否符合委托方的要求。

3. 完成进度与计划的符合性控制

进度控制是指项目各阶段的工作内容、工作程序、持续时间和衔接关系编制计划，在实施中，要经常检查实际进度与计划进度的偏差，有针对性地采取措施。进度计划符合情况检查主要内容有：

(1)进度计划是否符合项目总目标和各工序目标的要求，与合同的开工、竣工时间是否一致；

(2)总的进度计划中的项目是否有遗漏；

(3)工序安排是否合理，是否符合生产工艺的要求；

(4)在各进度计划实施中是否有负责人；

(5)委托方提供的施工条件是否明确合理，是否有因委托方的原因而导致工期延误的可能。

4. 进度改进

影响进度按计划完成的因素有以下几个原因：

(1)在估计项目的特点和项目实现条件时，过高或过低估计了有利因素，如资金保障、测区的作业条件等；

(2)在项目实施过程中工作上的失误，如设计要求的变更、作业顺序的调整等；

(3)不可预见事件的发生，包括政治的、经济的、自然的，等等。

及时对影响进度的各种因素进行分析，找出问题的原因，制定措施，协调各方力量控制影响因素。如原有计划不能适应实际情况，必须及时作出调整形成新的进度计划，以作为控制进度的新依据。

10.2.5 质量管理

测绘项目质量，是指能够满足用户或社会需要的由合同、技术标准、设计文件、作业规范等详细设定其适用、安全、经济、美观等特性要求的项目实体质量与施工各阶段、各环节的工作质量的总和。

工程项目质量管理，是指为确保工程项目的质量特性而进行的计划、组织、协调和控制等活动。工程项目质量管理的目的是通过管理工作，使建设项目科学决策、精心设计、精心施工，建设质量合格的工程项目，保证投资目标的实现。

质量控制是质量管理的一部分，是满足顾客、法律、法规等所提出的质量要求，是围绕产品形成过程每一阶段的工作，对人和设备等因素进行控制，使对产品质量有影响的各个过程都处于受控状态，提供符合规定要求的测绘成果。

10.2.5.1 海岸带测绘质量控制依据

(1)项目合同文件：测绘合同。

(2)设计文件：经审批的技术设计书或作业指导文件。

（3）法律、法规和规范：国家、行业及地方颁布的法律、法规和规范。

（4）质量检查、检验的标准：国家、行业、地方和企业标准等。

10.2.5.2 海岸带测绘质量控制内容

海岸带测绘项目实施阶段质量控制主要是通过生产单位对该项目的预期投入、生产过程和测绘成果进行全过程的控制，以期按标准达到预定的成果质量目标。

10.2.5.3 质量控制方法

1. 基于制度的管理

开展质量管理活动应依据质量管理体系文件和国家及地方相关的法律、法规等。质量管理体系所有文件都与质量管理有关，是对质量管理的全过程、全方位制定的各种责任制度、过程管理制度、文件制度、目标制度等。包括：质量方针、质量目标、各种程序文件、质量计划、各种规范和作业标准、各种记录，应根据质量管理的不同阶段、不同过程、不同内容执行相应的体系文件，实行全员参与，对所有工作实行有效管理。

2. 二级检查一级验收制度

根据测绘项目的特点，质量控制的一个重要方法是"二级检查一级验收"制度。测绘成果应依次通过测绘单位作业部门的生产过程（或称工序）检查、测绘单位质量管理部门的最终检查和项目管理单位组织的验收或委托具有资质的质量检验机构进行质量验收。

3. 试生产实验

重大测绘项目应实施首件产品的质量检验，对技术设计进行验证。大型的海岸带测绘项目应进行"第一幅图"的试生产实验工作。通过生产及时发现作业过程中出现的技术问题，提出合理解决方案和措施。质检人员要对"第一幅图"进行生产过程检查和最终检验，及时发现检查中出现的质量问题，提出改进建议，从而验证技术设计的适用性，修正设计的缺陷，完善作业流程和检查流程，为大规模展开生产提供可靠的技术流程和质量控制依据，对项目按计划、有序的顺利实施及整个项目的质量保证都具有重要意义。

10.3 质量检查与验收

为了评定测绘产品质量，需严格按照相关技术细则或技术标准，通过观察、分析、判断和比较，适当结合测量、试验等方法对测绘产品进行的符合性评价。

测绘产品的检查验收依据为测绘任务书、合同书中有关产品质量元素的摘录文件，委托检查验收文件、有关法规和技术标准以及技术设计书中有关的技术规定等。

海岸带测绘质检验收实行过程检查、最终检查和验收制度，各级检查、验收工作必须独立进行，不得省略或代替。

（1）过程检查采用全数检查。

（2）最终检查一般采用全数检查，涉及野外检查项的可采用抽样检查，样本以外的应实施内业全数检查。

（3）验收一般采用抽样检查。质量检验机构应对样本进行详查，必要时，可对样本以外的单位成果的重要检查项进行概查。

10.3.1 检查验收资料

10.3.1.1 控制资料

(1)平面、高程与水位控制资料:仪器检定资料、原始观测数据与手簿、计算及精度评定资料;

(2)控制点点之记、平差计算成果表、位置展点图等成果资料;

(3)验潮水准点点之记、平差计算成果表、位置展点图、验潮点关系图、全测区同步验潮数据等成果资料。

10.3.1.2 水深测量资料

(1)测量仪器检验资料(导航定位设备、测深仪、验潮仪、水准仪等)、测深仪一致性检验资料;

(2)原始测线数据资料、声速校正资料、验潮资料、水位曲线图、外业过程照片资料、水深测量成果数据文件、主测线和检查线航迹图;

(3)助航标志及特殊水深成果数据:包括助航标志一览表、特殊水深一览表和特殊水深加密图;

(4)水下地形分幅图。

10.3.1.3 滩涂及陆地地形资料

(1)测量仪器检定资料(GNSS设备、全站仪等);

(2)测量原始记录手簿、测量成果资料;

(3)滩涂及陆地地形分幅图。

10.3.1.4 文档资料

(1)项目设计书、技术设计书;

(2)项目总结、技术总结;

(3)质检报告;

(4)图幅索引。

10.3.2 质量评分方法

产品单位成果的质量评定遵守数学精度评分方法、质量错漏扣分标准、质量子元素评分方法以及质量元素评分方法。

10.3.2.1 数学精度评分方法

数学精度按表10.1的规定,采用分段直线内插的方法计算质量分数;多项数学精度评分时,单项数学精度得分均大于60分时,取其算术平均值或加权平均。

表 10.1 数学精度评分标准

数学精度值	质量分数
$0 \leqslant M \leqslant \dfrac{1}{3} \times M_0$	$S = 100$ 分

续表

数学精度值	质量分数
$\frac{1}{3} \times M_0 < M \leqslant \frac{1}{2} \times M_0$	90 分 $\leqslant S <$ 100 分
$\frac{1}{2} \times M_0 < M \leqslant \frac{3}{4} \times M_0$	75 分 $\leqslant S <$ 90 分
$\frac{3}{4} \times M_0 < M \leqslant M_0$	60 分 $\leqslant S <$ 75 分

注：式中：$M_0 = \pm \sqrt{m_1^2 + m_2^2}$

        M_0——允许中误差的绝对值；

        m_1——规范或相应技术文件要求的成果中误差；

        m_2——规范或相应技术文件要求的成果中误差；

        M——成果中误差的绝对值；

        S——质量分数(分数值根据数学精度的绝对值所在区间进行内插)。

10.3.2.2 测绘成果质量错漏扣分标准

海岸带测绘项目成果质量错漏扣分标准按表 10.2 执行，测绘成果具体的质量错漏扣分标准参考相关国家规范。

表 10.2   **成果质量错漏扣分标准**

差错类型	扣分值
A 类	42 分
B 类	12/t 分
C 类	4/t 分
D 类	1/t 分

注：t 为困难类别，一般情况下取 $t=1$。需要进行调整时，以困难类别为原则，按《测绘生产困难类别细则》进行调整(平均困难类别 $t=1$)。

10.3.2.3 质量子元素评分方法

首先将质量子元素得分预制为 100 分，根据上表的要求，对相应质量子元素中出现的错漏逐个扣分。具体错漏扣分标准参考相关国家规范。

10.3.2.4 质量元素评分方法

采用加权平均法计算质量元素得分。具体错漏扣分标准参考相关国家规范。

10.3.3 海岸带测绘检查验收实施

10.3.3.1 检查工作实施

1. 过程检查

只有通过自查、互查的单位成果，才能进行过程检查。过程检查应该逐单位成果详查。检查出的问题、错误，复查的结果应在检查记录中记录。对于检查出的错误，修改后应复查，直至检查无误为止，方可提交最终检查。

2. 最终检查

通过过程检查的单位成果，才能进行最终检查。最终检查应逐单位成果详查。对野外实地检查项，可抽样检查，样本量不低于表 10.3 中的规定。检查出的问题、错误、复查的结果应在检查记录中记录。最终检查应审核过程检查记录。最终检查不合格的单位成果退回处理，处理后再进行最终检查，直至检查合格为止。最终检查合格的单位成果，对于检查出的错误修改后经复查无误，方可提交验收。最终检查完成后，应编写检查报告，随成果一并提交验收。最终检查完成后，应书面申请验收。

表 10.3　　　　　　　　　　　　　　　**样本量确定表**

批　量	样　本　量
≤20a	3
21~40	5
41~60	7
61~80	9
81~100	10
101~120	11
121~140	12
141~160	13
161~180	14
181~200	15
≥201	分批次提交，批次数应最小，各批次的批量应均匀

注：a 表示当样本量等于或大于批量时，则全数检查。

10.3.3.2　验收工作实施

1. 验收

验收应审核最终检查记录。验收不合格的批成果退回处理，并重新提交验收。重新验收时，应重新抽样。验收合格的批成果，应对检查出的错误进行修改，并通过复查核实。验收工作完成后，应编写检验报告。

2. 验收工作程序

1) 组成批成果

批成果应由同一技术设计书指导下生产的同等级、同规格单位成果汇集而成。生产量较大时，可根据生产时间的不同、作业方法不同或作业单位不同等条件分别组成批成果，实施分批检验。

2）确定样本量

按照表 10.3 的规定确定样本量。

3）抽取样本

采用分层按比例随机抽样的方法，从批成果中抽取样本，即将批成果按不同班组、不同设备、不同环境、不同困难类别、不同地形类别等因素分成不同的层。根据样本量，在各层内分别按照各层在批成果中所占比例确定各层中应抽取的单位成果数量，并使用简单随机抽样法抽取样本。提取批成果的有关资料，如技术设计书、技术总结、检查报告、接合表、图幅清单等。

4）详查

详查应根据单位成果的质量元素及相应的检查项，按项目技术要求逐一检查样本内的单位成果，并统计存在的各类错漏数量、错误率、中误差等。根据需要，对样本外单位成果的重要检查项或要素以及详查中发现的普遍性、倾向性问题进行检查，并统计存在的各类错漏数量、错误率、中误差等。

5）单位成果质量评定

单位成果质量评定通过单位成果质量分值评定质量等级，质量等级划分为优级品、良级品、合格品、不合格品四级，质量得分与质量等级对应关系见表 10.4。其工作内容如下：

（1）根据质量检查的结果计算质量元素分值（当质量元素检查结果不满足规定的合格条件时，不计算分值，该质量元素为不合格）。

（2）根据质量元素分值，评定单位成果质量分值，附件质量可不参与公式的计算；根据该式的结果，评定单位成果质量等级。

若质量元素拥有权值，则采用加权平均法计算单位成果质量得分。

表 10.4   质量得分质量等级对应表

质量得分	质量等级
90 分 $\leq S \leq$ 100 分	优级品
70 分 $\leq S <$ 90 分	良级品
60 分 $\leq S <$ 75 分	合格品
质量元素检查结果不满足规定的合格条件	不合格品
位置精度检查中误差比例大于 5%	
质量元素出现不合格	

6）批成果质量评定

批成果质量评定通过合格判定条件（见表 10.5）确定批成果的质量等级，质量等级划分为合格批、不合格批两级。

表 10.5　　　　　　　　　　　　　　　批成果质量评定

质量等级	判定条件	后续处理
批合格	样本中未发现不合格的单位成果或者发现的不合格成果的数量在规定的范围内，且概查时未发现不合格的单位成果	测绘单位对验收中发现的各类质量问题均应修改
批不合格	样本中发现不合格单位成果，或概查中发现不合格单位成果，或不能提交批成果的技术性文档(如设计书、技术总结、检查报告等)和资料性文档(如接合表、图幅清单等)	测绘单位对批成果逐一查改合格后，重新提交验收

7)编制验收报告

10.4　安全保障

对工程项目实行健康、安全、环保的全方位管理，要求对项目建设本身的危险、对社会的危害、对环境的破坏降到最低点。这是在工程项目管理领域贯彻落实科学发展观的重要环节。

测绘生产单位应坚持"安全第一、预防为主、综合治理"的方针，遵守《中华人民共和国安全生产法》等有关安全法律、法规，建立、健全安全生产管理机构、安全生产责任制度和安全保障及应急救援预案；配备相应的安全管理人员，完善安全生产条件，强化安全生产教育培训，加强安全生产管理，确保安全生产。

10.4.1　安全管理制度

10.4.1.1　建立安全生产责任制
安全生产责任制以制度的形式明确各级领导、各职能部门、各类人员在施工生产活动中应负的责任，是最基本的一项安全管理制度。

10.4.1.2　开展安全教育培训
安全培训是安全计划的核心内容之一，是让所有现场人员都明确安全计划和掌握安全生产知识的前提和保证。安全培训应包括四个基本步骤：培训前的准备、信息与知识的传授、培训效果评价和监督执行。

10.4.1.3　安全技术交底
(1)安全技术交底应逐级进行，交底应采用书面文本，以通俗易懂的文字说明进行，交底与被交底人双方应签字认可。

(2)开工前，单位工程技术负责人必须向承担施工的作业队负责人、班组长和相关人员进行安全技术交底。

(3)复杂的分项工序实施前，应有针对性地进行全面、详细的安全技术交底，使执行者了解安全技术及措施的具体内容和施工要求，确保安全措施落到实处。

10.4.1.4 安全检查

对测绘现场的安全检查，应贯穿工程项目施工的全过程，及时发现测绘过程中存在的安全问题，并落实人员进行整改、消除隐患。

10.4.1.5 应急预案

项目开始前，应制定安全生产应急预案，针对海岸带测绘生产过程中可能发生的事故和所有危险源制定专项应急处置方案，并明确事前、事发、事中的各个过程中相关部门和人员的职责。项目实施前，应组织相关人员对应急预案进行认真学习和演练，使每个相关人员熟悉各自职责和应急处置方案。

10.4.2 生产安全

10.4.2.1 外业生产安全

测绘单位应根据工种和作业区域的实际情况，分析、评估安全生产潜在的风险，制定安全生产细则，指导和规范安全生产作业。

行车安全：遵守交通安全法规，掌握车辆的构造、性能、技术状况、保养和维修的基本知识和技能，保证人员和物品的安全。

饮食安全：禁止食用霉烂、变质和被污染的食物；禁止食用不易识别的野菜、野果、野生菌菇等植物；生、熟食物应分别存放，防止动物侵害。

水上作业安全：作业员应穿救生衣，避免单人上船作业；应选择配有救生圈、绳索、竹竿等安全防护救生设备和必要的通信设备的船只，行船听从船长指挥；风浪太大不能强行作业，在水流湍急地段，要根据实际情况采取相应安全防护措施后作业。

10.4.2.2 内业生产安全

测绘作业单位应组织内业生产人员，分析、评估内业生产环境的安全情况，制定生产安全细则，确保安全生产。

10.4.3 数据安全

从事涉密测绘成果生产、加工、保管和使用等方面工作的单位，要加强数据安全管理工作。

10.4.3.1 建立健全保密管理制度

(1)涉及国家秘密的测绘成果，涉密单位应当遵守国家保密法律、法规和有关规定，建立健全保密管理制度，按照积极防范、突出重点、严格标准、明确责任的原则，对落实保密制度的情况进行定期或不定期的检查，及时解决保密工作中的问题。

(2)涉密单位应当建立保密管理领导责任制，切实履行保密职责和义务；设立保密工作机构，配备保密管理人员。应当根据接触、使用、保管涉密测绘成果的人员情况，实行分类管理，签署保密责任书，加强日常管理和监督。

10.4.3.2 强化安全保密措施

(1)涉密单位应当依照国家保密法律、法规和有关规定，对生产、加工、提供、传递、使用、复制、保存和销毁涉密测绘成果，建立严格登记管理制度，加强涉密计算机和存储介质的管理，禁止将涉密载体作为废品出售或处理。

（2）涉密单位要依照国家有关规定，及时确定涉密测绘成果保密要害部门、部位，明确岗位责任，设置安全可靠的保密防护措施。

（3）涉密单位应当对涉密计算机信息系统采取安全保密防护措施，不得使用无安全保密保障的设备处理、传输、存储涉密测绘成果。

10.4.4　安全监控系统

大型海岸带测绘项目，需要有数十条测量船同时在不同的作业区域作业，由于作业区域广，项目指挥部很难及时掌握每条测量船的状态，随着 GIS 技术的发展，可以通过建立安全监控系统实现工作状态监控、安全预警功能，并配置移动端设备实时监控测量船状态，提升项目信息化管理水平。图 10.3 所示为青岛市沿海 1∶5000 水下地形图项目安全监控系统截图。

　　　　　　　　（a）　　　　　　　　　　　　　　　　　（b）

图 10.3　青岛市沿海 1∶5000 水下地形图项目安全监控系统截图

系统包括移动端和服务器端，其建设思路和主要功能包括：

10.4.4.1　移动端系统方案

移动端船载 GNSS 系统，其主要功能是实现测量船在地图中定位显示，同时将测量船位置和手机的唯一标识码通过手机的无线网络发送给服务器，服务器通过对信息的解析，实现对海上测量船的实时监测，以保障海上测量船的安全和突发情况的处理。基本功能包括：

（1）地图浏览。实现在移动端地图浏览功能，基本的放大，缩小和平移功能。根据需要可网格化显示地图。

（2）GNSS 定位。根据移动端 GNSS 系统，实时显示测量船在地图中的位置，能够获取当前的位置信息。

（3）同步位置传输。该模块开启后，其主要功能是将获取到的 GNSS 信息和移动设备的唯一标识码发送给服务器，服务器 Web 端实时显示测量船的位置。

10.4.4.2 服务器端系统方案

服务器端采用 B/S 架构进行开发设计，客户端采用浏览器，不需要安全其他软件，采用 IE 浏览器访问系统。

10.4.4.3 系统应包含如下基本功能：

(1)用户权限管理。根据用户的部门权限，显示本部门以及子级部门的生产船只回传的信号，系统管理员可查看所有设备回传及历史信号。

(2)GNSS 实时监控。GNSS 实时监控功能可以实现对指定监控船只的跟踪，并且可以在地图上实时显示目标船只的运行路线和行驶轨迹；可以通过设置不同的主控船只在地图上切换不同的船只进行主要监控；可以查看当前主控船只的详细信息，包括：地址、时间、速度、里程、船只状态、经度、纬度。

(3)GNSS 轨迹回放。用户可以通过船只历史回放来了解船只历史的行驶情况，用户先选择回放的船只，再选择回放的时间范围，查询后，轨迹数量会在明显信息栏显示。在回放过程中，用户可以自行调节回放速度，同时系统在明显信息中详细显示每点轨迹信息。

(4)里程统计。统计船只的停驶情况，其查询条件包括：船只编号、测绘人员、开始时间、结束时间；显示结果包括：时间段、设备编号、船只编号、测绘人员、里程，并能导出保存统计结果。

参 考 文 献

[1] [美] E. J. W. Jones. 海洋地球物理 [M]. 金翔龙, 译. 杭州: 国家海洋局海底科学重点实验室编译, 2005.

[2] 暴景阳, 刘雁春, 晁定波, 等. 中国沿岸主要验潮站海图深度基准面的计算与分析 [J]. 武汉大学学报: 信息科学版, 2006, 31 (3).

[3] 暴景阳, 许军, 冯雷, 等. 深度基准传递方法的比较与验潮站网基准的综合确定 [J]. 海洋测绘, 2013, 33 (5).

[4] 暴景阳, 许军, 于彩霞. 航空摄影测量模式下的海岸线综合推算技术 [J]. 海洋测绘, 2013, 33 (6).

[5] 毕星, 翟丽. 项目管理 [M]. 上海: 复旦大学出版社, 2000.

[6] 测绘成果质量检查与验收 [S]. GB/T 24356—2009.

[7] 测绘成果质量检验报告编写基本规定 [S]. CH/Z 1001—2007.

[8] 测绘技术设计规定 [S]. CH/T 1004—2005.

[9] 测绘作业人员安全规范 [S]. CH 1016—2008.

[10] 陈达玉, 谯勇, 刘俊, 等. 似大地水准面精化方法研究与精度分析 [J]. 铁道勘察, 2011, 37 (3).

[11] 陈俊勇, 李建成, 宁津生, 等. 中国似大地水准面 [J]. 测绘学报, 2009 (z1).

[12] 陈立福, 韦立登, 向茂生, 等. 机载双天线干涉 SAR 非线性近似自配准成像算法. 电子与信息学报, 2010 (09).

[13] 成国辉, 谭奇峰. GPS 长距离高程传递方法研究 [J]. 城市勘测, 2013 (6).

[14] 崔杨, 暴景阳, 许军, 等. 关于海洋无缝垂直基准体系建立的思考 [J]. 测绘通报, 2014 (2).

[15] 党亚民, 成英燕, 薛树强. 大地坐标系统及其应用 [M]. 北京: 测绘出版社, 2010.

[16] 党亚民, 程鹏飞, 章传银, 等. 海岛礁测绘技术与方法 [M]. 北京: 测绘出版社, 2012.

[17] 邓兴升, 肖建华, 夏传义. 武汉市似大地水准面 GPS 水准建模与软件研制 [J]. 测绘科学, 2009, 34 (1).

[18] 董鸿闻, 李国智, 陈士银, 等. 地理空间定位基准及其应用 [M]. 北京: 测绘出版社, 2004.

[19] 窦勇. 基于 RS、GIS 和调查资料的青岛市海岸带生态系统健康评价 [D]. 青岛: 中国海洋大学, 2012.

[20] 冯士筰, 李凤歧, 李少菁. 海洋科学导论 [M]. 北京: 高等教育出版社, 1999.

[21]冯守珍，胡光海. 水深测量误差成因分析[M]. 海岸工程，2004，23(2)：45-49.

[22]高严利. 地籍调查[M]. 北京：中国农业出版社，2008.

[23]郭立新，沈蔚，邱振戈. 海洋测绘学科体系及其专业建设的探讨[J]. 测绘通报，2015(4).

[24]郭中磊，赵俊生，刘雁春，等. 无人机的海岸地形航测技术探讨. 海洋测绘，2010，30(6)：30-32.

[25]郭忠磊，滕惠忠，赵俊生，等. 一种远海岛（礁）区域高程基准转换的新方法[J]. 测绘通报，2014，4.

[26]国家测绘局. 1：5000、1：10000、1：25000 海岸带地形图测绘规范[S]. CH/T7001—1999. 北京：中国标准出版社，1999.

[27]国家测绘局. 大地测量术语[S]. GB/T 17159—2009. 北京：中国标准出版社，2009.

[28]国家测绘局. 测绘生产质量管理规定[S]. 1997.

[29]国家海洋局. 海域使用分类[S]. HY/T 123—2009.

[30]国家海洋局. 海籍调查规范[S]. HY/T 124—2009

[31]国家海洋局. 海域使用权管理规定[S].

[32]国家海洋局 908 专项办公室. 海域使用现状调查技术规程[S]. 北京：海洋出版社，2005.

[33]国家海洋局 908 专项办公室. 我国近海海洋综合调查与评价专项海岸线修测技术规程（试行本）[S]. 北京：海洋出版社，2007.

[34]国家海洋局海域管理司，国家海洋环境监测中心. 海域使用测量培训教程[M]. 北京：海洋出版社，2003.

[35]国家质量技术监督局. 海洋学术语[S]. 海洋地质学. GB/T 18190—2000. 北京：中国标准出版社，2000.

[36]韩凌云. 海岸带地形测绘技术的改进[J]. 海洋测绘，2002(2).

[37]韩松涛，向茂生. 一种基于特征点权重的机载 InSAR 系统区域网干涉参数定标方法[J]. 电子与信息学报，2010(05).

[38]韩雪培，李满春，傅小毛. 中国海岸带专用地图投影设计[J]. 测绘学报，2006，35(4).

[39]胡继伟，洪峻，明峰，等. 一种适用于大区域稀疏控制点下的机载 InSAR 定标方法[J]. 电子与信息学报，2011(08).

[40]黄张裕，魏浩瀚，刘学求，等. 海洋测绘[M]. 北京：国防工业出版社，2013.

[41]黄兆明. 福州市 1：10 000 海岸线修测的误差分析与探讨[J]. 测绘与空间地理信息，2009，32(5).

[42]柯宝贵，传银，张利明. 远离大陆海岛的高程传递[J]. 测绘通报，2011，12.

[43]孔祥元，郭际明，等. 控制测量学[M]. 武汉：武汉大学出版社，2006.

[44]李斐，岳建利，张利明. 应用 GPS/重力数据确定(似)大地水准面[J]. 地球物理学报，2005，48(2).

[45]李广伟，钟若飞，孙伟利. 船载激光扫描系统应用于湖岸带测图研究[J]. 科技创业

家，2015.

[46]李家彪，等. 多波束勘测原理技术与方法[M]. 北京：海洋出版社，1999.

[47]李建成，姜卫平. 长距离跨海高程基准传递方法的研究[J]. 武汉大学学报：信息科学版，2001，26(6).

[48]李杰，唐秋华，丁继胜. 船载激光扫描系统在海岛测绘中的应用[J]. 海洋湖沼通报，2015.

[49]李树楷，薛永琪. 高效 3 维遥感集成技术[M]. 北京：科学出版社，2000.

[50]李文庆. VV-Ocean 海洋环境仿真与海洋数据动态可视化系统的研究与实现[D]. 青岛：中国海洋大学，2011.

[51]李晓军，丘健妮，彭龙军，等. 多源空间数据集成技术状况与应用前景研究[J]. 计算机与现代化，2006，30(5).

[52]梁开龙. 水下地形测量[M]. 北京：测绘出版社，1995.

[53]林晏，梁鑫华. 区域似大地水准面模型的建立方法分析[J]. 交通科技与经济，2009，11(4).

[54]刘雷，李宝森，李冬，等. 基于余水位订正的海洋潮位推算关键技术研究[J]. 海洋测绘，2012，32(2).

[55]刘雁春，肖付民，暴景阳，等. 海道测量学概论[M]. 北京：测绘出版社，2006.

[56]卢宁，韩立民. 海陆一体化的基本内涵及其实践意义[J]. 海洋经济与安全，2008，14(12).

[57]麻德明，邓才龙，等. 无人机遥感系统在岸线勘测中的应用[J]. 海洋开发与管理，2015(4).

[58]麻德明，丰爱平，黄沛. 基于 ArcGIS Engine 的江苏海岸保护与利用规划信息管理系统研究[J]. 北京测绘，2010，32(2).

[59]毛永飞，向茂生. 基于加权最优化模型的机载 InSAR 联合定标算法[J]. 电子与信息学报，2011(12).

[60]梅文胜，周燕芳，周俊. 基于地面三维激光扫描的精细地形测绘[J]. 测绘通报，2010(1)：53-55.

[61]苗丰民，杨新海，于永海. 海域使用论证技术研究与实践[M]. 北京：海洋出版社，2007.

[62]倪绍起，张杰，等. 基于机载 LiDAR 与潮汐推算的海岸带自然岸线遥感提取方法研究[J]. 海洋学研究，2013，31(3).

[63]欧阳桂崇，尹成玉，徐新强，等. 基于三角高程测量的跨海高程传递方法[J]. 海洋测绘，2012，31(6).

[64]欧阳越，钟劲松. SAR 图像海岸线检测算法综述[J]. 国土资源遥感，2006，68(2).

[65]潘时祥，范永弘，刘智. 雷达摄影测量[J]. 北京：解放军出版社，2000.

[66]彭修强. 基于 GIS 和 RS 的苏北废黄河三角洲海岸演变研究[D]. 南京：南京大学，2012.

[67]邱洪刚，张青莲，熊友谊. ArcGIS Engine 地理信息系统开发[M]. 北京：人民邮电出

版社，2013.

[68]申家双，潘时祥. 海岸线提取技术研究[J]. 海洋测绘，2009，29(6).

[69]申家双，潘时祥. 沿岸水深测量技术方法的探讨[J]. 海洋测绘，2002(6).

[70]申家双，翟京生，等. 海岸地形航空摄影测量技术方案的确定[J]. 海洋测绘，2002，22(3).

[71]申家双，翟京生，翟国君，等. 海岸带地形图及其测量方法研究[J]. 测绘通报，2007(8)：29-32.

[72]申家双，张晓森，冯伍法，等. 海岸带地区陆海图的差异分析[J]. 测绘科学技术学报，2006，23(6). `

[73]申家双. 海岸地形航空摄影测量技术及其实施[J]. 海洋测绘，2001(4)：29-32.

[74]石雪冬，钟焕良. 短期潮汐观测深度基准面确定研究[J]. 测绘科学，2014，39(001).

[75]侍茂崇，高郭平，鲍献文. 海洋调查方法导论[M]. 青岛：青岛海洋大学出版社，2008.

[76]数字测绘成果质量检查与验收[S]. GB/T 18316—2008.

[77]孙翠羽，周兴华. 国外无缝垂直基准面的研究进展[C]. 2009全国测绘科技信息交流会暨首届测绘博客征文颁奖论文集，2009.

[78]孙伟富，马毅，等. 不同类型海岸线遥感解译标志建立和提取方法研究[J]. 测绘通报，2011. 3.

[79]索安宁，曹可，等，海岸线分类体系探讨[J]. 地理科学，2015，35(7).

[80]王长海，邱桔斐，等. 海域使用中有关海岸线的问题探讨[J]. 海洋开发与管理，2009，26(4).

[81]王光振. 基于GIS的上海海岸带主题功能区划研究[D]. 上海：华东师范大学，2012.

[82]王海云，余如松，缪世伟，等. 航空摄影测量技术在海岛礁测绘的应用[J]. 海洋测绘，2011，31(2)：45-47.

[83]王鹏，姜庆峰，尹成玉. 跨海高程传递方法与实践[J]. 海洋测绘，2011，31(2).

[84]王胜平，周丰年，刘大伟，船载三维激光扫描数据时空配准方法研究[J]. 现代测绘，2015.

[85]王双喜，许家琨，缪世伟. 海洋测绘中无缝深度基准的构建[J]. 海洋测绘，2010，30(5).

[86]王雪青，杨秋波. 工程项目管理[M]. 北京：高等教育出版社，2001.

[87]王越. 机载激光浅海测深技术的现状和发展[J]. 测绘地理信息，2014(2).

[88]吴俊彦，韩范畴，成俊，等. 我国深度基准面不统一所带来的问题与对策[J]. 海洋测绘，2008，28(4).

[89]夏东兴，段焱，吴桑云，等. 现代海岸线划定方法研究[J]. 海洋学研究，2009，27(增刊)：28-32.

[90]夏东兴. 海岸带与海岸线[J]. 海岸工程，2006(25).

[91]徐泮林. 数字化成图[M]. 北京：地震出版社，2004.

[92]徐绍铨，张华海，杨志强等. GPS 测量原理及应用[M]. 武汉：武汉大学出版社，2001.

[93]许家琨，申家双，缪世伟，等. 海洋测绘垂直基准的建立与转换[J]. 海洋测绘，2011，31(1).

[94]阳凡林，康永忠，等. 海洋导航定位技术及其应用与展望[J]. 海洋测绘，2006，26(01).

[95]杨化斌，于振华，林中，等. OpenSceneGraph 3.0 三维视景仿真技术开发详解[M]. 北京：国防工业出版社，2012.

[96]杨鲲，吴永亭，赵铁虎，等. 海洋调查技术及应用[M]. 武汉：武汉大学出版社，2009.

[97]杨晓梅，周成虎，杜云艳，等. 海岸带遥感综合技术与实例研究[J]. 北京：海洋出版社，2005.

[98]于彩霞，许军，等. 海岸线及其测绘技术探讨[J]. 测绘工程，2015，24(7)：1-4.

[99]恽才兴. 海岸带及近海卫星遥感综合应用技术[M]. 北京：海洋出版社，2005.

[100]翟国君，黄谟涛，欧阳永忠，等. 海洋测绘的现状与发展[J]. 测绘通报，2001(6).

[101]翟国君，王克平，等. 机载激光测深技术[J]. 海洋测绘，2014(2).

[102]翟国君，吴太旗，欧阳永忠，等. 机载激光测深技术研究进展[J]. 海岸测绘，2012，32(2)：67-71.

[103]詹长根，唐祥云，刘丽. 地籍测量学[M]. 武汉：武汉大学出版社，2011.

[104]张博，李金生，郭涛，等. 数字化测图[M]. 武汉：武汉大学出版社，2012.

[105]张凤举，张华海，等. 控制测量学[M]. 北京：煤炭工业出版社，1999.

[106]张化疑，暴景阳，周兴华，等. 关于我国海域无缝垂直基准构建方法的讨论[J]. 测绘科学，2012，37(1).

[107]张勤，李天文. 重力大地水准与 GPS 水准联合平差精化大地水准面[J]. 西安工程学院学报，1999，21(1).

[108]赵刚. 城镇土地管理与地籍调查工作手册[M]. 北京：地质出版社，2013.

[109]赵建虎，刘经南. 多波束测量与数据处理[M]. 武汉：武汉大学出版社，2008.

[110]赵建虎，吴永亭，等. 现代海洋测绘(上册)[M]. 武汉：武汉大学出版社，2008.

[111]赵明才，吴太旗，翟国君，黄谟涛，等. 中国近海海面地形及形成机制研究[J]. 海洋测绘，2006(5).

[112]赵明才，章大初. 海岸线定义问题的讨论[J]. 海洋工程，1990，9(2-4).

[113]赵庆海，欧阳桂崇，杨华忠. 跨海高程传递方法的评价[J]. 海洋测绘，2012，32(1).

[114]质量管理体系要求[S]. GB/T 19001—2008.

[115]中华人民共和国海洋行业标准 海域使用面积测量规范[S]. (HY 070—2003). 北京：国家海洋局，2003.

[116]周立. 海洋测量学[M]. 北京：科学出版社，2013.